高等职业教育汽车类专业系列教材

U0616052

汽车应用材料

主　编　熊建武　汪伟芬　肖国华

副主编　张腾达　谭补辉　戴石辉

　　　　李　博　李向阳　涂承刚

主　审　胡智清　何忆斌

西安电子科技大学出版社

内 容 简 介

  本书以培养学生认识、选用汽车材料的基本技能为目标，按照基于工作过程系统化的原则编写，内容涵盖了汽车相关的所有材料，包括汽车制造所用的汽车工程材料以及汽车使用过程中需要的各种应用材料。本书较好地体现了工作过程系统化，同时，还将相关资料以二维码的形式列入教材，便于读者查询、参考。

  本书分为基础篇和提高篇。基础篇包括汽车主要构造及汽车材料、汽车用金属材料性能、汽车用燃料、汽车用润滑材料、汽车用工作液、汽车轮胎等内容，建议安排 24～30 课时。提高篇包括汽车用钢铁材料、汽车用有色金属及其合金、汽车用非金属材料等内容，建议安排 24～30 课时。

  本书适合作为职业院校汽车类及机械类相关专业的教材，也可作为工程机械、现场管理等技术人员的参考书。

图书在版编目(CIP)数据

汽车应用材料 / 熊建武，汪伟芬，肖国华主编. —西安：西安电子科技大学出版社，2022.4
ISBN 978-7-5606-6346-3

Ⅰ.①汽⋯ Ⅱ.①熊⋯ ②汪⋯ ③肖⋯ Ⅲ.①汽车—工程材料—职业教育—教材
Ⅳ.①U465

中国版本图书馆 CIP 数据核字(2022)第 014761 号

策划编辑 刘小莉
责任编辑 武晓莉 刘小莉
出版发行 西安电子科技大学出版社(西安市太白南路 2 号)
电 话 (029)88202421 88201467   邮 编 710071
网 址 www.xduph.com   电子邮箱 xdupfxb001@163.com
经 销 新华书店
印刷单位 咸阳华盛印务有限责任公司
版 次 2022 年 4 月第 1 版 2022 年 4 月第 1 次印刷
开 本 787 毫米×1092 毫米 1/16 印张 17.5
字 数 409 千字
印 数 1～2000 册
定 价 44.00 元

ISBN 978-7-5606-6346-3 / U

XDUP 6648001-1
如有印装问题可调换

前　言

本书是在借鉴德国双元制教学模式和总结近几年各院校汽车类专业教学改革经验的基础上，由湖南工业职业技术学院、浙江工商职业技术学院、湖南汽车工程职业学院、湖南财经工业职业技术学院、娄底技师学院、南县职业中等专业学校等职业院校的专业教师联合编写的。本书是湖南省"十三五"教育科学研究基地"湖南职业教育'芙蓉工匠'培养研究基地"的研究成果，同时也是湖南省教育科学规划课题"现代学徒制：中高衔接行动策略研究""基于现代学徒制的'芙蓉工匠'培养研究：以电工电器行业为例""基于'工匠精神'的高职汽车类创新创业人才培养模式的研究""基于'双创'需求的高职院校新能源汽车技术专业建设的研究""基于工匠培养的'学训研创'一体化培养体系探索与实践"的研究成果，以及湖南省职业院校教育教学改革研究项目"融合'现代学徒制'模式的高职院校'双创'教育路径研究""'工匠'精神融入高职学生职业素养培育路径创新研究"的研究成果，还是湖南省教育科学工作者协会课题"校企深度融合背景下 PDCA 模式在学生创新设计与制造能力培养中的应用研究"的研究成果。

本书以培养学生认识、选用汽车材料的基本技能为目标，基于工作过程系统化的原则，在对行业企业、同类院校进行调研的基础上，重构课程体系，拟订典型工作任务，重新制定课程标准，让学生具备认识、初步选用汽车用燃料、润滑材料、工作液、轮胎、钢铁材料、有色金属及其合金和非金属材料等技能。

本书涵盖了汽车相关的所有材料，包括汽车制造所用的汽车工程材料以及汽车使用过程中需要的各种应用材料，并且以汽车制造、使用过程贯穿全部内容，较好地体现了基于工作过程系统化的原则，便于学生学习和老师教学。

本书分基础篇和提高篇。其中基础篇介绍了汽车用金属材料的性能、汽车用燃料、汽车用润滑材料、汽车用工作液、汽车轮胎等内容，建议安排 24～30 课时；提高篇介绍了汽车用钢铁材料、汽车用有色金属及其合金、汽车用非金属材料等内容，也建议安排24～30 课时。

本书由熊建武(湖南工业职业技术学院)、汪伟芬(南县职业中等专业学校)、肖国华(浙江工商职业技术学院)担任主编，张腾达(湖南汽车工程职业学院)、谭补辉(益阳职业技术学院)、戴石辉(长沙市望城区职业中等专业学校)、李博(永州市工商职业中等专业学校)、李向阳(郴州工业交通职业中专学校)、涂承刚(常德财经中等专业学校)担任副主编，胡智清(湖南财经工业职业技术学院，教授)、何忆斌(湖南工业职业技术学院，教授)担任主审。参与本书编写的还有李琼(湖南工业职业技术学院)、简忠武(湖南工业职业技术学院)、胡思华(郴州综合职业中等专业学校)、吴伟(郴州综合职业中等专业学校)、徐炯(娄底技师学院)、张军(长沙县职业中等专业学校)、肖洋波(宁乡市职业中专学校)、王端阳(祁东县职业中等专业学校)、陈小梅(宁远县职业中等专业学校)、文婕(醴陵市陶瓷烟花职业技术学校)、姚锋(湘阴县第一职业中等专业学校)、孙哲(湘潭电机集团股份有限公司)。熊建武、汪伟芬、肖国华负责全书的统稿和修改。

湘潭电机集团股份有限公司孙孝文高级工程师、湖南维德科技发展有限公司陈国平总经理对本书提出了许多宝贵意见和建议，湖南工业职业技术学院、浙江工商职业技术学院、湖南汽车工程职业学院、湖南财经工业职业技术学院、南县职业中等专业学校、娄底技师学院、宁远县职业中等专业学校等院校领导对本书的编写给予了大力支持，在此一并表示感谢。

为便于学生查阅有关资料、标准，拓展学习，调动学生的学习积极性，本书特将一些相关内容以二维码的形式列于书中。另外，作者在撰写过程中搜集了大量有利于教学的资料和素材，限于篇幅未在书中全部呈现，感兴趣的读者可向作者索取，作者 E-mail：xiongjianwu2006@126.com。

本书可作为职业院校汽车制造与装配、汽车运用与维护、汽车电子技术、汽车营销、新能源汽车等汽车类专业，工程机械制造与装配、工程机械运用与维护、工程机械营销等工程机械类专业和机械设计与制造、模具设计与制造、机电一体化等机械制造类相关专业的教材，还可作为汽车制造与装配、汽车运用与维护、汽车电子技术、汽车营销、工程机械制造与装配、工程机械运用与维护、工程机械营销等工程技术人员和现场管理人员以及职业院校教师的参考资料。

由于时间仓促，兼之作者水平有限，书中不当之处在所难免，恳请广大读者批评指正。

编　者

2022 年 3 月

目　录

基　础　篇

提 高 篇

基础篇

第1章 汽车主要构造及汽车材料

知识点

(1) 汽车材料的类型。

(2) 汽车材料的发展趋势。

技能点

了解汽车材料的类型及其发展趋势。

    1886 年，德国人本茨发明了世界上第一辆汽车。汽车由于具有高速、机动、舒适、使用方便等优点，备受人们的青睐。汽车的发明，极大地方便了人们的生活，提高了劳动生产率，有效地促进了国民经济的发展。目前，许多国家都把汽车产业作为国家的支柱产业。我国 1956 年生产出第一辆解放牌汽车。2009 年，我国汽车产、销量分别为 1379.1 万辆和 1364.5 万辆，同比增长 48.3%和 46.15%。其中，乘用车产、销量分别为 1038.38 万辆和 1033.13 万辆，同比增长 54.11%和 52.93%；商用车产、销量分别为 340.72 万辆和 331.35 万辆，同比增长 33.02%和 28.39%。此后，我国汽车产销量一直位居世界第一。

    汽车产业的发展，有力地拉动着一个国家国民经济的综合发展(如图 1-1 所示)。据统计，每年汽车行业约消耗世界钢铁总产量的 24%、橡胶总产量的 18%、石油总产量的 46%。日本经济高速发展的 15 年间，汽车工业产值增长了 57 倍，从而带动国民经济增长了 36 倍。汽车产业的发展，还能有效地促进城市的现代化建设，促进劳动就业。在美国，每 6 个就业岗位就有一个与汽车有关。据专家预测，到 2030 年，我国汽车相关产业从业人数将达 1 亿人以上。汽车产业是一个 1∶10 的产业，即汽车产业 1 个单位的产出，可以带动整个国民经济总体增加 10 个单位的产出。可见汽车产业对社会、对人类的巨大贡献。

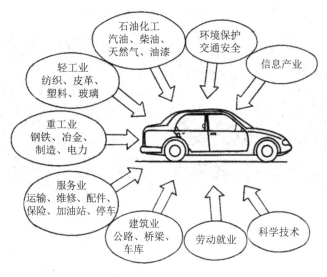

图 1-1　汽车产业对相关产业的带动作用

1.1　汽车的主要构成

我国国家标准《汽车和挂车类型的术语和定义》(GB/T 3730.1—2001)对汽车的定义是：由动力驱动，具有 4 个或 4 个以上车轮的非轨道承载的车辆，主要用于载运人员和/或货物，牵引载运人员和/或货物的车辆，以及其他一些特殊用途。无轨电车和整车整备质量超过 400 kg 的三轮车辆也属于汽车。

大多数汽车的总体结构及其主要机构的构造和作用原理基本上是一致的。常用汽车的总体构造基本上由发动机、底盘、车身、电气设备四部分组成，如图 1-2 所示。

图 1-2　汽车的总体构造

汽车和挂车类型的
术语和定义

1.1.1　发动机

发动机是汽车的动力装置(动力源)，是汽车的"心脏"，其作用是使燃料燃烧后产生动力，并通过底盘传动系统驱动汽车行驶。现代汽车发动机主要采用往复活塞式内燃机，将燃料燃烧后产生的热能转化为机械能。发动机一般由两大机构和五大系统组成。两大机构为曲柄连杆机构和凸轮配气机构，五大系统为燃料供给系、润滑系、冷却系、点火系和启动系。图 1-3 所示为华晨 1.8 T 发动机的外形及组成零件。

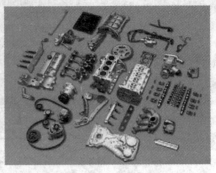

图 1-3　华晨 1.8 T 发动机

1.1.2　底盘

　　汽车通过底盘将汽车各总成、部件连接成为一个整体，具有传动、转向、制动等功能，如图 1-4 所示。底盘接受发动机的动力，使汽车得以正常行驶。底盘主要包括传动系(离合器、变速器、传动轴等)、行驶系(车架、车轮等)、转向系(转向盘、转向传动装置等)和制动系(前、后轮制动器，控制、传动装置等)四大系统。

图 1-4　汽车底盘

1.1.3　车身

　　车身用以承载驾驶员、乘客和货物。通常，货车车身由驾驶室、车厢等组成，客车、轿车车身则由车身结构件、车身覆盖件、车身外装件、车身内装件和车身附件等总成零件组成，如图 1-5 所示。

图 1-5　车身　　　　　　　　　汽车车身术语

1.1.4　电气设备

汽车电气设备是汽车的重要组成部分之一，主要包括电源，发动机的启动系和点火系，照明、信号、电子控制设备等，其性能的好坏直接影响汽车的动力性、经济性、可靠性、安全性、排气净化能力及舒适性。在现代汽车中，电子技术的应用有了飞跃发展，尤其是在轿车上，较普遍使用了电子打火、发动机动力输出控制(EPC)、发动机电控喷射系统、防抱死制动系统(ABS)、速度感应式转向系统(SSS)、全球卫星导航系统(GNSS)、安全气囊系统(SRS)、自动诊断装置等电子设备，大大提高了轿车的可靠性和安全性。随着电子技术的不断发展，汽车将更加电子化和智能化。

1.2　汽车材料的应用

一辆汽车通常由约两万个零部件组装而成，汽车上每个零件的生产制造都涉及材料问题。据统计，汽车上的零部件采用了 4000 余种不同的材料加工制造。

以现代轿车用材为例，按照重量来换算，钢材占汽车自重的 55%～60%，铸铁占 5%～12%，有色金属占 6%～10%，塑料占 8%～12%，橡胶占 4%，玻璃占 3%，其他材料(油漆、各种液体等)占 6%～12%。目前，汽车制造用材仍以金属材料为主，塑料、橡胶、陶瓷等非金属材料占有一定的比例。本书将系统地介绍汽车应用材料的基础知识，目的是让读者对汽车上使用的各种工程材料以及汽车在运行过程中使用的各种运行材料有一个大致的了解。

汽车工业的发展一直是与汽车材料及材料加工工艺的发展同步的。现代社会中，人们对汽车的要求从代步、运输逐渐转向多功能。现代汽车既要满足安全、舒适的要求，还要满足自重轻、污染排放低、能耗小、价格低等要求，这就首先要从材料方面考虑。目前，大量新型材料，如高分子材料、复合材料等的迅速发展，为现代汽车的发展提供了必要的条件。

1.3　汽车应用材料的组成

按照用途来分，汽车应用材料可分为汽车工程材料和汽车运行材料。

1.3.1　汽车工程材料

工程材料主要是指用于机械、车辆、船舶、建筑、化工、能源、仪器仪表、航空航天等工程领域中的材料，既包括用于制造工程构件和机械零件的材料，也包括用于制造工具的材料和具有特殊性能的材料。一般来讲，汽车工程材料是指汽车制造过程中使用的材料，包括各种金属材料和非金属材料。

1. 金属材料

金属材料是目前汽车上应用最广泛的工程材料。工业上，一般把金属材料分为黑色金属和有色金属两大部分。黑色金属是指钢铁材料；有色金属是指钢铁材料以外的所有金属材料，如铝、铜、镁及其合金。按照特性来分，有色金属又可以分为轻金属、重金属、贵金属、稀有金属和放射性金属等多个种类。

钢铁材料在汽车工业生产中占主流地位。中型载货汽车上钢铁材料约占汽车总重量的3/4,轿车上钢铁材料则超过总重量的2/3。钢铁材料最大的特点是价格低廉,比强度(强度/密度)高,便于加工,因而得到广泛的应用。汽车用钢铁材料有钢板、结构钢、特殊用途钢、钢管、烧结合金、铸铁及部分复合材料等,主要用于制造车架、车轴、车身、齿轮、发动机曲轴、汽缸体、罩板、外壳等零件。

有色金属因具有质轻、导电性好等钢铁材料所不及的特性,在现代汽车上的用量呈逐年增加的趋势。例如,铝合金具有密度低、强度高和耐蚀性好的特性,在轿车的轻量化中占举足轻重的地位。据统计,近十年来轿车在铝及其合金的用量上已从占汽车总重量的5%左右上升至约10%。此外,采用新型镁合金制造的凸轮轴盖、制动器、方向盘等部件,不仅可以减轻重量,而且还可以降低噪声。在轿车制造行业,采用铝、镁、钛等轻金属代替钢铁材料来减轻汽车自重,已成为轿车轻量化的一个重要手段。

2. 非金属材料

1) 高分子材料

高分子材料属于有机合成材料,亦称聚合物。高分子材料可分为天然高分子材料(如蚕丝、羊毛、油脂、纤维素等)和人工合成高分子材料。后者因具有较高的强度、良好的塑性、较强的耐腐蚀性、很好的绝缘性和较轻的质量等特点,很快成为发展最快、工程上应用最广的一类新型材料。在工程上,根据高分子材料的力学性能和使用状态,一般将其分为塑料、合成纤维、橡胶、胶黏剂和涂料等种类。

塑料主要指强度、韧性和耐磨性较好的,可用于制造某些零部件的工程塑料,具有价廉、耐腐、降噪、美观、质轻等特点。塑料正式应用于汽车制造始于20世纪60年代石油化工工业的兴盛期。现代汽车上许多构件如汽车保险杠、汽车内饰件、高档车用安全玻璃、仪表面板等零部件,均采用工程塑料制造。与钢铁材料相比,工程塑料更具有安全性,不仅能降低造价,而且还可以较大地改善汽车的安全性、舒适性。

按照性能要求(外观、硬度、抗腐蚀性、重量以及成本)划分的100多种不同类型和等级的塑料都被用于普通车辆中,比如,聚丙烯(PP)用于制作仪表板、轮圈盖和一些引擎部件,聚氨酯(PUR)用于制作座椅,聚乙烯(PE)用于制作地毯,聚酰胺(PA)用于制作需要加热并且耐化学品腐蚀的部件。大规模生产的塑料——ABS树脂、PP、PUR和尼龙占汽车中使用塑料的70%,其他的是复合材料和高端塑料。

其他高分子材料在汽车上的应用十分广泛,例如汽车的坐垫、安全带、内饰件等多数是由合成纤维制造的。合成纤维是指由单体聚合而成的、具有很高强度的高分子材料,如常见的尼龙、聚酯等。橡胶通常用来制造汽车的轮胎、内胎、防震橡胶、软管、密封带、传动带等零部件。各种胶黏剂在汽车上起到黏结、密封等作用,还可简化汽车制造工艺。各种车用涂料对车身的防锈、美化及商品价值有不可忽视的作用。

2) 陶瓷材料

陶瓷材料属于无机非金属材料,主要为金属氧化物和非金属氧化物。陶瓷材料是人类最早利用自然界提供的原料加工制造而成的材料,具有耐高温、硬度高、脆性大等特点。传统的陶瓷多采用黏土等天然矿物质原料烧制,而现代陶瓷则多采用人工合成的化学原料烧制。典型的工业用陶瓷材料有普通陶瓷、玻璃和特种陶瓷。

普通陶瓷(传统陶瓷)的主要成分为硅、铝氧化物的硅酸盐材料；特种材料(新型材料)的主要成分为高熔点的氧化物、碳化物、氮化物以及硅化物等的烧结材料。近年来，还发展了金属陶瓷，主要指用陶瓷生产方法生产的金属与碳化物或其他化合物的粉末制品。陶瓷在汽车上的最早应用是制造火花塞。现代汽车中，陶瓷的用途得到大大的拓展：一是陶瓷作为功能材料被用于制造各种传感器部件，如爆震传感器、氧传感器、温度传感器等；二是陶瓷作为结构材料替代金属材料用于制作发动机和热交换器零件。近年来，一些特种陶瓷也用于制造发动机部件或整体、气体涡轮部件等，可以达到提高热效率、降低能耗、减轻自重的目的。

玻璃的主要成分是 SiO_2。汽车上使用的玻璃制品主要为窗玻璃，要求其具有良好的透明性、耐候性(对气温变化不敏感)、足够的强度和很高的安全性。因此，车用玻璃必须是安全玻璃，主要有钢化玻璃、区域钢化玻璃、普通复合玻璃和 HPR(High penetration Resistance)夹层玻璃等类型。其中，HPR 夹层玻璃是指具有高穿透抗力的夹层玻璃。汽车采用这种玻璃，当受到撞击时，乘客若撞到车窗玻璃上，玻璃不会被击穿，从而避免了乘客因玻璃碎裂而受伤的危险。在欧美国家，已规定汽车的前挡风玻璃只允许使用 HPR 夹层玻璃。

3) 复合材料

复合材料是指由两种或两种以上不同性质的材料组分优化组合而成的材料。由于它是由不同性质或不同组织结构的材料以微观或宏观的形式组合形成的，不仅保留了组成材料各自的优点，而且具有单一材料所没有的优异性能，在强度、刚度、耐蚀性等方面比单纯的金属材料、陶瓷材料和高分子材料都优越。

原则上来说，复合材料可以由金属材料、高分子材料和陶瓷材料中任意两种或几种制备而成。按基本材料的种类来分，复合材料可分为非金属基复合材料和金属基复合材料两大类。非金属基复合材料是指以聚合物、陶瓷、石墨、混凝土为基体的复合材料，其中以纤维增强聚合物基和陶瓷基复合材料最为常用。金属基复合材料是指以金属或合金为基体，并以纤维、晶须、颗粒等为增强体的复合材料。按增强体的类别，金属基复合材料可分为纤维增强(包括连续和短切)、晶须增强和颗粒增强等复合材料；按金属或合金基体的不同，金属基复合材料又可分为铝基、镁基、铜基、钛基、高温合金基、金属间化合物基以及难熔金属基复合材料等。

复合材料是一种新型的、具有广阔发展前景的工程材料，起初主要应用于宇航工业，近年来也逐步应用在汽车工业中。例如，汽车车顶导流板、风挡窗框等车身外装板件，采用纤维增强复合材料(FRP)制造，具有质轻、耐冲击、便于加工异形曲面、美观等优点；汽车柴油发动机的活塞顶、连杆、缸体等零件，采用纤维增强金属(FRM)制造，可显著提高零件的耐磨性、热传导性和耐热性，并且还可以减小热膨胀。

1.3.2　汽车运行材料

汽车运行材料是指汽车在运行过程中所消耗的材料，包括燃料、润滑油、工作液和轮胎等。这些材料大多属于石油产品。据统计，全球石油产品的 46% 被汽车及相关工业所消耗。

1. 燃料

燃料通常是指能够将自身储存的化学能通过化学反应(燃烧)转变为热能的物质。汽车用燃料主要指汽油和轻柴油。

汽油作为点燃式发动机(汽油机)的主要燃料,其使用性能对发动机工作的可靠性、经济性以及使用寿命有极大的影响。汽油是从石油提炼出来的密度小、易于挥发的液体燃料,其使用性能主要从蒸发性、抗爆性、化学稳定性、耐腐蚀性、清洁型等方面评定,以保证发动机在各种工况下的可靠启动、正常燃烧和平稳运转。

轻柴油(简称柴油)是车用高速柴油机的燃料,与汽油相比,轻柴油密度大、易自燃。由于轻柴油发动机与汽油发动机的工作方式不同,对于轻柴油,主要从低温流动性、燃烧性、蒸发性、黏度、腐蚀性和清洁性等方面评定其使用性能。

据预测,石油资源只能供全世界最多使用到 2050 年。进入 21 世纪以来,针对环境和能源形势的日趋恶化,世界范围内的环保呼声也越来越高,开发使用被称为"绿色能源"的清洁代用燃料也成为汽车燃料发展的趋势。

目前,较普遍使用的汽车清洁代用燃料有天然气、液化石油气、电能、氢、太阳能、醇类、醚类和合成燃料等。其中,天然气、液化石油气、醇类、醚类和合成燃料的相对分子质量比汽油、柴油小得多,有利于与空气混合、燃烧,而且其尾气排放一氧化碳(CO)、碳氢化合物(HC)、二氧化碳(CO_2)等污染物比汽油、柴油低得多。目前,人们正在尝试利用无污染的太阳能、电能来驱动汽车。

2. 润滑油

汽车用润滑油主要包括发动机润滑油、车辆齿轮油和汽车润滑脂等。汽车能运行的地域辽阔,而各地区的气候条件相差很大,因而对车用润滑油的要求比一般的润滑油更高。汽车发动机润滑油的主要功用是对汽车摩擦零件间(曲轴、连杆、活塞、汽缸壁、凸轮轴、气门)进行润滑。除此以外,性能优良的发动机润滑油还应具有冷却、洗涤、密封、防锈和消除冲击负荷的作用。

车辆齿轮油是用于变速器、后桥齿轮传动机构及传动器等传动装置机件摩擦处的润滑油,可以降低齿轮及其他部件的磨损、摩擦,分散热量,防止腐蚀和生锈,对保证齿轮装置正常运转和延长齿轮使用寿命十分重要。

汽车润滑脂是指稠化了的润滑油。与一般润滑油相比,汽车润滑油的润滑脂蒸发损失小,高温、高速下的润滑性好,附着能力强,还可起到密封的作用。

3. 工作液

汽车用制动液、液力传动油、减震器油、冷却液及空调制冷剂等,统称为汽车用工作液。

制动液是汽车液压制动系中传递压力的工作介质,俗称刹车油,是液压油中的一个特殊品种。

冷却液是发动机冷却系统的冷却介质。其中,防冻冷却液不仅具有防散热器冻裂的功能,还具有防腐蚀、防锈、防垢和高沸点(防开锅)的功能,可以有效地保护散热器,改善散热效果,提高发动机效率,保障汽车安全行驶。

减震器油是汽车减震器的工作介质。它利用液体通过节流阀时产生的阻力起到减震作用。

制冷剂是汽车空调器的工作介质。它在空调器系统中通过循环达到制冷的目的。

4. 轮胎

轮胎的主要作用是支撑全车重量，与汽车悬架共同衰减汽车行驶中产生的震荡和冲击，支持汽车的侧向稳定性，保证车轮与路面有良好的附着力。

汽车轮胎以橡胶为原料制成，世界上生产的橡胶约 80%用于制造汽车轮胎。轮胎的费用占整个汽车运输成本的 25%左右。轮胎的使用性能直接影响车辆的安全性和行驶稳定性。随着车辆行驶速度的不断提高，对轮胎的技术和安全要求也更高。因此，掌握轮胎特征，正确地使用、养护轮胎，可以延长轮胎的使用寿命，降低汽车的运行成本。

不同类型的轮胎有不同的结构特点和使用性能，按汽车轮胎组成结构可分为有内胎轮胎和无内胎轮胎，按胎面花纹不同又可分为普通花纹轮胎、越野花纹轮胎和混合花纹轮胎，按胎体帘布层的结构不同还可分为斜交轮胎和子午线轮胎。

1.4　汽车应用材料展望

一辆汽车大约有 2 万个零件，这些零件使用了 4000 余种不同的材料加工制造而成，其中 80%左右使用的是金属材料。金属材料之所以在汽车上应用广泛，是因为金属材料具有许多良好的性能。

21 世纪高新技术的发展引起了技术革命浪潮，信息、生物和新材料代表了高新技术发展的方向。对于汽车材料来说，总的发展趋势是：结构材料中钢铁材料所占比例将逐步下降，有色金属材料、陶瓷材料、复合材料、高分子材料等新型材料的用量将有所上升；在性能可靠的前提条件下，将尽可能多地采用铝合金材料、复合材料等轻型、新型材料，取代钢铁材料，使汽车向轻量化、高效、节能、低噪声、高舒适度和高安全性等方向发展。

一方面，全球能源消耗日益增加，而消费者对汽车的需求却在不断增长，这些都使得油价不断提升，150 美元一桶的油价不再是天方夜谭。另一方面，发达国家和新兴国家的监管方都通过立法规定汽车排放标准，并鼓励循环使用，以解决能源成本和环境问题。

为了满足汽车轻量化的要求，采用纤维增强聚合物基复合材料(FRP)、铝合金或纤维增强金属基复合材料(FRM)来取代汽车上原有的钢铁结构零件，采用新型高强度陶瓷材料制造汽车发动机部件乃至整机，运用碳纤维增强树脂基复合材料(CFRP)制造驱动轴等。此外，汽车运行材料趋向采用绿色环保材料或燃料。

由于受到汽车舒适性和安全法规的影响，乘用车的单车平均重量在 2004 年以前持续攀升，从 20 世纪 80 年代初的平均单车重量 1.4 t 上升到 2004 年的单车 1.8 t。近年来由于排放和节能法规日趋严格，汽车轻量化已成新的发展趋势，到 2020 年，乘用车的平均重量下降到 1.6 t 左右。如图 1-6 所示，乘用车总重量似乎下降不大，但如果考虑到这个总下降量是不同材料的有增有减结果的综合效果，进而分解到车身的每种部件和不同材料时，可以发现每种汽车组成材料的变化还是相当显著的。

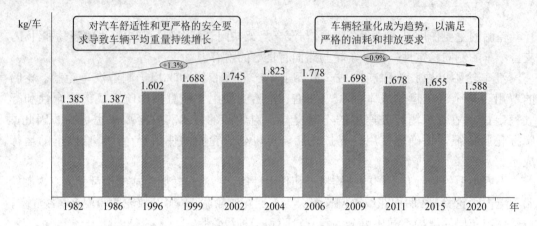

图 1-6　全球乘用车平均重量变化趋势

　　铝与塑料在乘用车制造中已经是普遍使用的材料，全球单车平均用量在 2011 年已达 100 kg，如图 1-7 所示。在一些技术改革激进的车辆上铝与塑料用量更大，比如奥迪 A8 甚至 A6L 都采用了全铝车身，铝制发动机、铝制变速箱壳体以及铝制轮毂等。铝制件渗透率逐年提升。而近年来由于改性工程塑料材料性能的发展，采用塑料制作车身覆盖件也屡见不鲜，尤其是考虑到工程塑料件在撞车事故中可以有效吸收冲击能量。由于欧洲和日本等国家的法规对车外部人员的安全要求较高，这些国家在汽车外部车身上使用塑料已相当普遍。工程塑料未来应用面临的最大难题则是对环境的危害。欧盟等国家和地区的法规目前要求报废车辆的材料可利用率要达到 95%以上，而且未来还会继续提高要求。受此影响，部分类别的工程塑料则会逐步退出汽车制造市场。

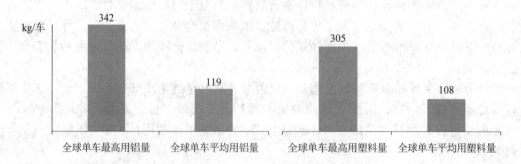

图 1-7　2011 年全球单台汽车用铝和塑料量比较

　　除了排放和节能导致的轻量化要求、成本限制和环保法规(可回收或可利用)外，汽车材料的应用变化同时还受到安全法规和加工性能要求的影响。2020 年，从单车平均重量来看，有约 180 kg 的普通钢材零部件被替代，其主要替代材料为高强度钢、铝与塑料。高强度钢虽然成本略高，但其加工性能和在部分部件上的安全性能超越了铝与塑料，因而未来将是增加最多的材料。与 2011 年相比，2020 年高强度钢总重量平均每车增加约 51 kg；其次为铝——平均每车增加 45 kg，塑料——平均每车增加约 15 kg，如图 1-8 所示。

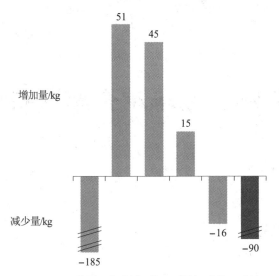

图 1-8　2011—2020 年全球单车主要材料增减量

为了保持最佳的燃油效率，汽车生产商使用重量更轻的材料——塑料和高分子零部件。2020 年，塑料占车辆平均重量的 18%，比 2000 年的 14% 有所增加，如图 1-9 所示。

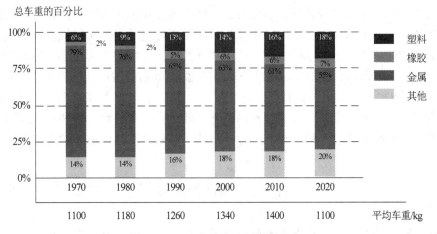

图 1-9　2020 年汽车应用材料分布

(注：由于取四舍五入值，有些年份百分数的值相加可能不到 100%)

随着科技水平的不断进步和发展，相信会有更多的汽车新型材料不断问世，而且会不断地应用于汽车行业中。

第 2 章　汽车用金属材料性能

知识点

(1) 金属材料的性能。

(2) 金属材料力学性能指标。

技能点

掌握力学性能指标的测试方法和应用。

金属材料是现代机械制造业的基本材料，是合理选用汽车零部件材料的重要依据。其性能直接关系到汽车的制造装配、运行维护、使用寿命和加工成本。金属材料的性能分为使用性能和工艺性能两大类。其中，金属材料的使用性能是指为保证机械零件或工具正常工作应具备的性能，即金属材料在使用过程中所表现出的性能，包括物理性能(如密度、熔点、导热性、导电性、热膨胀性、磁性等)、化学性能(如耐腐蚀性、抗氧化性、化学稳定性等)、力学性能(如强度、塑性、硬度、韧性及疲劳强度等)。使用性能决定了材料的使用范围、安全可靠性和使用寿命。金属材料的工艺性能是指金属材料在各种加工过程中所表现出的性能，包括铸造性能、锻压性能、焊接性能、热处理工艺性能和切削加工性能。

2.1　汽车用金属材料的力学性能

金属材料的力学性能是指金属在外力作用下表现出来的性能。表征和判定金属材料力学性能的指标和依据称为金属材料力学性能判据。判据的高低表征了金属材料抵抗各种损伤能力的大小，也是金属材料制件设计时选材和进行强度计算的主要依据。

金属材料在加工和使用过程中都会受到外力的作用，这种外力通常称为载荷。载荷按照性质不同，一般可分为静载荷和动载荷(冲击载荷和交变载荷统称为动载荷)。静载荷指载荷的大小和方向不随时间发生变化或变化极缓慢的载荷。例如，汽车在静止状态下，车身自重对车架和轮胎的压力属于静载荷。冲击载荷是指以较高的速度作用于零部件上的载荷。例如，当汽车在不平的道路上行驶时，车身对车架和轮胎的冲击即为冲击载荷。交变载荷指大小与方向随时间发生周期性变化的载荷。例如，运转中的发动机曲轴、齿轮等零部件所承受的载荷均为交变载荷。根据加载形式的不同，外加载荷也可分为拉伸载荷、压缩载荷、弯曲载荷、剪切载荷和扭转载荷等，如图 2-1 所示。

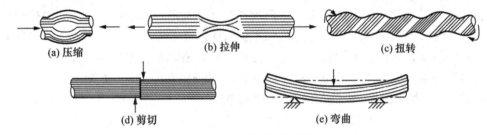

图 2-1 外加载荷的作用形式

  金属材料在外加载荷作用下，形状和尺寸的变化称为变形。变形一般分为弹性变形和塑性变形。弹性变形是指构件受到外加载荷作用时产生变形，载荷卸除后又恢复原状的变形。塑性变形是指构件在外加载荷作用下产生变形，而载荷卸除后不能恢复原状的变形，也称之为永久变形。

  金属材料的力学性能是设计和制造汽车零件的重要依据，也是控制汽车零件质量的重要参数。金属材料的选择离不开对金属材料力学性能的分析。例如汽车轮胎紧固螺栓材料及规格的选择，就必须要保证螺栓在使用过程中不会由于承受不住剪切而扭断，从而保证驾乘人员的安全，如图 2-2 所示。

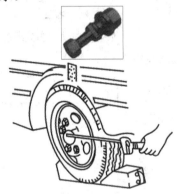

图 2-2 汽车轮胎紧固螺栓

  金属材料的力学性能主要包括静态力学性能(强度、塑性、硬度)和动态力学性能(韧性、疲劳强度)。

2.1.1 静态力学性能

1. 强度与塑性

  强度是指金属材料在静载荷作用下，抵抗塑性变形和断裂的能力。塑性是指金属材料在静载荷作用下产生塑性变形而不发生断裂的能力。强度和塑性指标都可以通过拉伸试验测定。

  1) 拉伸试验

  拉伸试验是指在静拉伸力作用下，对试样进行轴向拉伸，直到拉断。根据拉伸试验绘制的拉伸曲线，可计算强度和塑性的性能指标(《金属材料 拉伸试验 第 1 部分：室温试验方法》GB / T 228.1—2010)。

　　拉伸试验前，将被测金属制成一定形状和尺寸的标准拉伸试样，常用的圆形拉伸试样如图 2-3 所示。将拉伸试样装夹在拉伸试验机(如图 2-4 所示)的两个夹头上，沿轴向缓慢加载进行拉伸，试样逐渐伸长、变细，直到最后拉断。在拉伸试验过程中，拉伸试验机上的自动记录装置绘出能反映静拉伸载荷 F 与试样轴向伸长量 ΔL 对应关系的拉伸曲线，即 $F\text{-}\Delta L$ 曲线。图 2-5 为低碳钢的 $F\text{-}\Delta L$ 曲线。

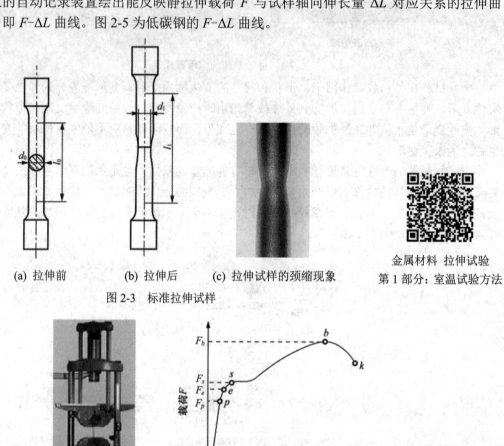

　　(a) 拉伸前　　　　(b) 拉伸后　　　(c) 拉伸试样的颈缩现象

金属材料 拉伸试验
第 1 部分：室温试验方法

图 2-3　标准拉伸试样

图 2-4　拉伸试验机　　　图 2-5　低碳钢的 $F\text{-}\Delta L$ 曲线

　　从图 2-5 的 $F\text{-}\Delta L$ 曲线可以看出，拉伸过程中试样表现出以下几个变形阶段：

　　(1) 弹性变形阶段(Op、pe 段)。当载荷不超过 F_p 时，拉伸曲线 Op 为直线，试样的变形量与外加载荷成正比。如果卸除载荷，试样立即恢复原状。在 pe 段，试样仍处于弹性变形阶段，但载荷与变形量不再成正比。

　　(2) 屈服阶段(es 段)。当载荷增加到 F_s 时，拉伸曲线出现平台或锯齿线，表明在载荷不增加或略有减小的情况下，试样仍在继续伸长，这种现象称为屈服，s 点称为屈服点。

　　(3) 强化阶段(sb 段)。继续增加载荷，试样继续伸长，随着试样塑性变形的增大，材料的变形抗力也逐渐增加，这种现象称为形变强化(或称为加工硬化)。

　　(4) 颈缩阶段(bk 段)。当载荷增加到最大值 F_b 时，试样的直径发生局部收缩，称为"颈缩"。此时变形所需载荷也逐渐降低,伸长部位主要集中于颈缩部位,如图 2-3(b)、(c)所示。当载荷回落到 F_k 时,试样被拉断。

应该指出,做拉伸试验时,低碳钢等材料在断裂前有明显的塑性变形,这种断裂称为塑性断裂,这种材料称为塑性材料。塑性断裂的断口呈"杯锥"状。对于铸铁等脆性材料,不仅没有屈服现象,而且也不产生颈缩,脆性材料的断口是平整的。

2) 强度指标

通过拉伸试验测得的强度指标有屈服强度和抗拉强度。

(1) 屈服强度。金属材料开始产生屈服现象时的最低应力称为屈服强度,单位为 MPa,用符号 R_{eL} 表示。

$$R_{eL} = \frac{F_s}{S_0} \tag{2-1}$$

式中：F_s——试样发生屈服时的最小载荷,单位为 N;

S_0——试样原始横截面积,单位为 mm^2。

除退火和热轧的低碳钢和中碳钢等材料在拉伸过程中有屈服现象以外,汽车上使用的其他金属材料如高碳钢、铸铁等,在拉伸过程中没有明显的屈服现象,如图 2-6 所示。因此,根据 GB/T 228.1—2010《金属材料 拉伸试验 第 1 部分：室温试验方法》规定,当试样卸除载荷后,其标距部分的残余伸长达到规定的原始标距百分比时对应的应力,即作为条件屈服强度 R_r,并附脚标说明规定残余伸长率。例如 $R_{r0.2}$,表示规定残余伸长率为 0.2%时的应力。

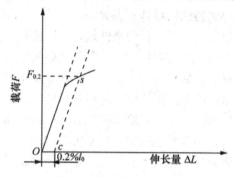

图 2-6　铸铁的 F-ΔL 曲线

机械零件经常由于过量的塑性变形而失效,因此,零件在使用过程中不允许发生明显的塑性变形,大多数机械零件常根据 R_{eL} 或 $R_{r0.2}$ 作为选材和设计时的依据。

(2) 抗拉强度。金属材料在断裂前所能承受的最大应力称为抗拉强度,单位为 MPa,用符号 R_m 表示。

$$R_m = \frac{F_b}{S_0} \tag{2-2}$$

式中：F_b——试样断裂前所承受的最大载荷,单位为 N;

S_0——试样原始横截面积,单位为 mm^2。

抗拉强度是设计和选材的主要依据之一,是工程技术上的主要强度指标。一般情况下,在静载荷作用下,只要工作应力不超过材料的抗拉强度,零件就不会发生断裂。

在工程上,屈强比 R_{eL}/R_m 是一个有意义的指标,比值越大,越能发挥材料的潜力。但是为了使用安全，该比值不宜过大，适当的比值为 0.65～0.75。另外，比强度 R_m/ρ 也常被使用，它表征了材料强度与密度之间的关系。在考虑汽车轻量化问题时，常常用到这个指标。

3）塑性指标

金属材料的塑性指标主要用断后伸长率和断面收缩率表示。

（1）断后伸长率。试样拉断后，标距长度的伸长量与原始标距的百分比称为断后伸长率，用符号 A 表示。

$$A = \frac{L_u - L_0}{L_0} \times 100\% \tag{2-3}$$

式中：L_u——试样拉断后标距的长度，单位为 mm；

L_0——试样的原始标距，单位为 mm。

（2）断面收缩率。试样拉断后横截面积的缩减量与原始横截面积之比称为断面收缩率，用符号 Z 表示。

$$Z = \frac{S_u - S_0}{S_0} \times 100\% \tag{2-4}$$

式中：S_u——试样拉断处的最小横截面积，单位为 mm^2；

S_0——试样的原始横截面积，单位为 mm^2。

同一材料的试样长短不同，测得的断后伸长率略有不同，通常短试样（$L_0 = 5d_0$）测得的断后伸长率 A 略大于长试样测得的断后伸长率 $A_{11.3}$，而断面收缩率与试样的尺寸因素无关。

金属材料的 A、Z 值越大，说明材料的塑性越好。塑性好的金属材料易于通过压力加工制成形状复杂的零件，如汽车车身覆盖件、油箱等大多是采用具有良好塑性的冷轧钢板冲压而成。另外，用塑性好的金属材料制成的零件，偶尔发生过载时，由于塑性变形能避免发生突然断裂造成的事故。因此，用于汽车制造的材料大多要求有一定的塑性。

目前，金属材料室温拉伸试验方法采用 GB/T 228.1—2010 标准。本书采用此标准，但有一些书籍或资料的金属材料力学性能数据是按 GB/T 228—2002《金属材料 室温拉伸试验方法》测定和标注的。为方便读者学习和阅读，本书将金属材料强度与塑性的新、旧标准名称和符号对照列于表 2-1。

表 2-1　金属材料强度与塑性的新、旧标准名词和符号对照

GB/T 228.1—2010		GB/T 228—2002	
名称	符号	名称	符号
屈服强度	R_e	屈服点	σ_s
上屈服强度	R_{eH}	上屈服点	σ_{sU}
下屈服强度	R_{eL}	下屈服点	σ_{sL}
规定残余伸长强度	R_r，如 $R_{r0.2}$	规定残余伸长应力	σ_r，如 $\sigma_{r0.2}$
抗拉强度	R_m	抗拉强度	σ_b
断后伸长率	A 和 $A_{11.3}$	断后伸长率	δ_5 和 δ_{10}
断面收缩率	Z	断面收缩率	ψ

注：在标准 GB/T 228—2002 中，没有对屈服强度规定符号，本书采用 R_e 作为屈服强度符号。

2. 硬度

硬度是指金属材料抵抗局部变形或者抵抗其他物质刻划或压入其表面的能力，是一个重要的力学性能指标。通常材料的硬度越高，耐磨性就越好，因此，常将硬度值作为衡量材料耐磨性的重要指标。在汽车维修行业中所用的模具、量具、刀具等都要求有足够高的硬度，否则就无法正常工作。

由于测定硬度的试验设备比较简单，操作方便，且属于非破坏性试验，因此，在实际生产中，对一般机械零件大多通过测试硬度来检测其力学性能。在零件图中，对金属材料力学性能的要求往往只标注硬度值。

测定硬度的方法很多，主要有压入法、划痕法、回跳法，生产中常用的是压入法。压入法即在一定外加载荷作用下，将比工件更硬的压头缓慢压入被测工件表面，使金属局部产生塑性变形，从而形成压痕，然后根据压痕面积大小或压痕深度来确定硬度值。

根据压头和外加载荷的不同，常用的硬度指标有布氏硬度、洛氏硬度和维氏硬度。

1) 布氏硬度

布氏硬度是在布氏硬度计(如图 2-7 所示)上测得的，用符号 HBW 表示，其试验原理如图 2-8 所示。使用直径为 D 的淬火钢球或硬质合金球作为压头，以规定的试验载荷 F 压入被测金属表面，保持规定时间后卸除载荷，此时在被测金属表面上会留下直径为 d 的球形压痕，计算压痕单位面积上所受的平均压力(即所加载荷与压痕面积的比值)，即为该金属的布氏硬度值。

$$HBW = \frac{F}{S} = 0.102 \frac{2F}{\pi D(D - \sqrt{D^2 - d^2})} \tag{2-5}$$

从式(2-5)可以看出，当载荷 F 和压头直径 D 一定时，布氏硬度值仅与压痕直径 d 的大小有关，d 越小，说明压痕面积越小，布氏硬度值越大，也就是硬度值越高。在实际应用中，布氏硬度值不用计算，只需使用读数显微镜测出压痕平均直径 d，然后在压痕直径与布氏硬度对照表中，即可查出相应的布氏硬度值。布氏硬度值一般不标注单位。

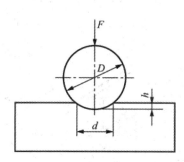

图 2-7　布氏硬度计　　　　　　　　图 2-8　布氏硬度试验原理示意图

通常硬度值小于 450 HBW 的材料，宜用淬火钢球作为压头；硬度值大于 450 HBW 的材料，宜用硬质合金球作为压头。标注时，习惯上把硬度值写在符号 HBW 之前，后面按以下顺序数字注明试验条件：球体直径、测试时所加载荷(常用千克力(1 kgf = 9.807 N)作单位)、载荷保持的时间(保持 10～15 s 时不标注)。例如，某种材料的布氏硬度是 180 HBW10/ 1000/30，表示用直径 10 mm 的淬火钢球，在 1000 kgf(9807 N)的载荷作用下，保持 30 s 时测得的硬度值为 180。布氏硬度是 530 HBW5/750，表示用直径 5 mm 的硬质合金球，在 750 kgf(7355 N)的载荷作用下，保持 10～15 s 时测得的硬度值为 530。

　　布氏硬度试验应根据被测金属材料的种类和试样厚度，选用不同大小的球体直径 D、施加载荷 F 和保持时间，按表 2-2 所列的布氏硬度试验规范正确选择。按 GB/T 231.1—2009 《金属材料　布氏硬度试验　第 1 部分：试验方法》的规定，球体直径有 10 mm、5 mm、2.5 mm 和 1 mm 共四种，试验载荷(单位为 kgf)与球体直径平方的比值(F/D^2)有 30、15、10、5、2.5 和 1 共六种。

表 2-2　布氏硬度试验规范

材料	硬度规范	球体直径 D/mm	F/D^2/(N/mm^2)	保持时间/s
钢、铸铁	<140	10，5，2.5	10	10～15
	≤140	10，5，2.5	30	10
非铁金属	335～130	10，5，2.5	10	30
	≥130	10，5，2.5	30	30
	<35	10，5，2.5	2.5	60

　　布氏硬度试验的优点是数据准确、稳定、重复性强；缺点是压痕较大，易损伤零件表面，不能测量太薄、太硬的材料。布氏硬度试验常用来测量退火钢、正火钢、调质钢、铸铁及有色金属的硬度。

　　2) 洛氏硬度

　　洛氏硬度是在洛氏硬度计(如图 2-9 所示)上测得的，用符号 HR 表示。其试验原理如图 2-10 所示。

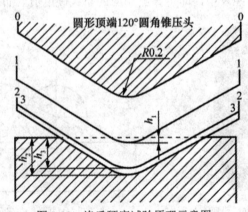

图 2-9　洛氏硬度计　　　　　图 2-10　洛氏硬度试验原理示意图

　　用顶角为 120° 的金刚石圆锥体或直径为 1.588 mm 的淬火钢球作为压头，先施加初始载荷 F_0(目的是消除因为零件表面不光滑等因素造成的误差)，压入金属表面的深度为 h_1(压头到图 2-10 中的 1—1 位置)，然后施加主载荷 F_1，在总载荷 $F(F = F_0 + F_1)$的作用下，压入金属表面的深度为 h_2(压头到图 2-10 中的 2—2 位置),待表头指针稳定后,卸除主载荷。由于金属弹性变形的恢复,使压头回升至 h_3 (压头到图 2-10 中的 3—3 位置),压头实际压入金属的深度为 $h = h_3 - h_1$。最后以压痕深度 h 值的大小衡量被测金属的硬度。显然,h 值越大,被测金属硬度越低;反之则越高。为了适应人们习惯上数值越大,硬度越高的概念,规定用常数 K 减去 $h/0.002$(表示每 0.002 mm 的压痕深度为一个硬度单位)作为硬度值,即

$$HR = K - \frac{h}{0.002} \qquad (2-6)$$

式中:K——常数,当用金刚石压头时 K 为 100,用淬火钢球压头时 K 为 130;

h——卸除主载荷后测得的压痕深度。

实际应用时,可以直接从洛氏硬度计刻度盘上读出洛氏硬度值。

为了能够用一台硬度计从软到硬测量不同金属材料的硬度,洛氏硬度采用不同的压头和载荷组成不同的硬度标尺,并在 HR 后面用字母加以注明。常用的洛氏硬度标尺有 HRA、HRB、HRC 三种,其中 HRC 应用最为广泛。

洛氏硬度标注时,将所测定的洛氏硬度值写在相应标尺的硬度符号之前,如 75 HRA、90 HRB、60 HRC 等。常用洛氏硬度试验规范及应用举例见表 2-3。

表 2-3 常用洛氏硬度试验规范及应用举例

硬度符号	压头类型	初载荷/kgf(N)	主载荷/kgf(N)	测量范围	应用举例
HRA	金刚石圆锥体	10(98.1)	50(490.30)	20~88	硬质合金、表面淬火层、渗碳层等
HRB	淬火钢球	10(98.1)	90(882.6)	20~100	有色金属、退火、正火钢件等
HRC	金刚石圆锥体	10(98.1)	140(1373)	20~70	淬火钢、调质钢件

洛氏硬度试验操作简便,可以直接从刻度盘上读出硬度值;压痕较小,基本不损坏零件表面,因而可直接测量成品和较薄零件的硬度。但由于压痕较小,试验数据不太稳定,所以,需要在不同部位测量三个点取其算术平均值。

洛氏硬度试验主要适用于测定铜、铝等有色金属材料及其合金,硬质合金,表面淬火、渗碳件以及退火、正火和淬火钢件的硬度。

3) 维氏硬度

由于布氏硬度试验不适合测定硬度较高的金属,而洛氏硬度试验虽可用来测定各种金属的硬度,但由于采用了不同的压头和载荷,使得不同标尺间的硬度值没有联系,因此不能直接换算。为了使硬度不同的金属有一个连续一致的硬度标准,提出了维氏硬度试验法。

维氏硬度的试验原理和布氏硬度基本相似,也是根据压痕单位面积上的载荷大小来计算硬度值。它们的区别在于维氏硬度试验法的压头采用相对面夹角为 136° 的金刚石正四棱锥,在规定载荷 F 作用下压入被测金属表面,保持一定时间后卸除载荷,然后再测量压痕投影的两对角线的平均长度 d,如图 2-11 所示。维氏硬度用符号 HV 表示,计算公式为

$$HV = 0.189 \frac{F}{d^2} \qquad (2-7)$$

式中:F——作用在压头上的载荷,单位为 N;

d——压痕两条对角线长度的算术平均值，单位为 mm。

试验时，用测微计测出压痕两条对角线的长度，计算出其平均值后，通过查表就可得出维氏硬度值。

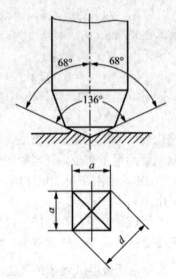

图 2-11　维氏硬度试验原理示意图

维氏硬度标注方法与布氏硬度相同，硬度数值写在符号前面，试验条件写在后面。对于钢及铸铁，试验载荷保持时间为 10～15 s 时，可以不标出。例如 640 HV30/20，表示用 30 kgf(294.2 N)试验载荷，保持 20 s 测定的维氏硬度值为 640。

维氏硬度试验时所加的载荷小(常用的试验载荷有 5 kgf、10 kgf、20 kgf、30 kgf、50 kgf、100 kgf)，压入深度较浅，可测量较薄的材料，也可测量表面淬硬层及化学热处理的表面层硬度(如渗碳层、渗氮层)。由于维氏硬度值具有连续性，故可测定从很软到很硬的各种金属材料的硬度，而且准确性高。维氏硬度试验的缺点是操作过程及压痕测量较费时间，生产效率不如洛氏硬度试验高，故不适合成批生产中的常规检验。

对于承受冲击载荷的零件，如冲床的冲头、锻锤的锻杆、发动机曲轴等，不仅要满足在静力作用下的强度、塑性、硬度等性能判据，还必须具备足够的韧性。韧性是指金属在断裂前吸收变形能量的能力。韧性的判据是通过冲击试验测定的。

2.1.2　动态力学性能

实际上，汽车上大多数零件承受的不是静载荷，而是动载荷(冲击载荷和交变载荷)。例如，汽车起步、加速、紧急制动、停车时，变速器中的齿轮、传动轴，后桥中的半轴、差速器齿轮等零件受到的载荷属于冲击载荷，而曲轴、连杆、轴承、弹簧等汽车零件，在工作过程中往往受到大小或方向随时间呈周期性变化的交变载荷。在动载荷作用下测得的力学性能指标主要有冲击韧性和抗疲劳强度。

1. 冲击韧性

冲击载荷引起的应力通常比静载荷大，具有更大的破坏性。对于承受冲击载荷作用的材料，不仅要求其具有高的强度和一定的塑性，还必须具备足够的冲击韧性。金属材料抵抗冲击载荷作用而不被破坏的能力称为冲击韧性。目前，工程技术上常用一次摆锤冲击试验来测定金属承受冲击载荷的能力，如图 2-12 所示。

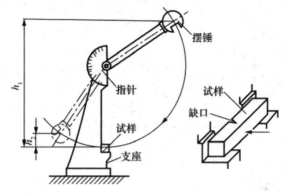

图 2-12 摆锤式冲击试验示意图

1) 摆锤式一次冲击试验

首先，将被测金属按照国家标准制成带有 U 形或 V 形缺口(试样上开缺口是为了将试样从缺口处击断，脆性材料不开缺口)的标准试样，如图 2-13 所示。然后，将试样放在冲击试验机的支座上，使缺口背向摆锤；将具有一定质量的摆锤升到一定高度 h_1，使其自由落下将试样击断，在惯性作用下，击断试样后的摆锤会继续升至一定高度 h_2；根据能量守恒原理，击断试样所消耗的功 $A_K = mg(h_1 - h_2)$，A_K 又称为冲击吸收功，其值可以从试验机的刻度盘上直接读出。A_K 与试样缺口处横截面积 S 的比值，称为该材料的冲击韧性，用符号 a_K 表示，单位为 J/cm^2，即

$$a_K = \frac{A_K}{S}$$

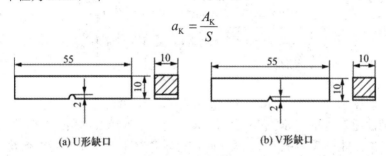

图 2-13 冲击试样

冲击韧性值越大，表明材料的韧性越好，受到冲击时不易断裂。冲击韧性值的大小受很多因素影响，不仅与试样的形状、表面粗糙度、内部组织有关，还与试验时的环境温度有关。

有些金属材料在室温时并不显示脆性，而在较低温度下则可能发生脆断。温度对冲击吸收功的影响如图 2-14 所示。由图 2-14 可知，冲击吸收功的值随着试验温度的下降而减小，材料在低于某温度时，A_K 值急剧下降，使试样的断口由韧性断口过渡为脆性断口，这个温度范围称为韧脆转变温度范围。韧脆转变温度是衡量金属冷脆倾向的指标，金属的韧脆转变温度越低，说明金属的低温抗冲击性能越好。例如非合金钢的韧脆转变温度约为 −20℃，因此在较寒冷(低于−20℃)地区应使用非合金钢构件，还有车辆、桥梁、运输管道等在冬天容易发生脆断现象。因此在选择金属材料时，应考虑其工作条件的最低温度必须

高于其韧脆转变温度。

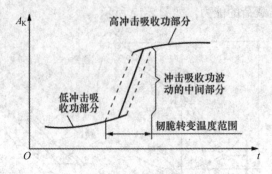

图 2-14　温度对冲击吸收功的影响

2) 小能量多次冲击试验

在实际工作中，金属经过一次冲击就断裂的情况极少，许多零件在工作时都经受着小能量的多次冲击。在多次冲击下导致金属产生裂纹、裂纹扩张和瞬时断裂，其破坏是每次冲击损伤积累发展的结果，因此需要采用小能量多次冲击作为衡量这些零件承受冲击抗力的指标。

小能量多次冲击试验如图 2-15 所示。试验时试样受到试验机锤头的多次冲击，测定被测试样在一定冲击能量下，最后产生断裂的冲击次数，即为金属材料的多次冲击抗力。

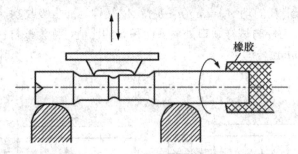

图 2-15　小能量多次冲击试验

金属的韧性通常用冲击韧性和断裂韧性来衡量，韧性越低，表明金属发生脆性断裂的倾向越大。当冲击能量低，冲击次数较多时，材料多次冲击抗力则取决于材料的强度；当冲击能量较高、冲击次数较少时，材料多次冲击抗力则主要取决于塑性和韧性。

汽车发动机中的活塞、活塞销、曲轴、连杆等零件在工作中经常受到冲击载荷的作用，所以应使用韧性好的材料制造。

2. 疲劳强度

许多机械零件，如发动机曲轴、齿轮、弹簧及滚动轴承等，在工作中受到大小和方向随时间发生周期性变化的载荷作用，即使应力远远低于材料的屈服强度，但经过一定循环次数后，也可能发生突然断裂，这种现象称为疲劳断裂。疲劳断裂与在静载荷作用下的断裂不同，无论是脆性材料还是塑性材料，疲劳断裂都是突然发生的，事先均无明显的塑性变形，所以，疲劳断裂具有很大的危险性。例如，汽车的板弹簧或前轴由于疲劳而突然断裂，就会造成车毁人亡的重大交通事故。据统计，损坏的机械零件中有 80% 以上是由于金属的疲劳造成的。因此，在设计受力条件下工作的零部件时，选用材料必须考虑材料抵抗疲劳破坏的能力。材料的疲劳强度可以通过疲劳试验测定，如图 2-16 所示。将光滑的标准试样的一端固定并使试样旋转，在另一端施加载荷。在试样旋转过程中，试样工作部分将承受周期性变化的应力，从拉应力到压应力，循环往复，直至试样断裂。疲劳曲线示意图如图 2-17 所示。疲劳曲线表明，材料承受的交变应力越大，其断裂前能承受应力的循环次数越少；反之，则循环次数越多。当材料承受的交变应力低于某一值时，经过无数次循环，试样都不会产生疲劳断裂。工程上规定，材料经过无限次交变载荷作用而不发生断裂的最大应力，称为疲劳强度，用符号 σ 表示，单位为 MPa。

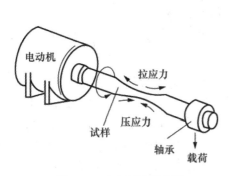

图 2-16　疲劳试验示意图　　　　　　　图 2-17　疲劳曲线示意图

　　实际上，金属材料不可能承受无限次交变载荷作用，因此工程上规定，黑色金属经受 107 次、有色金属经受 108 次交变载荷作用而不产生断裂的最大应力，为该材料的疲劳强度。

　　影响金属疲劳强度的因素很多，如零件外形、表面质量、受力状态与周围介质等。因此，在进行零件设计时，一方面，尽量避免尖角、缺口和截面突变等容易引起应力集中的结构，降低零件的表面粗糙度，或者采用表面淬火、喷丸等处理方法有效地提高零件的疲劳强度。另一方面，在汽车的维修、保养过程中，应及时排除隐患，以保证车辆安全运行。

2.2　汽车用金属材料的工艺性能

　　汽车上大多数零件是采用金属材料制造的。金属材料的工艺性能是指金属材料在加工过程中所表现出来的性能。工艺性能对于保证汽车产品质量、降低成本、提高生产效率起着十分重要的作用，是汽车设计、制造、修理以及选择汽车零件材料所必须认真考虑的因素。按照工艺方法，金属材料的工艺性能主要包括铸造性能、锻压性能、焊接性能、热处理性能和切削加工性能等。

2.2.1　铸造性能

　　金属材料铸造成形获得优质铸件的能力称为铸造性能。金属材料可以通过铸造制成各种零件，如汽车上的曲轴、凸轮轴、汽缸体、汽缸套、转向器壳体等。

　　铸造性能主要包括流动性、收缩性、偏析性及吸气性等。流动性是指熔融金属的流动能力。流动性好的金属容易充满铸型，获得外形完整、尺寸精确、轮廓清晰的铸件。收缩性是指铸件在凝固和冷却过程中，其体积和尺寸减小的现象。铸件收缩性不仅影响尺寸，还会使铸件产生缩孔、缩松、内应力、变形和开裂等缺陷，故铸造用金属材料的收缩率越小越好。偏析性是指金属凝固后，铸锭或铸件化学成分和组织的不均匀现象。偏析会使铸件各部分的力学性能存在很大的差异，降低铸件质量。

设计铸件时，必须考虑材料的铸造性能。铸造性能好，则可以铸造出结构复杂、形状精确、强度较高的铸件，而且还可以简化工艺过程，提高产品合格率。在常用的金属材料中，铸造铝合金、灰铸铁和青铜等具有良好的铸造性能。

2.2.2　锻压性能

锻压是指对金属坯料施加外力，使其产生塑性变形，改变其形状、尺寸，改善其性能，使金属材料在冷热状态下通过压力加工成形的工艺。按重量百分比计，汽车上约 70% 的零件是采用锻压加工方法制造的，如汽车的车体外板就是冷轧钢板通过压力加工成形的。

金属的锻压性能是指金属材料对采用压力加工方法成形的适应能力，是衡量金属材料通过塑性加工获得优质零件难易程度的工艺性能。金属的锻压性能越好，表明越适合于塑性加工方法成形。

锻压性能的优劣常用金属的塑性和变形抗力综合衡量。塑性越高，变形抗力越小，则金属的锻压性能越好；反之则差。不同成分的金属，其锻压性能不同。例如，低碳钢具有良好的锻压性能，铸铁的锻压性能很差，不能采用锻压工艺加工，铜合金和铝合金则在室温状态下具有良好的锻压性能。

2.2.3　焊接性能

金属材料对焊接加工的适应性称为焊接性，也就是在一定的焊接工艺条件下，获得优质焊接接头的难易程度。焊接性能好的金属，可用一般的焊接方法和焊接工艺进行焊接，焊缝中不易产生气孔、夹杂或裂纹等缺陷，其强度与母材相近，并且焊接接头具有良好的力学性能。焊接性能差的金属材料要采用特殊的焊接方法和焊接工艺才能进行焊接。不同成分的金属，其焊接性能不同。

2.2.4　热处理性能

金属材料适应各种热处理工艺的性能，称为热处理性能。热处理工艺性包括淬透性、淬硬性、淬火变形开裂倾向、表面氧化脱碳倾向、过热和过烧的敏感倾向及回火脆性倾向等。各种金属材料由于化学成分及内部组织结构不同，其热处理性能也不同，在热处理过程中出现的淬透性、变形开裂倾向等也不同。因此，应根据不同的材料、不同的工件形状，选择不同的热处理工艺来满足其性能要求。

2.2.5　切削加工性能

切削加工性能是指金属材料接受切削加工的难易程度。金属材料的切削加工性能主要与材料本身的化学成分、组织状态、硬度、韧性及导热性有关。一般金属材料具有适当的硬度(170～230 HBS)和足够的脆性时，对刀具磨损小，切削量大，但切屑易于折断脱落；加工表面粗糙度低而精度较高。工件硬度过高，刀具易磨损，切削加工困难；硬度过低，容易黏刀，且不易断屑，加工后表面粗糙。所以，硬度过高或过低、对于韧性过大的材料，其切削加工性能较差。

综 合 训 练 题

一、名词解释

金属的力学性能　强度　塑性　硬度　冲击韧性　疲劳强度　铸造性能
锻压性能　焊接性能　热处理性能　切削加工性能

二、填空题

1. 载荷按照性质不同一般可分为_____和_____。

2. 金属材料在载荷作用下，形状和尺寸的变化称为变形。变形一般分为_____变形和_____变形。

3. 金属材料的力学性能主要包括_____、_____、_____、_____、_____等。

4. 拉伸低碳钢时，试样的变形可分为_____、_____、_____和_____四个阶段。

5. 通过拉伸试验测得的强度指标主要有_____强度和_____强度，分别用符号_____和_____表示。

6. 金属材料的塑性也可通过拉伸试验测定，主要的指标有_____和_____，分别用符号_____和_____表示。

7. 洛氏硬度采用了不同的压头和载荷组成不同的硬度标尺，常用的洛氏硬度标尺有_____、_____和_____三种，其中_____应用最为广泛。

8. 530 HBW5/750，表示用直径_____的硬质合金球，在_____kgf(_____N)的载荷作用下，保持_____s 时测得的硬度值为_____。

9. 工程技术上常用_____来测定金属承受冲击载荷的能力。

10. 材料经过无限次_____载荷作用而不发生断裂的最大应力，称为疲劳强度，用符号_____表示。

三、选择题

1. 拉伸试验时，试样在断裂前所能承受的最大应力称为材料的(　　)。
A. 屈服强度　　　　　　　B. 抗拉强度　　　　　　　C. 弹性极限

2. 测定淬火钢件的硬度，一般常选用(　　)来测试。
A. 布氏硬度计　　　　　　B. 洛氏硬度计　　　　　　C. 维氏硬度计

3. 金属材料的(　　)越好，则其压力加工性能越好。
A. 强度　　　　　　　　　B. 塑性　　　　　　　　　C. 硬度

4. 运转中的发动机曲轴、齿轮等零部件所承受的载荷均为(　　)。
A. 静载荷　　　　　　　　B. 冲击载荷　　　　　　　C. 交变载荷

四、简答题

1. 什么是强度、塑性？衡量它们的指标各有哪些？分别用什么符号表示？

2. 什么是硬度？常用的硬度测定方法有哪几种？布氏硬度、洛氏硬度各适用于哪些材料的硬度？

3. 什么是冲击韧性？可以用什么符号表示？

4. 什么叫金属的疲劳？疲劳强度用什么符号表示？

5. 什么是金属的工艺性能？工艺性能包括哪些内容？

6. 有一标准低碳钢拉伸试样，直径为 10 mm，标距长度为 100 mm，在载荷为 21000 N 时屈服，拉断试样前的最大载荷为 30000 N，拉断后的标距长度为 133 mm，断裂处最小直径为 6 mm，试计算其屈服强度、抗拉强度、断后伸长率和断面收缩率。

7. 下列工件应采用什么试验方法测定硬度？

(1) 铸铁轴承座毛坯；(2) 黄铜轴套；(3) 硬质合金刀片；(4) 耐磨工件的表面硬化层。

8. 金属的疲劳断裂是怎样发生的？如何提高零件的疲劳强度？

第3章 汽车用燃料

知识点

(1) 车用汽油、柴油的使用性能及评价指标。

(2) 掌握车用汽油、柴油的牌号和规格。

技能点

学会车用汽油、柴油的合理选用和正确使用。

汽车作为一种现代化的运输工具，在运行过程中必然要消耗燃料、润滑材料和工作液等，我们通常把这些材料称为汽车运行材料。汽车运行材料大多是石油产品，据统计，全世界46%左右的石油产品为汽车所消耗。

汽车作为交通工具在道路上行驶，需要消耗燃料以提供动力。燃料通常指能够通过燃烧将自身储存的化学能转化为热能的物质。目前汽油和柴油是汽车的主要燃料。近年来为了减少能源消耗、降低空气污染，开发了醇类燃料、天然气和液化石油气等汽车新能源。

3.1 车用汽油

汽油是从石油中精炼出来的，主要是由碳、氢元素组成的碳氢化合物，碳约占85%，氢约占 15%。汽油是汽油发动机(点燃式发动机)的主要燃料，有特殊的汽油芳香气味，是一种密度小(密度 0.71~0.75 g/cm³)且易于挥发的液体燃料，自燃点为415~530℃。汽油分为车用汽油、航空汽油、工业汽油和溶剂汽油。汽车所使用的为车用汽油。

3.1.1 车用汽油的使用性能

车用汽油的使用性能对发动机的动力性、可靠性、经济性以及使用寿命都有很大影响。车用汽油必须满足以下基本要求：

(1) 能在极短的时间内由液体蒸发成气体，并与空气形成良好的可燃混合气，使其快速、平稳地燃烧。

(2) 汽油在油路中不挥发，不能形成"气阻"。

(3) 具有良好的抗爆性，不发生爆燃。

(4) 在储存和使用过程中不发生明显的质量变化，燃烧后无积炭。

(5) 不能引起发动机零部件的腐蚀，不含有机械杂质及水分，环境污染少，无害性等。

车用汽油的使用性能主要包括蒸发性(挥发性)、抗爆性、安定性(稳定性)、腐蚀性和清洁性等。

1. 蒸发性(挥发性)

汽油的蒸发性是指汽油由液体状态转化为气体状态的性能。汽油蒸发性直接影响汽油发动机中的燃烧是否正常，影响发动机的功率和经济性。

由于现代汽油发动机的转速都比较高，燃烧速度比较快，所以要求燃料供给系统必须在极短的时间内(0.02～0.04 s)形成良好均匀的可燃混合气。如果汽油蒸发性差，汽油汽化不完全，就难以形成足够浓度的混合气体，不但发动机不易启动，而且还会有部分汽油以液体状态进入燃烧室，造成点火不良、发动机工作不稳定，增加油耗和排放污染(冒黑烟)问题。此外，未蒸发的汽油还会附着在汽缸壁上，破坏润滑油膜，甚至窜入曲轴箱，使润滑油变稀，从而导致机油变质，加速机件磨损。特别是在冬季，若使用蒸发性不好的汽油，容易导致发动机不能顺利启动和正常工作。

汽油的蒸发性越好就容易汽化，发动机中的可燃混合气体燃烧速度就会又快又彻底，发动机容易启动，而且加速及时、工作平稳，输出功率也越大。但如果蒸发性过好，在汽油储存、运输、加注过程中会由于蒸发太快而增大损耗，而且在夏季使用时，会使汽油在油管中产生大量的气泡，造成供油中断，形成"气阻"，导致发动机不易启动、怠速不稳和加速不良，甚至熄火。所以要求汽油的蒸发性(挥发性)要适当。

评定汽油蒸发性的指标有馏程和饱和蒸气压。

1) 馏程

指定量油品在规定条件下蒸馏时，从初馏点到终馏点的温度范围。馏程的测定方法如图 3-1 所示，取 100 mL 汽油，倒入带有支管的蒸馏烧瓶中；然后按一定条件加热，使汽油蒸发成气体，再通过支管进入冷凝器，冷却后又变成液体汽油；最后经冷凝管流入量杯中。蒸馏出第一滴汽油时的温度称为初馏点，量杯中回收到 10 mL、50 mL、90 mL 冷凝液时的温度，分别称为 10%、50%、90%馏出温度，当全部液体从蒸馏烧瓶底部蒸发后的温度称为终馏点。

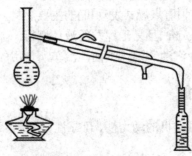

图 3-1　馏程的测定

10%馏出温度反映了汽油中轻质馏分的含量，它对汽油发动机冬季启动的难易程度和夏季是否发生"气阻"有很大影响。10%馏出温度低，发动机容易启动，启动时间短，耗油少；但该温度过低，则易在夏季或高原地区产生"气阻"。国家标准要求 10%馏出温度不高于 70℃，一般以 60～65℃为宜。汽油的 10%馏出温度与启动温度的关系见表 3-1。

表 3-1 汽油的 10%馏出温度与启动温度的关系

大气温度/℃	−21	−17	−13	−9	−6	−2
直接启动的 10%最高馏出温度/℃	54	60	66	71	77	82

50%馏出温度反映了汽油的平均挥发性，它对发动机启动后到正常工作温度的预热时间、加速性能和工作稳定性有很大影响。50%馏出温度低，可改善发动机的加速性、工作稳定性和启动后的暖车升温性能，所以国家标准要求 50%馏出温度不能高于 120℃。汽油 50%馏出温度与发动机预热时间的关系见表 3-2。

表 3-2 汽油 50%馏出温度与发动机预热时间的关系

50%馏出温度/℃	104	127	148
启动后到正常温度的预热时间/min	10	15	28 以上

90%馏出温度和终馏点反映了汽油中含重质馏分的量，它对汽油能否完全燃烧和发动机的磨损有影响。这两个温度过高，说明汽油中含重质馏分多，蒸发性差，汽油燃烧不完全，会冒黑烟，而且油耗量增大，同时残留的重质馏分还会破坏缸壁上的油膜，加剧汽缸的磨损。因此国家标准要求汽油 90%馏出温度不能高于 190℃，终馏点不能高于 205℃。终馏点与汽缸磨损、油耗量的关系见表 3-3。

表 3-3 终馏点与汽缸磨损、油耗量的关系

终馏点温度/℃	175	200	225	250
汽缸磨损/%	97	100	200	500
油耗量/L	98	100	107	140

车用汽油(北京市)

M30 车用甲醇汽油

车用甲醇汽油组分油

车用甲醇汽油 第 1 部分: M15

车用汽油

车用乙醇汽油(E10)

车用乙醇汽油调合组分油

汽油辛烷值的测定 研究法

使用乙醇汽油车辆性能技术要求

车用甲醇汽油中甲醇含量检测方法

含清净剂车用汽油

汽油蒸发后仍会有一些残留物。这些残留物是汽油在储存中氧化生成的胶状物和汽油中的重质馏分，它会沉积在进气门、化油器量孔或电喷汽油机的喷嘴上，影响并破坏发动机的正常工作，因此要严格控制其残留量。

2) 饱和蒸气压

饱和蒸气压是指汽油蒸发液、气二者达到平衡时，汽油蒸气对容器壁产生的压力，用来评定汽油在使用中产生"气阻"倾向的大小。饱和蒸气压越高，说明汽油中含轻质成分越多，挥发性越好，低温启动性越好，但产生"气阻"的可能性越大，在储存中的蒸发损耗也越大。所以国家标准规定饱和蒸气压在春夏季不大于 74 kPa，秋冬季不大于 88 kPa。

2. 抗爆性

汽油的抗爆性是指汽油在发动机汽缸内燃烧时抵抗爆燃的能力。爆燃是指汽油在汽缸内工作时不需点火，靠自燃而燃烧的现象，它是一种不正常的燃烧。造成爆燃的主要原因有：进气温度过高，点火提前角过大，压缩比过高，汽油自身的原因，发动机的结构和工作的条件等。抗爆性能好的汽油可以用在压缩比较高的发动机上，能大大提高发动机的动力性和经济性能。

抗爆性是车用汽油的一项重要的质量指标，用辛烷值来评定汽油的抗爆性。辛烷值是表示点燃式汽油机燃料抗爆性的一个约定数值，在规定的标准发动机试验中，通过与标准燃料进行分析比较来测定，采用与被测定燃料具有相同抗爆性的标准燃料中异辛烷的体积百分数来表示。在发动机试验中，由于规定的额定条件不同，使得测定的辛烷值也随之改变。辛烷值越高，汽油牌号越高，其抗爆性能越好。车用汽油辛烷值试验测定方法可分为研究法(RON)和马达法(MON)两种。

研究法辛烷值表示汽油在中负荷、低转速运转条件下汽油的抗爆性。它是在以较低的混合气温度(一般不加热)和较低的发动机转速(一般为 600 r/min)的中等苛刻条件为特征的实验室标准发动机上测得的辛烷值，它模拟了轿车在城市道路条件下行驶的工况。马达法辛烷值则表示汽油机在重负荷、高速运转条件下汽油的抗爆性。它是在以较高的混合气温度(一般加热至140℃)和较高的发动机转速(一般为900 r/min)的苛刻条件为特征的实验室标准发动机上测得的辛烷值，它模拟了载货汽车在公路条件下行驶的工况。同一种汽油用研究法测定的辛烷值比马达法测定的辛烷值要高 6～10 个单位，其差值称为汽油的灵敏度。汽油灵敏度反映汽油抗爆性随运转工况改变而变化的程度，汽油灵敏度越小越好。

选择汽油时一定要注意：爆燃只发生在汽油发动机上，牌号高的汽油可以避免爆燃的发生，但不要相信汽油辛烷值越高越好的说法。如果你的汽车只需要使用 93 号汽油，而你使用 97 号汽油，并不能提高效率或动力，反而会造成经济损失。

3. 安定性(稳定性)

安定性是指汽油在正常的储存和使用条件下，避免氧化生胶而保持其性质不发生永久变化的能力。汽油的安定性直接影响发动机的工作能力。安定性好的汽油不会给发动机带来危害，而安定性较差的汽油，极容易发生氧化反应，生成胶状物质和酸性物质，使汽油的辛烷值降低，酸值增加、颜色变深。如果长期使用安定性较差的汽油，由于产生的胶质黏稠会沉淀，从而导致汽油滤清器、油管、电喷式发动机的喷嘴等部位堵塞；其次，黏稠物质黏结气门还会导致关闭不严、压缩比降低以及燃烧不彻底而产生的积炭明显增加，导致压力升高，使汽缸的散热性能变差。另外，积炭的增加会使火花塞的间隙减小，导致点火能力下降，等等。因此一定要选择安定性(稳定性)好的汽油。

评定汽油安定性的主要指标有实际胶质和诱导期。

1) 实际胶质

实际胶质是指在规定条件下测得的发动机燃料的蒸发物，单位为 mg/100 mL。实际胶质是判断汽油在使用过程中生成胶的倾向，决定汽油能否使用或者能否继续储存。国家标准规定汽油的实际胶质出厂时不大于 5 mg/100 mL，出厂后 4 个月检查封样时不大于 10 mg/100 mL，油库交付给使用单位时不大于 25 mg/100 mL。

2) 诱导期

诱导期是指在规定的加速氧化条件下，油品处于稳定状态下的时间周期，单位为 min。诱导期越长，越不易氧化，生成胶质的倾向越小，其安定性越好，适宜长期储存。一般国产汽油出厂时要求诱导期在 600～800 min，在普通条件下储存 21 个月后，诱导期仍要求在 400～500 min。

4. 清洁性

汽油的清洁性是指汽油中不应含有机械杂质和水分。汽油中存有机械杂质和水分，一般是在汽油储存、运输和使用过程中因受到外界环境的影响而混入的。机械杂质能增大发动机的磨损，水分会加大氧化生胶，所以国家标准中规定汽油中不允许含有机械杂质和水分。对汽油进行检测最简单的办法，就是将 100 mL 的汽油注入玻璃管中，静置一段时间(12～18 h)后，观察玻璃管中的汽油，如果油色透明没有悬浮物和沉淀物，即为合格。

5. 防腐性

汽油在储存、使用过程中，不可避免地要与各种金属接触，因此要求汽油对金属不应有腐蚀性。汽油中的各种烃类物质本身并不会腐蚀金属，引起金属腐蚀的物质主要是硫及硫化物、有机酸和水溶性酸或碱等物质。国家标准规定车用无铅汽油的硫含量不大于 0.05%，硫醇硫含量不大于 0.001%。

3.1.2 车用汽油的选用及使用注意事项

1. 选用

选择汽油时，一定要按照汽车使用说明书中发动机的压缩比和厂家推荐的汽油牌号来选择相应牌号(即辛烷值)的汽油，不仅可以充分发挥发动机的动力性能和经济性能，还有利于延长发动机的使用寿命和降低成本，同时还可以预防或减少发动机在正常运行中不发生"爆燃"的现象。

我国车用汽油目前所使用的牌号有 90、93 和 97 三个。要保证发动机在工作中不发生"爆燃"的现象，就必须合理地选择相应牌号的汽油。选择汽油主要是根据压缩比的高低来选择。当发动机压缩比较高，爆燃倾向较大时，应选用牌号较高的汽油；反之，压缩比较低的发动机，应选用牌号较低的汽油。车用汽油的基本选用原则是：压缩比在 8.0 以下的发动机，应选用 90 号车用无铅汽油；压缩比在 8.0～8.5 之间的发动机，应选用 93 号车用无铅汽油；压缩比在 8.5～9.5 之间的发动机，应选用 93、95 号车用无铅汽油。

根据汽车排放控制标准，我国从 2000 年 1 月起禁用含铅汽油。目前，执行的国家标准为《车用汽油》(GB 17930—2013)。

汽油质量可以根据一看、二嗅、三摸和四摇等方法来判定。

一看：主要是观察汽油的颜色。标准 97 号汽油的颜色为翠绿色，标准 93 号汽油的颜色为浅淡黄色或浅黄红色，含铅汽油则为红色。如果汽油颜色太浅，甚至发白，则可能是伪劣产品，选择时应加以注意。

二嗅：主要是闻汽油的味道。如果汽油中加有甲基叔丁基醚(MTBE)，会有一股酸味。在汽油中加入适量的 MTBE，可以提高汽油的辛烷值，但如果 MTBE 超过 15%，氧的含量就会超标。

三摸：主要检查汽油的蒸发性和黏度。将少许汽油放在手上如果很快蒸发完，则说明汽油合格，如果很长时间还没有蒸发完，则说明汽油在储存或使用中与柴油或润滑油混合。

四摇：主要是观察汽油的黏度和泡沫性能，其检查方法主要是根据经验。

2. 使用注意事项

长期使用牌号不当的汽油，会在燃烧室内产生大量的积炭，导致压缩比升高，爆燃的倾向加大，需要驾驶员及时维护发动机。为保证发动机正常工作必须注意以下事项：

(1) 更换汽油牌号时，对于传统的蓄电池点火的发动机，由低牌号改换为高牌号时，可以把点火提前角适当提前，就可以充分发挥汽油的性能而不至于浪费；由高牌号改换为低牌号时，可以把点火提前角适当延迟，可以避免"爆燃"的发生。对于电控发动机，则由电控单元和爆震传感器自动调节。

(2) 在炎热的夏季或高原地区行驶时，由于温度高，气压低，易发生气阻，应该使用饱和蒸气压较低的汽油。反之，选择牌号(即辛烷值)较高的汽油。

(3) 对于燃烧室积炭、缸盖经过多次修理的汽车，会由于发动机的缸压升高而导致爆燃。因此，这类汽车在维修后应使用高一级牌号的汽油。

(4) 汽油中不得掺入其他油液(如煤油或柴油等)，否则会发生爆燃，而且还会严重破坏发动机润滑，增加发动机的磨损。

(5) 不要使用长期储存或已经变质的汽油，因为这些汽油燃烧后会产生大量的积炭而影响发动机的工作，特别是电喷发动机影响会更大。

(6) 汽油易燃、易爆、易产生静电，使用时要注意安全。

3.2　车用柴油

柴油是车用柴油发动机的主要燃料，在国民经济中占有重要的地位。柴油和汽油一样也是从石油中精炼出来的，是由碳、氢元素组成的水白、浅黄或棕褐色的液体。柴油分为轻柴油和重柴油，轻柴油用于高速运转的发动机，重柴油用于低速运转的发动机。

柴油发动机燃烧不是由火花塞直接点燃，而是在柴油与被压缩的高温空气相遇后自行着火燃烧，故柴油发动机又称为压燃式发动机。柴油发动机具有热效率高、耗油量低、燃料资源较汽油丰富、使用耐久可靠、燃料火灾危险性小等特点，因此柴油发动机广泛用于汽车、舰艇、坦克和工程机械，特别是一些大型重载汽车。

3.2.1　车用柴油的使用性能

柴油的使用性能包括发火性、低温流动性、蒸发性、黏度、安定性、腐蚀性和清洁性等。

1. 发火性(燃烧性)

发火性是指柴油在柴油发动机中的自燃能力,主要取决于发火延迟期的长短。发火延迟期是指从柴油喷入燃烧室至开始着火的时间。发火性好的柴油,着火延迟期短,着火燃烧后汽缸内压力上升平稳,柴油机工作柔和;发火性不好的柴油,着火延迟期就长,使燃烧室的积油量增多,造成燃烧不充分、功率下降、油耗增加、磨损加大和排气冒黑烟等,同时还会引起发动机工作粗暴,导致曲柄连杆机构受冲击力过大而产生弯曲并发出强烈的敲击声,损坏零部件。

柴油的发火性是以十六烷值评定的,与汽油用辛烷值评定抗爆性类似,也是用两种发火性差异很大的燃料作为基准物对比得出的数值。一种为正十六烷,发火性好,定其十六烷值为 100;另一种是 α-甲基萘,发火性差,定其十六烷值为 0。按不同比例将它们混合在一起,可获得十六烷值 0～100 的标准燃料,然后在可变压缩比的标准单缸十六烷值测定柴油机上,将被测燃料与标准燃料进行同期闪火对比试验,若被测燃料与某标准燃料在相同条件下同期闪火,则标准燃料的正十六烷体积百分数即为被测燃料的十六烷值。

柴油机的转速越高,燃烧速度越快,对十六烷值要求就越高。一般 1000 r/min 以下的柴油机,应使用十六烷值为 35～40 的柴油;1000～1500 r/min 的柴油机,应使用十六烷值为 40～45 的柴油;1500 r/min 以上的柴油机,应使用十六烷值为 45～60 的柴油。柴油的十六烷值越高,其发火性越好,汽车就越容易在较低气温下启动;但十六烷值也不宜过高,否则柴油的低温流动性、喷雾和蒸发等性能均会受到影响,导致燃烧不完全,降低发动机功率,增加油耗,排气冒黑烟。一般十六烷值为 40～50 的柴油基本可满足工作要求。柴油十六烷值与启动最低温度的关系见表 3-4。

表 3-4　柴油十六烷值与启动最低温度的关系

柴油十六烷值	30	40	50	60	70	80
可以启动的最低温度/℃	30	12	4	−4	−8	−11

2. 低温流动性

低温流动性是指柴油在低温条件下也应存在一定的流动状态以供发动机燃烧,从而保证发动机正常工作的性能。柴油的密度和黏度都比汽油大,随着温度的降低,柴油的黏度会变得更大,流动性变差。如果柴油的低温流动性不好,在低温工作时会堵塞油管或滤清器,无法形成良好的混合气而导致发动机工作不正常或根本无法启动。评定柴油低温流动性的指标有凝点、浊点和冷滤点。

柴油十六烷值的测定
风量调节法

1) 凝点

凝点又称凝固点,将柴油装在规定的试管内,冷却到预期的温度,将试管倾斜 45°,经过 1 min 液面不再移动,此时的温度便是柴油的凝点。凝点是柴油储存、运输和油库收发作业的低温界限温度,它与柴油低温使用性能有一定的关系。发动机使用凝点过高的柴油,停车后再启动将会非常困难。凝点越低的柴油，在柴油机燃料系统中供油性能越好，因此，在室外工作的发动机一般应使用凝点低于周围气温 5~7℃以上的燃料，才能保证发动机正常工作。

柴油的凝点是评定其性能的最重要的指标之一。我国轻柴油是按凝点来确定牌号。例如 0 号柴油，它的凝点是 0℃，10 号柴油的凝点是-10℃，25 号柴油的凝点是-25℃。

2) 浊点

浊点是指在规定条件下，柴油冷却至由于石蜡出现而失去透明时的最高温度。此时，柴油虽仍可流动，但易造成油路堵塞而出现供油故障。

3) 冷滤点

冷滤点是指在规定条件下，1 min 内通过 363 目/1 英寸^2(1 英寸(in) = 2.54 cm)过滤器的柴油不足 20 mL 的最高温度。冷滤点与柴油实际使用的最低温度有较好的对应关系，可作为根据气温选用轻柴油的依据。一般冷滤点要高于凝点 4~6℃，比浊点略低。

3. 蒸发性(挥发性)

蒸发性是指柴油由液态转化为气态的能力。柴油的蒸发性要比汽油的蒸发性差很多，但是柴油的馏分要比汽油重。柴油的蒸发性及其蒸发速度对发动机的工作有重要的影响，蒸发性好，柴油机启动性能就好，燃烧充分，耗油低，积炭少，排烟也较少；蒸发性不好，会给柴油机带来不必要的影响，如混合气不易形成，燃烧不充分，耗油量增加，污染发动机的润滑油，导致排放污染增加等。但蒸发性过高，会影响柴油的储运及使用安全，而发动机工作则容易粗暴。

柴油的蒸发性主要用馏程、闪点等来评定。柴油馏程测定方法与汽油基本相同，测定项目有 50%、90%和 95%馏出温度。50%馏出温度低，则轻质馏分多，易于启动；但 50%馏出温度过低时，柴油蒸发太快，易引起全部柴油迅速燃烧，缸内压力升高剧烈，导致发动机工作粗暴。90%馏出温度与 95%馏出温度越低，柴油中重质馏分含量越低，柴油燃烧更加充分，可提高柴油机的动力性，降低油耗，减小机械磨损。闪点指柴油在一定条件下加热时，当油料蒸气与周围空气形成的混合气接近火焰开始发出闪火时的温度。闪点低的柴油蒸发性好，但闪点太低不仅会使柴油机工作粗暴，而且还会使储运及使用中的安全性下降。

4. 黏度

黏度是表示柴油稀稠度的一项重要指标，是随温度变化而变化的，温度高油料变稀，黏度变小；温度低油料变稠，黏度变大。轻柴油的黏度是指 20℃时的黏度。黏度过大，流动性就会变差，影响供油量，同时，喷入汽缸内的油粒也较大，影响雾化，不易与空气均匀混合，造成燃烧不完全，燃油消耗量增加；黏度过小，在喷射时，因油粒细小，射程太短，不能很好地均匀分布，同样也会造成燃烧不完全，排气冒黑烟。因此，为了使发动机正常工作，要求柴油的黏度保持在适当范围内。

5. 安定性

安定性是指柴油在储存、运输和使用过程中保持外观颜色、组成和性能不变的能力。安定性好的柴油无论是在储存还是在使用过程中其颜色和性能基本保持不变，而安定性差的柴油在储存和使用一段时间后其颜色和性能都会发生明显的变化，油中的实际胶质明显增多；因此，经常使用安定性差的柴油会使滤清器、油管、喷油器堵塞，燃烧室积炭快速增多。

影响柴油安定性的因素主要是内部的化学成分和外部的环境因素。化学成分主要是指碳氢化合物和非碳氢化合物两大部分，其中，碳氢化合物中的烯烃是影响安定性的主要原因，而非碳氢化合物中的硫化物和氮化物则是影响安定性的次要原因。外部环境主要是指储油容器、空气中的氧含量、气候温度等。如果使用金属容器储存会对柴油的氧化有一定的催化作用，氧的含量增多会使柴油与氧的接触增多，温度高会加快柴油变质的速度。所以为保证发动机正常工作充分发挥其动力性能，在选用柴油或储存柴油时，注意在合理的储存条件下选择和使用柴油，最大限度地使发动机工作可靠，减少机件的磨损，延长发动机的使用寿命。

6. 腐蚀性

腐蚀性是指柴油在储存和使用的过程中不腐蚀零件的能力。腐蚀性主要是因为柴油中含有硫化物、有机酸和碱等有害物质，这些有害物都会影响发动机的正常工作。其中，硫和硫醇硫对发动机的影响更大，因为它们燃烧以后都会生成二氧化硫和三氧化硫等酸性有害物质，不仅会强烈地腐蚀发动机零部件，如果硫的含量过多还会使发动机的润滑油变稀、变质，加剧磨损零部件。使用硫含量过大的柴油，由于燃烧不彻底还会使燃烧室、活塞顶、喷油器、进排气门等部位产生大量的积炭，加大汽缸的磨损，从而影响发动机的使用寿命。因此，要对柴油中的有害物质进行严格控制。国家标准强制规定，柴油中的硫含量不得大于 0.2%，硫醇硫含量不得大于 0.01%。

7. 清洁性

柴油的清洁性用灰分、机械杂质和水分等指标评定。灰分是指柴油中不能燃烧的矿物质，呈颗粒状，坚硬，它是造成汽缸壁与活塞环磨损的重要原因之一。为保证发动机具有较高的动力性，要严格控制灰分在柴油中的含量。国家标准规定，灰分在柴油中的含量不得高于 0.01%。机械杂质和水分是柴油在储存和运输过程中不慎混入的杂质。其中，机械杂质会使柴油发动机中的精密偶件卡死、喷油器喷孔堵塞而影响供油；水分会降低柴油发热量，冬季或低温下易结冰而堵塞油路，还有可能溶解可溶性的盐类使灰分增大。另外，水分和有机酸如果混合在一起也会加快零件的腐蚀。所以，国家标准严格控制柴油中机械杂质和水分的含量，其中水分不得高于 0.03%的体积分数。

3.2.2 车用柴油的选用及使用注意事项

1. 选用

我国柴油牌号是按照凝点来划分的，分为 10、5、0、-10、-20、-35 和 -50 七种牌号。车用柴油应根据地区和季节的气温高低来选用。

为了保证发动机燃料在低温下正常供应，不发生凝固而失去流动性，从而造成油路堵塞，选用的柴油牌号要比当地、当月最低气温低 5℃～7℃。当地区温度较低时，选用较低牌号的柴油；地区温度较高时，选用较高牌号的柴油。在气候温度允许的情况下应尽量选用高牌号的柴油，以降低使用成本。因为低牌号柴油价格较高，如 -35 号柴油价格是 10 号柴油的 2 倍。为了充分利用资源与降低成本，不同牌号的柴油也可以掺兑使用，例如将 50%的 0 号柴油与 50%的 -10 号柴油混合，其凝点为 -4℃～-5℃，适合于冬季最低气温在 0℃～-3℃的地区使用。最新国家标准为《车用柴油》(GB 19147—2016)。推荐选用的车用柴油，见表 3-5。

表 3-5 推荐选用的柴油牌号

牌号	适用地区季节	适用最低气温/℃
10 号	全国各地 6—8 月和长江以南地区 4—9 月	12
0 号	全国各地 4—9 月和长江以南地区冬季	3
−10 号	长江以南地区冬季和长江以南地区严冬	−7
−20 号	长城以北地区冬季和长城以南黄河以北地区严冬	−17
−35 号	东北和西北地区严冬	−32
−50 号	东北的漠河(黑龙江北部)和新疆的阿尔泰地区严冬	−45

车用柴油(北京市) 　　　　车用柴油 　　　含清净剂车用柴油(深圳市)

2. 使用注意事项

(1) 为保证柴油的清洁,柴油加入油箱前,要充分沉淀,沉淀时间不少于 48 h,然后用鹿皮、绸布或细布仔细过滤,除去杂质。

(2) 柴油与汽油不能混合使用,因为汽油的发火性差,如果混用会使发动机启动困难,甚至不能启动。

(3) 在冬季或低温启动发动机时,可以采用一定的预热措施,如对油底壳进行预热以降低启动阻力,还可以相应地提高蓄电池的密度以防止在低温地区发生结冰,而影响发动机的启动。

(4) 在寒冷地区,缺乏低凝点柴油时,可以向高凝点柴油中掺入 10%～40%的裂化煤油以降低柴油的凝点,但要注意掺入后必须搅拌均匀。

3.3 汽车新能源

汽车是石油产品的主要消耗者,据统计全世界的石油产品约有 46%为汽车所消耗。这个惊人数字随着汽车保有量的不断增加也随之增加,对环境的污染也是越来越严重。据有关资料预测,如果没有替代能源,石油资源只能供全世界使用到 2050 年左右。因此,针对环境和能源形势的日趋恶化,降低汽车油耗和开发汽车新能源迫在眉睫,这已成为现代汽车技术发展的重要课题。

3.3.1 汽车新能源的特点与应用现状

新能源汽车是指除使用汽油、柴油发动机之外的所有其他能源汽车,主要包括电动汽车、混合动力汽车、氢能源动力汽车和太阳能汽车等,其特点是废气排放量比较低。据不完全统计,全世界现有超过 400 万辆液化石油气汽车、100 多万辆燃气汽车。

汽车新能源能够替代车用汽油和柴油应符合以下要求：

(1) 热值要高，能量密度要大，只需携带少量的燃料就能行驶足够的里程。由于汽车行驶的道路和地区不同，以及车载重量的增加，对新能源的要求也就不同，但都必须满足发动机的功率要求才能克服种种阻力。

(2) 安全性能要好，无毒或低毒，对环境污染小。新能源在使用过程中对发动机无害，能充分燃烧，不挥发，燃烧后对环境的污染小。

(3) 来源广泛，价格便宜，容易携带。由于汽车的保有量不断增加，新能源必须来源广泛，才能满足汽车数量不断增加的需求，其次价格便宜才能满足大众的需求。

(4) 运输、储存和使用方便，不影响发动机的可靠性。

(5) 汽车新能源最好能与现代汽车的供给系兼容，如果需要改进，尽量改进一些简单的装置，以便大众使用。

汽车新能源有着广阔的开发前景，目前正在开发代用石油产品的燃料有醇类燃料、混合动力车用燃料、天然气、液化石油气、电能、氢气、太阳能、乳化燃料和合成燃料等。这些作为汽车新能源的燃料，也有不同之处，有的能源可以单独使用，而有的能源可以和柴油或汽油混合使用。各类新能源的特点及应用现状见表 3-6。

表 3-6 各类新能源的特点及应用现状

新能源	优 点	缺 点	现 状 及 前 景
电能	(1) 电来源方式多 (2) 直接污染及噪声小 (3) 结构简单，维修方便	(1) 蓄电池能量密度小，汽车驾驶里程短，动力性差 (2) 电池质量大，使用寿命短，价格高 (3) 蓄电池充电时间长 (4) 电池制造和处理存在污染	总体看仍处于试验研究阶段，推广使用还需一定时间，但有希望成为未来汽车燃料主体
氢燃料	(1) 不产生有害气体 (2) 热值高 (3) 资源极其丰富	(1) 氢气制取成本高 (2) 气态氢能量密度小、储运不便，液态氢技术难度大，成本高 (3) 需要开发专用的发动机	仍处于基础研究阶段，目前多采用混合动力，即燃料电池与发动机并联使用。但有希望成为未来汽车燃料的重要组成部分
醇类燃料	(1) 甲醇、乙醇可以利用植物、天然气、煤炭制取，来源有长期保障 (2) 储运方便 (3) 辛烷值较高	(1) 甲醇毒性大，而且对金属和橡胶件有腐蚀 (2) 污染较大，与汽油相当 (3) 单独使用时，需要对发动机做一些改进 (4) 成本高	目前世界上有相当数量的汽车燃烧甲(乙)醇和汽油的混合燃料，发展缓慢，但可以作为能源的补充，在某些国家和地区可保持较大的比例
天然气	(1) 资源丰富，在今后相当长时间内有充足的保障 (2) 污染很小 (3) 辛烷值高 (4) 价格低廉 (5) 技术成熟	(1) 储运不便 (2) 属于非再生资源 (3) 新建加气站网络投资大 (4) 气态天然气能量密度小 (5) 汽车采用天然气会降低动力性 (6) 单烧天然气时须设计专门发动机	在许多国家已获得广泛使用并大力推广，世界上已有约 511 万辆天然气汽车，21 世纪将成为汽车燃料的主流之一

3.3.2　醇类燃料

醇类燃料主要指甲醇和乙醇。目前，它们作为汽车替代能源已被使用，在技术和成本方面已经达到实用阶段。醇类燃料的资源比较丰富，可从多种原料中提取。如甲醇可从天然气、煤、油页岩、重质燃料、木材和垃圾等物质中制取，乙醇可从甜菜、甘蔗、草秆、薯类、玉米等农作物中制取。

在我国，煤炭作为制取甲醇燃料的物质之一，其储藏量非常丰富，比其他能源的储藏量均多，这就决定了今后一段时间内我国的能源消费结构仍以煤为主。所以，立足国内丰富的煤炭资源，以甲醇为替代燃料，弥补石油供应量不足是非常重要的措施。

我国作为农业国家，随着粮食的丰收，已出现了陈化粮长期库存积压的情况，仅玉米库存就有几千亿斤，尤以黑龙江、吉林、河南等产粮大省库存积压量大。因此，以农作物为原料生产乙醇，作为替代能源，缓解我国石油紧缺的矛盾，也是一个可行的举措。

1. 醇类燃料的理化性质

甲醇燃料和乙醇燃料的主要理化性质与燃料的比较，见表 3-7。

表 3-7　醇类燃料与汽油的主要理化性质比较

项　目	甲　醇	乙　醇	汽　油
常温下物理状态	液态	液态	液态
密度/(g·cm^{-3})	0.7914	0.7843	0.72～0.75
沸点/℃	64.8	78.3	30～220
闪点/℃	12	14	−43
自燃点/℃	470	420	260
饱和蒸气压/kPa	30.997	17.332	62.0～82.7
低热值/(MJ·kg^{-1})	20.26	27.20	44.52
蒸发潜热/(kJ·kg^{-1})	1101	862	297
辛烷值(RON)	112	111	90、93、95
辛烷值(MON)	92	92	85、88、90
十六烷值	3	8	27
相对分子质量	32	46	100～115
着火极限/%(体积分数)	6.7～36	4.3～19	1.3～7.6
理论空燃比/(kg 空气/kg 燃料)	6.4	9.0	14.8

2. 醇类燃料的特点

1) 辛烷值高

醇类燃料的辛烷值与汽油的辛烷值比较见表 3-8。

从表 3-8 可以看出，醇类燃料的辛烷值比汽油高，使用醇类燃料的发动机可以通过增大压缩比来提高其热效率，从而提高其动力性和经济性。因此，醇类是汽油发动机良好的替代燃料。另外，醇类燃料也可以作为高辛烷值组分调入汽油中，进而提高汽油的抗爆能力。

还可以看出，醇类燃料的灵敏度非常大。灵敏度是利用研究法测定的辛烷值与利用马达法测定的辛烷值之差值，即灵敏度＝RON-MON。灵敏度反映的是汽油发动机燃料的抗爆性能随汽油发动机运转工况(如转速提高等)强度的增加而降低的情况。对汽油发动机来说，灵敏度越小越好。醇类燃料的灵敏度大，说明它们在低速时的抗爆性能比中、高速时的抗爆性能要好。

表 3-8　醇类燃料的辛烷值与汽油的辛烷值比较

燃料种类		MON	RON	灵敏度
甲醇		92	112	20
乙醇		92	111	19
汽油	90 号	85	90	5
	93 号	88	93	5
	97 号	92	97	5

2) 蒸发潜热大

蒸发潜热是指在常压沸点下，单位质量的纯物质由液体状态变为气体状态需吸收的热量或者由气体状态变为液体状态需放出的热量。

醇类燃料的蒸发潜热大，意味着醇类燃料在发动机内由液体状态变为气体状态形成可燃混合气需吸收的热量较多，所以醇类燃料在低温条件下起动发动机时，往往会由于汽化所需热量不足，使形成的混合气浓度较低而使发动机起动困难。因此，燃烧醇类燃料的发动机需加装进气预热系统，以保证其低温起动性能。

醇类燃料蒸发潜热大的优点是：形成的混合气温度低，因而充气效率会提高，进而可使发动机动力性增强；形成的混合气对发动机内部机件有冷却作用，可减少冷却系统和润滑系统的冷却负担，从而延长发动机的使用寿命。

3) 着火极限宽

着火极限是指混合气体可以着火的最小浓度与最大浓度之间的范围。浓度是以空气中可燃气的体积分数表示。

醇类燃料的着火极限比汽油宽得多，可实现稀薄燃烧，能有效降低发动机在部分负荷时的能量消耗与排放污染。

4) 热值低

醇类燃料的热值比汽油低，甲醇热值约为汽油的一半，乙醇热值约为汽油的 61%。由于醇类燃料存在自供氧效应，理论空燃比比汽油低。甲醇理论空燃比约为汽油的 43%，乙醇理论空燃比约为汽油的 60%。在同样的过量空气系数下，混合气的热值与汽油相当，因此汽车使用醇类燃料时的动力性不会降低。

5) 腐蚀性大

醇类燃料的化学活性较强，对铜、铝等金属具有较强的腐蚀能力，对橡胶和塑料等非金属材料也具有较大的溶胀作用。

6) 易产生气阻

醇类燃料的沸点低，有助于与空气形成混合气，但当温度高时又容易在燃油供给系统产生气阻现象，严重时会中断供油，造成发动机熄火。

7) 储存和使用方便

醇类燃料在常温下为液体状态,和传统燃料的汽油、柴油相似,所以储存和使用比较方便。

8) 排放污染低

醇类燃料的蒸发潜热高,甲醇的蒸发潜热约为汽油的 3.7 倍,乙醇的蒸发潜热约为汽油 2.9 倍,所以醇类燃料的燃烧温度较低,对 NOx 的生成有抑制作用;醇类燃料分子中没有 C-C 键结构,燃烧中不会出现多环芳香烃通过缩合形成炭烟粒子的现象,因此排气中基本没有炭烟;醇类燃料含氧量高,且 C/H 值较汽油小,与空气形成的混合气燃烧较完全,因而排气中未燃烃类与 CO 含量也相应较低,但未燃醇类和相应醛类较多。

3. 醇类燃料的应用

醇类燃料的辛烷值高,是良好的汽油发动机替代燃料。但由于其着火性差,十六烷值比柴油低很多,所以在柴油机上使用比较困难。汽油发动机中应用醇类燃料主要有两种方法:掺醇燃烧和纯醇燃烧。

1) 掺醇燃烧

掺醇就是把甲醇或乙醇按不同比例掺入汽油中。甲醇、乙醇与汽油的混合燃料分别用 M(Methanol)和 E(Ethanol)加一数字表示,其中数字表示混合燃料中甲醇或乙醇的体积分数,如 M15 表示甲醇体积分数为 15% 的混合燃料,E10 表示乙醇体积分数为 10% 的混合燃料。

(1) 掺醇汽油较汽油有以下优点:

① 抗爆性好。醇类燃料的辛烷值均高于汽油,掺和后,可明显提高汽油的抗爆能力。试验表明,在汽油中添加 10% 的乙醇,其辛烷值可提高约 3 个单位,甲醇汽油也有类似的效果。因此使用掺醇汽油可通过提高发动机的压缩比来提高燃料的热效率,进而提高其动力性和燃油经济性。

② 排放尾气中 NOx、烃类及 CO 的含量低。醇类燃料的蒸发潜热高,使掺醇汽油与空气形成的混合气的燃烧温度低,因而排放尾气中 NOx 含量低;醇类燃料含氧量高,且 C/H 值较汽油小,所形成的混合气燃烧较完全,因而尾气中烃类与 CO 含量也相应较低。

③ 价格低。甲醇价格低于汽油价格,因此甲醇汽油价格比普通汽油经济。

(2) 掺醇汽油的使用。

掺醇汽油的优点突出,因此对其使用方面的研究也非常多。我国对低比例掺醇汽油研究较多。掺醇比例低于 15% 的低比例掺醇汽油与纯汽油相比,不需要改变现有汽车发动机,因而不存在改动成本,在技术上也没有难度。因此,低比例掺醇汽油是比较实用的醇类能源利用形式。

2001 年我国制订了乙醇燃料发展计划,确定在吉林、河南和黑龙江三省设立燃料乙醇试点项目,并制定了《变性燃料乙醇》和《车用乙醇汽油》两项国家标准,开始推广使用含 10% 乙醇的车用乙醇汽油的混合燃料。《变性燃料乙醇》和《车用乙醇汽油》两项国家标准于 2001 年 4 月 15 日正式实施。现行《变性燃料乙醇》(GB 18350—2013)自 2014 年 5 月 1 日施行。《车用乙醇汽油》先后多次修订,现行标准编号为 GB 18351—2017,标准名称为《车用乙醇汽油(E10)》。这两项国家标准的具体指标分别见表 3-9 和表 3-10。

表 3-9　变性燃料乙醇

项　目		指　标
外观		清澈透明，无肉眼可见悬浮物和沉淀物
乙醇(体积分数)/%	≥	92.1
甲醇(体积分数)/%	≤	0.5
实际胶质/[mg・(100mL)$^{-1}$]	≤	5.0
水分(体积分数)/%	≤	0.8
无机氯(以 Cl 计)/(mg・L^{-1})	≤	32
酸度(以乙酸计)/(mg・L^{-1})	≤	56
铜/(mg・L^{-1})	≤	0.08
pH 值①	≤	6.5～9.0

变性燃料乙醇

① 2002 年 4 月 1 日前，pH 值按 5.7～9.0 执行。

表 3-10　车用乙醇汽油

项　目		质 量 指 标				试验方法
		90 号	93 号	95 号	97 号	
抗爆性： 　研究法辛烷值(RON)	不小于	90	93	90	97	GB/T 5487
抗爆指数(RON+MON)/2	不小于	85	88	95	报告	GB/T 503
铅含量①/(g・L^{-1})	不大于	0.005				GB/T 8020
馏程： 　10%蒸发温度/℃	不高于	70				CB/T 6536
50%蒸发温度/℃	不高于	120				
90%蒸发温度/℃	不高于	190				
终馏点/℃	不高于	205				
残留量(体积分数)/%	不大于	2				
蒸气压/kPa 　9 月 16 日至 3 月 15 日	不大于	88				GB/T 8017
3 月 16 日至 9 月 15 日	不大于	72				
实际胶质/[mg・(100 mL)$^{-1}$]	不大于	5				GB/T 8019
诱导期②/min	不小于	480				GB/T 8018
硫含量③(质量分数)/%	不大于	0.015				SH/T 0689

续表

硫醇(需满足下列要求之一)			
博士实验		通过	SH/T 0174
硫醇硫含量(质量分数)/%	不大于	0.001	GB/T 1792
铜片腐蚀(50℃，3 h)/级	不大于	1	GB/T 5096
水溶性酸或碱		无	GB/T 259
机械杂质		无	目测④
水分(质量分数)/%	不大于	0.20	SH/T 0246
乙醇含量(体积分数)/%		10 ± 0.20	SH/T 0663
其他含氧化合物(质量分数)/%		0.1⑤	SH/T 0663
苯含量(体积分数)⑥/%	不大于	1.0	SH/T 0693 SH/T 0713
芳香烃含量(体积分数)⑦/%	不大于	40	GB/T 11132 SH/T 0741
烯烃含量(体积分数)⑦/%	不大于	30	GB/T 11132 SH/T 0741
锰含量⑧/(g·L⁻¹)	不大于	0.016	SH/T 0711
铁含量⑨/(g·L⁻¹)	不大于	0.010	SH/T 0712

　　注：上述引用标准均应为现行有效标准。

　　① 本标准规定了铅含量最大限值，但不允许故意加铅。

　　② 诱导期允许用 GB/T 256 方法测定，仲裁实验以 GB/T 8018 方法测定结果为准。

　　③ 硫含量允许用 GB/T 11140、GB/T 17040、SH/T 0253、SH/T 0689、SH/T 0742 方法测定，仲裁实验以 GB/T 380 实验结果为准。

车用乙醇汽油(E10)

　　④ 将试样注入 100 mL 玻璃量筒中观察，应当透明、没有悬浮和沉降的机械杂质及分层。结果有争议时，以 GB/T 511 方法测定结果为准。

　　⑤ 不得人为加入甲醇。

　　⑥ 苯含量允许用 SH/T 0713 测定，仲裁试验以 SH/T 0693 方法测定结果为准。

　　⑦ 芳烃含量和烯烃含量允许用 SH/T 0741 测定，仲裁试验以 GB/T 11132 方法测定结果为准。

　　⑧ 锰含量是指汽油中以甲基环戊二烯三羰基锰(MMT)形式存在的总锰含量。含锰汽油在储存、运输和取样时应避光。

　　⑨ 铁不得人为加入。

　　低比例掺醇燃料虽然使用方便，不需要对传统发动机进行改动，但它对缓解我国越来越大的能源不足的压力所起的作用却较小。如果要从根本上解决能源紧缺问题，就应研究高比例掺醇汽油的应用。由于醇类燃料的性质不同于汽油，所以高比例掺醇燃烧需要对现有的汽车发动机进行较大改动，以适应醇类燃料的特点。例如，对燃油箱、油泵、喷油器、燃油管、滤清器、橡胶件等进行改进研究。

　　(3) 掺醇汽油的缺点。

　　① 醇类燃料与汽油的互溶性较差。醇类燃料具有较强的极性，与汽油的互溶性较差。互溶性受醇类与汽油的混合比例、助溶剂的品种和加入量以及混合温度等因素影响。从图 3-2 所示的甲醇与汽油的互溶曲线可以看出，当甲醇含量很低或很高时，甲醇与汽油可以不借助助溶剂实现互溶，但在其他条件下二者不能互溶，必须借助互溶剂。常用助溶剂有甲基叔丁醚、叔丁醇、异丁醇、正丁醇等。另外，混合温度越高，醇与汽油的互溶性越好。

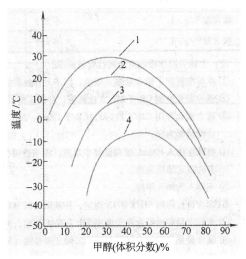

1—不加助溶剂；2—加 1%助溶剂；3—加 2%助溶剂；4—加 4%助溶剂

图 3-2　甲醇与汽油的互溶曲线

　　② 掺醇汽油易出现分层现象。掺醇汽油中醇与汽油的互溶性受水分影响较大，水分易引起体系分层。醇类燃料的吸水性强，在储存和使用掺醇汽油时会自动从空气中吸收水分，当水分含量达到一定程度时便会出现油水分层现象。为解决掺醇汽油的分层现象，必须使用水含量低的醇类燃料。同时，在储存和使用过程中要严防水分混入。

　　③ 掺醇汽油对发动机的金属、橡胶和塑料等材料有一定的腐蚀。

　　④ 掺醇汽油低温时起动性差，高温时易发生气阻，主要是由醇类燃料蒸发潜热高、沸点低造成的。

　　2) 纯醇燃烧

　　纯醇燃烧是指单纯燃烧甲醇或乙醇燃料。从弥补石油资源短缺的角度来说，纯醇燃料用于发动机燃烧比掺醇燃料，尤其是低比例掺醇燃料更具有实际意义。因此，目前对纯醇燃料的使用也进行了许多研究。

　　纯醇燃烧，可根据甲醇或乙醇燃料的特点对发动机进行改造，使发动机的动力性、经济性和运转性比燃烧汽油时有较大提高。图 3-3 所示为点燃式内燃机燃用甲醇和汽油时的有关性能对比。试验时，发动机转速为 2000 r/min，空气流量为 5.4 g/s。由图 3-3 可知，燃烧甲醇时，发动机的平均有效压力、热效率比燃烧汽油时高，排放气体中 NOx、未燃 CH 和 CO 的含量比燃烧汽油时低；但燃油消耗率和排放中的甲醛含量比燃烧汽油时高。燃烧乙醇时的有关性能和燃烧甲醇时相似，只是排放气体中未燃乙醇和乙醛的含量较大。

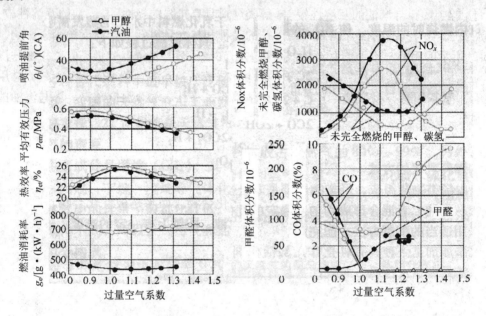

图 3-3　甲醇内燃机的特性(发动机转速 2000 r/min，空气流量 5.4 g/s)

　　使用纯醇燃料需对发动机进行较大改动，主要是调整供油系统、加大油泵供油量、加装进气预热装置和改善零部件的抗腐蚀性能等。

3.3.3　乳化燃料

　　乳化燃料是指汽油与柴油等燃油与水相混合并经特殊处理后形成的一种相对稳定的乳化液。使用乳化燃料不仅能减少发动机排放中氮氧化合物(NO_x)等有害成分的含量，而且能有效降低燃料的消耗。所以使用乳化燃料是节约能源和降低污染的良好措施之一。

　　1. 乳化燃料节能降污的原理

　　乳化燃料的燃烧是个非常复杂的过程，其节能降污的原理尚在研究之中，目前常见的有两种解释理论：微爆理论和燃烧化学反应动力学理论。

　　1) 微爆理论

　　微爆理论认为：乳化燃料中含有油包水型分子基团，在乳化燃料受热气化形成可燃混合气的过程中，由于水的沸点低于油，所以油包水型分子基团中的水会先于油蒸发，汽化压力冲破油膜的阻力使油滴发生爆炸，而爆炸的结果是使油滴变得更加细小，与空气混合得更加均匀，因此，所形成的可燃混合气品质良好，可较完全快速地燃烧，从而达到节约能源和降低排放污染的双重目的。总之，微爆理论的实质是由于水的存在，在燃料雾化蒸发过程中产生了二次雾化，使得混合气形成的物理准备过程准备得更加充分。

2) 燃烧化学反应动力学理论

燃烧化学反应动力学理论认为：在高温条件下，水蒸气分解时可产生 OH⁻根，而 OH⁻根的化学活性很强，可以与烃在燃烧过程中形成的中间产物或不完全燃烧产物发生反应，推进烃类物质的燃烧进程，使燃料能在上止点附近完成燃烧，把全部热能及时释放，从而提高发动机热效率，达到节能降污的目的。同时，乳化燃料中水分的蒸发需吸收热量，也会降低气缸内燃烧时的温度，使 NOx 的排放量降低。

2. 燃料乳化的方法

燃料由烃类物质组成，烃类物质是非极性化合物，而水是极性化合物，所以二者的混溶性很差。要使二者混合形成均匀、稳定的乳化液，需借助乳化添加剂并采用适当的配制方法才能完成。

乳化添加剂是一种具有乳化作用的活化剂，其化学结构由极性基和非极性基两部分构成，极性基具有亲水作用，非极性基具有亲油作用；所以，在乳化添加剂存在的条件下，油与水的混合变得相对容易，并且可保证乳化液的稳定性。

燃料乳化的常用方法有超声波法和机械混合法两种。

1) 超声波法

超声波法是利用超声波在液体媒介中传播时出现机械、热及空化等作用机制，对传声媒质可产生一系列效应的原理进行乳化燃料配制的方法。超声波法的优点是设备简单，处理能力大，耗能少，乳化添加剂用量少，乳化效果好，是目前最常用的方法，其工艺流程如图 3-4 所示。

图 3-4　超声波法乳化燃料工艺流程

2) 机械混合法

乳化燃料的配制也可采用机械法把按比例配好的油、水、乳化添加剂进行搅拌、剪切、混合、雾化，并使粒子直径达到要求。机械混合法设备简单，但得到的乳化燃料的质量差，并且乳化工艺过程耗能也较大。

乳化燃料的稳定性直接影响其燃用效果，稳定性好，燃烧状况稳定；稳定性差，易出现油水分层等变化，使发动机工作不平稳，严重时会出现熄火。乳化燃料稳定性差主要表现在：分层，乳化燃料逐步分成明显的两层；变型，乳化燃料发生相转变，从油包水型变成水包油型；破乳，乳化燃料中出现大液滴，破坏相对稳定性等。乳化燃料的稳定性与乳化添加剂的类型、加入量、储存温度、掺水量、搅拌程度等有密切关系。例如，乳化剂用量增多，稳定性提高；储存温度升高，掺水量增加，都会使稳定性降低；搅拌速率增大，稳定性提高。因此，应从多方面提高乳化燃料的稳定性。

另外，研究和开发更好的乳化设备、乳化添加剂，以及了解乳化燃料的使用及其对发动机的影响都有助于进一步解决稳定性问题。

3.3.4 天燃气

天然气是各种替代燃料中最早被广泛使用的一种。天然气汽车自 20 世纪 30 年代起就开始在意大利使用，我国天然气汽车工业发展始于 20 世纪 80 年代，目前天然气汽车已受到各国政府的普遍重视，21 世纪将是天然气汽车大发展的时代。

1. 天然气的资源及主要成分

天然气的主要成分是甲烷(CH_4)，其体积一般占天然气的 80%～99%。另外，天然气中还含有乙烷、丙烷、丁烷、戊烷等气体化合物和氢气、氮气、二氧化碳、硫化氢等气体元素，它们在天然气中的含量一般都比较低。天然气分气田气和油田气，由于气田和油田的地理位置和地质结构不同，所以，气田气和油田气的组分存在一定差异。表 3-11 为不同产地的天然气的组分构成。

表 3-11　不同产地的天然气的组分构成　　　　%(体积分数)

名　称	CH_4	C_2H_6	C_3H_8	C_4H_{10}	C_mH_n	H_2	N_2	CO_2	H_2S
气田天然气(四川)	97.20	0.70	0.20	—	—	0.10	0.70	1.0	0.10
油田天然气(四川)	88.59	6.06	2.02	1.54	0.06	0.07	1.46	0.2	—
大庆天然气	91.05	1.64	2.70	2.23	1.09	—	—	—	—

天然气的资源非常丰富，已探明的可采储量达 $1.4 \times 10^{14}\ m^3$，待探明的储量潜力仍然很大，而且近年来年产量的增长速度大大高于石油和煤的年产量增长速度。据国际权威机构的调查结果，2010—2020 年间天然气在能源结构中的比例，将达到 35%～40%，其地位也会超过石油成为第一能源。

2. 天然气的主要物化特性

天然气的主要物化特性见表 3-12。

表 3-12　天然气的主要物化特性

物化特性参数	数　值	物化特性参数	数　值
H/C 原子比	4	理论空燃比(质量比)	17.25
密度(液相)/(kg · m^{-3})	424	理论空燃比(体积比)	9.52
密度①(气相)/(kg · m^{-3})	0.715	高热值/(MJ · kg^{-1})	55.54
相对分子质量	16.043	低热值/(MJ · kg^{-1})	50.05
沸点/℃	−161.5	混合气热值/(MJ · m^{-3})	3.39
凝点/℃	−182.5	混合气热值/(MJ · kg^{-1})	2.75
临界温度/℃	−82.6	低热值(液态)/(MJ · L^{-1})	21.22
临界压力/MPa	4.62	辛烷值 RON	130
汽化热/(kJ · kg^{-1})	510	着火极限(体积分数)/%	5～15
比热容(液体, 沸点)/(kJ · kg^{-1} · K^{-1})	3.87	着火温度(常压下)/℃	537
比热容(气体, 25℃)/(kJ · kg^{-1} · K^{-1})	2.23	火焰传播速度/(cm · s^{-1})	33.8
气/液容积比(15℃)	624	火焰温度/℃	1918

① 标准状态下的密度。

3. 天然气的特点

与其他燃料相比，天然气具有如下比较突出的特点：

(1) 着火界限宽。

天然气与空气的混合气具有很宽的着火界限，其过量空气系数的变化范围为 0.6～1.8，可在大范围内改变混合比提供不同成分的混合气。所以，天然气可以实现稀薄燃烧，能有效降低发动机在部分负荷时的能量消耗与排放污染。

(2) 与空气的理论混合气热值低。

虽然天然气的理论空燃比(质量比)和理论空燃比(体积比)都比汽油略高，但与空气的理论混合气热值相比却比汽油略低，只有 3.39 MJ/m^3，比汽油低 10%左右，因此，天然气发动机的功率要比汽油发动机功率低一些。

(3) 火焰传播速度低。

天然气燃烧的火焰传播速度为 33.8 cm/s，比汽油的火焰传播速度稍慢。

(4) 点火能量高。

天然气着火温度为 537℃，比汽油着火温度高得多，并且天然气的火焰传播速度比汽油低，所以，天然气要及时、迅速燃烧，就必须有较高的点火能量。

(5) 抗爆性能好。

天然气的研究法辛烷值为 130，比汽油高得多，其抗爆性能非常好。为充分发挥天然气的抗爆能力，可适当提高发动机的压缩比，进而可提高发动机的热效率，增大汽车的动力性。对于天然气发动机，比较合理的压缩比为 12。

(6) 密度小。

天然气的液相密度为 424 kg/m^3，汽油密度为 740 kg/m^3。天然气的密度低于汽油，使得吸入发动机的新鲜空气质量减少，会导致发动机的输出功率降低。

(7) 排放污染小。

天然气的燃烧温度低，会降低 NO$_x$ 的生成量。天然气常温、常压下呈气态，与空气同相，所以形成的混合气均匀，燃烧完全，从而减少了 CO、HC 等的排放量；其次，排放物中的 HC 成分多为甲烷，性质稳定，在大气中也不会形成光化学烟雾，避免造成进一步污染。

(8) 携带性较差。

天然气常温、常压下为气体，携带不方便。需要对其进行液化，但需要在较低的温度和较高的压力下才能实现，技术要求很高。

(9) 可使发动机的磨损减小。

天然气燃烧时燃烧室积炭少，且燃烧产物中含液体燃料成分，对润滑油破坏小。

4. 在汽车上的使用

1) 天然气的存在形式

作为车用燃料的替代品，天然气根据其存在形式分为压缩天然气(CNG)和液化天然气(LNG)两种。

(1) 压缩天然气(CNG)。

压缩天然气是将天然气经过脱水、脱硫净化处理后，经多级压缩至 20 MPa 左右存储到气瓶中，使用时经减压器减压后供给发动机燃烧。

(2) 液化天然气(LNG)。

液化天然气是将天然气经过一定工艺,将其在-162℃左右变为液态,存储到高压气瓶中。与压缩天然气相比,液化天然气工作压力降低,储气瓶体积减小,续驶里程延长,但它对低温储存技术要求较高。

2) 天然气汽车类型

根据天然气的储存形式,天然气汽车分为压缩天然气汽车和液化天然气汽车。

(1) 压缩天然气汽车。

目前国内外发展较快的是压缩天然气汽车。为保证压缩天然气的质量能满足汽车的使用需求,我国对车用压缩天然气规定了具体的技术指标,见表 3-13。

表 3-13　车用压缩天然气的技术指标

项　目	技　术　指　标
高位发热量/(MJ·m⁻³)	>31.4
总硫(以硫计)/(mg·m⁻³)	≤200
硫化氢/(mg·m⁻³)	≤15
二氧化碳/%(体积分数)	≤3.0
氧气/%(体积分数)	≤0.5
水露点/℃	在汽车驾驶的特定地理区域内,在高操作压力下,水露点不应高于-13℃;当最低气温低于-8℃,水露点应比最低气温低 5℃

注:气体体积为在 101.325 kPa,20℃状态下的体积。

压缩天然气汽车按燃料供给系统不同,又可分为专用压缩天然气汽车、压缩天然气与汽油两用燃料汽车、压缩天然气与柴油双燃料汽车。

专用压缩天然气汽车以 CNG 作为唯一燃料,其发动机的燃料供给系统专为 CNG 燃料设计,能充分发挥 CNG 燃料的优势。

压缩天然气与汽油两用燃料汽车是根据现成汽油车改装而成,有两套燃料供给系统,一套为保留的原车供油系统,另一套为增加的 CNG 供给装置。发动机可以分别使用 CNG 和汽油作为燃料,两种燃料的转换通过选择开关实现。由于发动机结构未做改动,当使用天然气燃料时,往往不能充分发挥其优势,导致汽车功率下降。

压缩天然气与柴油双燃料汽车是根据现成柴油车改装而成,其燃料供给系统根据发动机的运行工况按一定比例同时供给 CNG 和柴油两种燃料。其中,柴油只作引燃燃料,CNG是主要燃料。

(2) 液化天然气汽车。

由于液化天然气对储存技术要求较高,造成储存容器成本高,在一定程度上限制了液化天然气汽车的发展。但由于液化天然气在储存能量密度、汽车续驶里程、储存容器压力等方面均优于压缩天然气,而且能解决压缩天然气汽车所存在的一些问题。所以,液化天然气作为天然气的使用方式之一,是今后的重点发展方向。

3) 天然气汽车技术

天然气汽车技术是指汽车用天然气储存、加注及其合理运用等方面的技术，主要包括以下几方面。

(1) 加气站技术。

无论是压缩天然气还是液化天然气，在向汽车加注时，所使用的加气设备都比汽油、柴油等传统燃料的加注设备复杂一些。加气设备必须保证压缩天然气的压力和液化天然气的低温，需要较高的技术水平。

(2) 发动机技术。

天然气燃料的性质不同于汽油和柴油，因此天然气发动机的结构也不同于汽油发动机和柴油发动机。因此，应对天然气发动机的燃料混合、发动机燃烧室结构、点火系统等进行研究与开发。

(3) 气瓶技术。

由于汽车具有流动性，燃料必须时刻携带。携带过程中如何保证天然气气瓶的储存压力和绝热能力，并尽量降低天然气气瓶的制造成本，都需要较高的技术水平。

3.3.5 液化石油气

液化石油气价格便宜，储存和使用方便，其配套设施如加气站等的建设费用也比较低，所以，液化石油气作为车用替代燃料，近年来发展较快。

1. 液化石油气的资源及主要成分

我国液化石油气资源包括油田和石油炼厂。油田液化石油气是在伴生气的处理过程中得到的轻烃产品，大庆、胜利、中原等油田都生产该产品。油田液化石油气的主要成分是丙烷和丁烷，其内不含烯烃，所以适于直接用作车用燃料。石油炼厂液化石油气是在石油的催化裂化和延迟焦化炼油过程产生的，其主要成分是丙烷、丙烯、丁烷和丁烯等。表 3-14 所示为我国几个石油炼厂液化石油气主要成分的体积分数。

表 3-14 石油炼厂液化石油气主要成分的体积分数 %

石油炼厂	C_3H_8	C_3H_6	C_4H_{10}	C_4H_8	$C_2H_8+C_2H_4$	其他
南京石油化工厂	18.17	23.06	29.04	26.45	1.28	2.0
大庆炼油厂	13.60	50.90	—	31.80	0.20	3.5
锦州石油六厂	8.50	24.50	23.90	33.40	1.30	8.4

由表 3-14 中的数据可知，石油炼厂的液化石油气内含有大量的烯烃，烯烃为不饱和烃，燃烧后结胶，积炭严重，所以这种产品不适于直接用作车用燃料。

虽然液化石油气可从油田和石油炼厂等处获得，资源比较丰富，但由于它是石油开采和石油精制过程中的伴生物，所以它的来源受石油资源的限制，不能成为汽油、柴油的稳定替代能源。

2. 液化石油气的主要物化特性

汽车用液化石油气的主要成分是丙烷和丁烷，主要物化特性见表 3-15。

表 3-15　液化石油气的主要物化特性

物化特性参数	丙烷	丁烷	物化特性参数	丙烷	丁烷
H/C 原子比	2.67	2.5	理论空燃比(质量比)	15.65	15.43
密度(液相)/(kg·m^{-3})	528	602	理论空燃比(体积比)	23.81	30.95
密度①(气相)/(kg·m^{-3})	2.02	2.598	高热值/(MJ·kg^{-1})	50.38	49.56
相对分子质量	44.097	58.124	低热值/(MJ·kg^{-1})	45.77	46.39
沸点/℃	−42.1	−0.5	混合气热值/(MJ·m^{-3})	3.49	3.52
凝点/℃	−187.7	−138.4	混合气热值/(MJ·kg^{-1})	2.79	2.79
临界温度/℃	96.7	152.0	低热值(液态)/(MJ·L^{-1})	27.00	27.55
临界压力/MPa	4.25	3.8	辛烷值 RON	111.5	95
汽化热/(kJ·kg^{-1})	426	385	着火极限(体积分数)/%	2.2~9.5	1.9~8.5
比热容(液体，沸点)/(kJ·kg^{-1}·K^{-1})	2.48	2.36	着火温度(常压下)/℃	466	430
比热容(气体，25℃)/(kJ·kg^{-1}·K^{-1})	1.67	1.68	火焰传播速度/(cm·s^{-1})	38	37
气/液容积比(15℃)	273	236	火焰温度/℃	1970	1975

注：① 标准状态下的密度。

3. 液化石油气的特点

液化石油气作为车用替代燃料，比较突出的特点有：

(1) 抗爆性能高。

液化石油气的研究法辛烷值在 100 左右，比汽油的辛烷值高，所以液化石油气的抗爆能力强，用于发动机可适当提高发动机的压缩比，增大发动机的热效率。

(2) 排放污染小。

液化石油气在常温常压下呈气态，与空气同相，混合均匀，燃烧得较完全且燃烧温度低，所以，排放物中 CO、HC、NOx 等的排出量会大幅度减少。

(3) 火焰传播速度低。

液化石油气燃烧的火焰传播速度比汽油稍慢。

(4) 点火能量高。

液化石油气由于着火温度比汽油高，而其火焰传播速度比汽油低，所以，需要较高的点火能量。

(5) 与空气的理论混合气热值低。

虽然液化石油气的质量热值和体积热值都比汽油略高，但其与空气的理论混合气热值却比汽油略低，所以液化石油气发动机的功率要比汽油发动机功率低。

(6) 便于携带。

液化石油气在 690 kPa 左右就可以完全液化，压力比较低，几乎同汽油和柴油一样便于携带。

4. 液化石油气在汽车上的使用

1) 对车用液化石油气的技术要求

为保证液化石油气的质量能满足汽车的使用需求，我国对车用液化石油气的技术要求作了规定，见表3-16。

表 3-16 车用液化石油气的技术要求

项 目		质 量 指 标		试验方法
		车用丙烷	车用丙丁烷混合物	
37.8℃蒸气压(表压)/kPa		≤1430	≤1430	按 GB/T 6602[①]
组分(体积分数)/%	丙烷	—	≥60	按 SH/T 0230
	丁烷及以上组分	≤2.5	—	
	戊烷及以上组分	—	≤2	
	丙烯	≤5	≤5	
残留物	100 mL 蒸发残留物/mL	≤0.05	≤0.05	按 SY/T 7509
	油渍观察	通过	通过	
密度(20℃或15℃)/(kg·m⁻¹)		实测	实测	按 SH/T 0231[②]
铜片腐蚀/级		不大于1	不大于1	按 SH/T 0232
总硫含量(体积分数)/10⁻⁶		≤123	≤123	按 SY/T 7508
游离水		无	无	目测

注：上述引用标准均为现行有效标准。

① 蒸气压允许用 GB/T 12576 方法计算，但在仲裁时必须用 GB/T 6602 测定。

② 密度允许用 GB/T 12576 方法计算，但在仲裁时必须用 SH/T 0221 测定。

表3-16中的车用丙烷包括丙烷和少量丁烷，可作为低温条件下的车用燃料。车用丙丁烷混合物(戊烷及以上组分)包括丙烷、丁烷和少量戊烷，可作为一般温度条件下的车用燃料。

2) 液化石油气汽车类型

液化石油气汽车按燃料供给系统不同，又可分为专用液化石油气汽车、液化石油气与汽油两用燃料汽车、液化石油气与柴油双燃料汽车。

专用液化石油气汽车以 LPG 作为唯一燃料，其发动机的燃料供给系统专为 LPG 燃料设计，充分发挥了 LPG 燃料的特点，使用性能最佳。

液化石油气与汽油两用燃料汽车是根据现成汽油车改装而成。它有两套燃料供给系统，一套为保留的原车供油系统，另一套为增加的 LPG 供给装置。其发动机可以分别使用 LPG 和汽油作为燃料，两种燃料的转换通过电磁阀实现。由于其发动机结构改动较小，当使用液化石油气燃料时，往往不能充分发挥其优点，其性能低于专用液化石油气汽车。

液化石油气与柴油双燃料汽车是根据现成柴油车改装而成。同液化石油气与汽油两用燃料汽车一样，它也有两套燃料供给系统，一套为原柴油供给系统，另一套为增加的 LPG 供给装置。两套燃料供给系统可根据发动机的运行工况按一定比例同时供给 LPG 和柴油两种燃料，其中，柴油只作为引燃燃料，而 LPG 则是主要燃料。

3.3.6 氢气

氢气作为内燃机的替代燃料，具有两个非常突出的特点：首先，氢气可用水来制取，而氢气燃烧后又生成水，这种资源的快速循环，使得氢能源取之不尽、用之不竭，从而决定了氢气将在未来可耗尽资源消耗殆尽时起主导作用；其次，氢气是非常理想的清洁燃料，燃烧生成水，无 CO_2、CO、HC、炭烟等污染物质。所以，目前世界上各国都纷纷投入大量人力、物力和财力从事这方面的研究。

1. 氢气资源

在自然状态下，大气中只含有极微量的氢气，因此，要想利用氢气必须依靠制取。制取氢气的资源很多，如煤、石油、天然气、水等，都可用来制取氢气。尤其是水，在地球上的储量极其丰富，约为 1.3×10^{12} t，并且可以快速循环使用。所以，尽管氢气不像煤、石油、天然气等有较大的自然储量，但作为氢气来源的资源却非常丰富，这为氢气的广泛研究和使用提供了有力的保障。

2. 氢气的主要物化特性

氢气的主要物化特性见表 3-17。

表 3-17 氢气的主要物化特性

物化特性参数	数值	物化特性参数	数值
质量热值/(MJ·kg^{-1})	高 141.8	理论燃空比(质量比)	0.02915
	低 120.1	理论空燃比(质量比)	34.38
摩尔热值/(MJ·kmol^{-1})	高 285.8	空气中燃烧界限(体积分数)/%	4.1~75
	低 242.1	极限过量空气系数	0.15~7.0
标态体积热值/(MJ·m^{-3})	高 12.74	着火温度/℃	571
	低 10.80	与空气燃烧理论体积分数 $[F/(A+F)]$/%	29.5
与空气理论混合气热值/(MJ·m^{-3})	3.186		
理论混合气点火能量/J	3.18×10^{-5}	气态密度/(kg·m^{-3})	0.08987
最小点火能量/J	1.34×10^{-5}	液态密度/(kg·L^{-1})	0.071
空气中最大火焰速度/(cm·s^{-1})	291	气态黏度/(mPa·s)	0.0202
最大火焰速度时温度/K	2380	汽化热/(kJ·kmol^{-1})	90.4
最大火焰速度时当量比	1.7	沸点/℃	−253

3. 氢气的特点

氢气作为燃料，比较突出的特点有：

(1) 着火界限宽。

氢气在空气中燃烧的界限非常宽，为 4.1%~75%，比汽油和柴油的着火界限大很多。因此，氢气可以实现稀薄燃烧，还可以降低发动机在部分负荷时的能量消耗与排放污染。

(2) 点火能量低。

氢气最小点火能量为 1.34×10^{-5}J，比一般烃类低一个数量级以上。所以，氢气点火能量低，比汽油小得多，当将其掺入到汽油后，可降低汽油的点火能量，并改善汽油机的性能。

(3) 火焰传播速度高。

氢气燃烧的火焰传播速度高达 291 cm/s，是汽油的 7 倍，说明氢气在汽油机中燃烧时的抗爆性能很好。

(4) 与空气的理论混合气热值低。

虽然氢气的质量热值在所有的化学燃料里面是最大的，低热值为 120.1 MJ/kg，约为汽油的 3 倍；但由于氢气的相对分子质量小，质量轻，使其标态体积低热值只有 10.80 MJ/m^3，而且与空气的理论混合气热值也只有 3.186 MJ/m^3，比汽油低 15%，发热量仅相当于汽油的 85%。所以燃氢发动机的功率比汽油发动机的功率低 15%。

(5) 自燃温度高。

氢气的自燃温度比较高，为 580℃，而柴油为 350℃，这就决定了燃氢发动机难以压燃，适合于点燃。故而汽油发动机易于改为燃氢发动机，这为将来燃氢发动机的开发运用提供了有利的条件。

(6) 燃烧排污低。

氢气是一种无色、无臭、无毒的干净燃料，同时也是一种无碳燃料，完全不产生汽油等烃类燃料燃烧时所排放的 CO、CO_2、CH 等化合物，只生成水和 NOx，并且 NOx 的排放量也比汽油发动机低得多；其次，即使有一定的排放量，作为比较单一的排放物也非常容易控制。另外，使用先进的氢燃料电池和催化氢技术，排放物中只有水，因此使用氢能开动车辆，则可以真正实现零排放。故而，氢气作为发动机动力源有利于环境保护。

(7) 提高发动机的热效率。

氢气的自燃温度比较高，其辛烷值比异辛烷(辛烷值为 100)高，而且其抗爆性高于汽油；因此，用氢气作为燃料时，可以通过提高发动机压缩比来提高其热效率。其次，氢气在空气中的火焰传播速度非常快，能使发动机的热效率有较大的提高。

(8) 发动机的磨损量减小。

氢气燃烧的产物比较单纯，因而它对发动机润滑油的污染比较小。同时，由于氢气的沸点比较低，仅为 -253℃，因此在液氢发生汽化时，可较好地降低发动机的机体温度，使得发动机润滑油的高温氧化程度降低，有利于保证发动机的正常润滑，减小机械磨损。

4. 氢气在发动机上的使用

氢气既可以单独作为内燃机燃料用于发动机，也可与汽油混合作为混合燃料用于发动机。

1) 氢气单独作为内燃机燃料

氢气单独作为内燃机燃料在发动机上使用时，其供氢方式有缸内直接供氢法、预燃室喷氢法、进气道间歇喷射——电磁控制法、进气道间歇喷射——进气门座工作面吸入法、进气管连续喷射——空气导流法和进气管连续喷射——混合器法等几种。

为提高发动机的功率，一般采用在内部形成混合气的氢发动机，即缸内直接供氢法。这种缸内喷射的氢混合气的热值比汽油混合气高 20%，比在外部形成混合气的氢发动机的功率约高41%。在进气门关闭后，将氢直接喷入缸内形成混合气的喷射由于喷射压力的不同有低压喷射型和高压喷射型两种喷射形式。

(1) 低压喷射型。

低压喷射型的喷射压力比较低，约为 1 MPa。低压喷射是在发动机压缩行程的前半行程将氢喷入缸内，其优点是可提高发动机的功率，不发生回火现象。

(2) 高压喷射型。

高压喷射型的喷射压力比较高，须大于 8 MPa。高压喷射是在发动机压缩行程末上止点附近将氢喷入缸内，其优点是可增大发动机的压缩比，提高其热效率，不发生回火、爆燃及早燃等现象。

随着氢喷射压力的提高，对发动机的技术要求也更高。例如，为保证喷射系统的密封性，必须采用非常精密的零件；为保证混合气燃烧充分，应使发动机燃烧室形状与氢喷束相适应等。

2) 氢与汽油混合作为燃料

目前，氢燃料在汽车上的使用多采用氢与汽油混合作为燃料的方式用于发动机。由于氢气具有点火能量低、火焰传播速度快、燃烧界限宽等特点，向汽油中掺入一部分氢气后，可使汽油发动机燃烧着火延迟期大大缩短，火焰传播速度加快，燃烧持续期缩短。再加上氢在燃烧时释放出 OH、H、O 等活性元素，大大地加快了燃烧速度，抑制爆燃的发生，从而提高了发动机的压缩比，进而提高热效率，改善汽油机的性能。

汽油掺氢后燃烧，也可以降低排放污染，如 CO 和 NOx 等的排放率明显降低。

5. 氢气的储存

氢气储存常采用金属氢化物、高压容器、液氢等三种方式。

金属及合金的氢化物吸附氢就像海绵吸水一样，效率很高。储存金属氢化物的装置重量大，但由于氢压太低，使得氢很难直接喷入气缸。

高压容器是将氢压缩后存储其中，虽然能提供较高的压力，但高压容器的重量也比较大，与金属氢化物储氢方式相当。

液氢是把氢气液化后存储在绝热容器中。这种储氢方式所使用的绝热容器重量轻，并且借助小型液氢泵还可获得 8~10 MPa 的高压，满足了高压喷射方式的需要。但这种绝热容器价格昂贵，而且还容易发生蒸发泄漏等事故。

6. 氢气的安全性

氢气的自燃温度高，若无明火，一般不会着火，使用比较安全；其次，氢气的密度比较小，质量轻，即使在储存过程发生泄漏，也会很快扩散到空气中，通常不会发生爆炸或着火。因此氢气的使用安全性比较好。

但氢气在储存、使用过程中仍存在一定的危险，如泄漏能力强、易被高温炽热点点燃等。

7. 氢气使用存在的问题

氢气作为内燃机替代燃料，在使用和推广应用过程中还存在一系列技术问题需要解决。

(1) 在汽车上使用需要采用安全方便的储运方法。因为液氢采用低温储运，其液化保温是技术难题，另外，还要避免氢气在储存过程中的蒸发损失等。

（2）需要研究大量生产廉价氢气的方法。目前，一般采用电解水，但其耗电费用甚至高于汽油价格。

（3）氢气燃料的供给系统。氢气本身的物理和化学特性以及燃烧特性，要求氢气燃料的供给系统需要采用专门的结构，以保证燃料的供应量。

但是，从长远和发展的观点来看，氢气是最有前途的替代燃料。

3.3.7　电能

电能具有对环境没有污染、噪声较小、操纵和使用方便等优点。用电能作为代用燃料的汽车称为电动汽车。电动汽车使用的电池主要有铅酸电池、镉镍电池、镍氢电池、锂电池等。其中，铅酸电池是使用最多的电池，大约有 90% 的电动汽车使用铅酸电池。铅酸电池的技术比较成熟，功率较大，寿命在 800～1000 次，成本较低，在未来的几年中仍然是电动汽车的主流电池。铅酸电池的缺点是比能低，快速充电技术不成熟。

目前，影响电动汽车发展的最主要问题是电池，如电池充电时间长，行驶里程短，需要较多的充电站，电池对环境有污染等。要想实现电动汽车通用化，就必须研究一种容量大、循环次数多、使用价格低、适合大众使用的全能电池。

3.3.8　太阳能

太阳能是取之不尽的能源，通过太阳能电板可直接利用太阳能来驱动汽车。目前，太阳能是所有新能源中最经济、最简单的能源，但目前开发的太阳能电池效率低、体积大、成本高，驱动的汽车容量很小，短期内难以体现其实用价值。

此外，正在研究开发的汽车新能源还有合成燃料、水、空气、植物油等，因尚处于研究阶段，许多技术问题还有待解决，所以目前还无法在汽车上应用。

综 合 训 练 题

一、名词解释

爆燃　气阻　着火延迟期　闪点　凝点　新能源

二、填空题

1. 车用汽油的使用性能主要包括_____、_____、_____、_____和_____等。

2. 我国车用汽油按_____来划分牌号，_____越高，汽油牌号_____，其抗爆性能越好。目前我国所使用的汽油牌号有_____、_____和_____三个牌号。

3. 柴油的使用性能包括_____、_____、_____、_____、安定性、腐蚀性和清洁性等。

4. 我国柴油牌号是按照_____来划分的，分为 10、5、_____、_____、_____、_____和 -50 七种牌号。

5. 汽车新能源正在开发代用石油的燃料有_____、_____、_____、混合动力汽车、电能、氢气、太阳能、乳化燃料和合成燃料等。

三、判断题

1. 一般柴油机的耗油量要比汽油机的耗油量要高。　　　　　　　　　　　（　　）
2. 汽油发动机的温度过低，就会造成混合气形成不良。　　　　　　　　　（　　）
3. 牌号不同的柴油可以掺兑使用，以降低柴油的凝点。　　　　　　　　　（　　）
4. 甲醇是一种易挥发的液体，有毒，饮后能导致失明。　　　　　　　　　（　　）

四、选择题

1. 评定汽油抗爆性能的指标是(　　　)。
A. 十六烷值　　　　B. 辛烷值　　　　　C. 馏程　　　D. 饱和蒸气压
2. 柴油的发火性是以(　　　)评定的。
A. 十六烷值　　　　B. 辛烷值　　　　　C. 馏程　　　D. 压缩比
3. 当柴油需要进行掺兑时，-10 号和-20 号柴油各 50%掺兑后，其凝点为(　　　)。
A. -15 号柴油　　　　　　　　　　B. -16 和-17 号柴油
C. -13 和-14 号柴油　　　　　　　D. 不确定
4. 选择汽油时要按照(　　　)和汽车生产厂家推荐的汽油牌号来选择
A. 辛烷值　　　　　　　　　　　　B. 发动机压缩比大小
C. 蒸气压　　　　　　　　　　　　D. 实际胶质
5. 车用柴油应根据(　　　)来选用。
A. 十六烷值　　　　　　　　　　　B. 地区和季节的气温高低
C. 凝点　　　　　　　　　　　　　D. 黏度

五、简答题

1. 汽油的牌号是根据什么来划分的？主要有哪些牌号？如何选用？
2. 柴油的牌号是根据什么来划分的？主要有哪些牌号？如何选用？
3. 简述汽油发动机对汽油的基本要求。
4. 简述柴油发动机对柴油的基本要求。
5. 如何确定汽油的辛烷值和柴油的十六烷值？
6. 影响车用柴油安定性的主要因素有哪些？
7. 简述汽车新能源的种类和特点。

第 4 章　汽车用润滑材料

 知识点

(1) 发动机润滑油、车辆齿轮油和润滑脂的使用性能。

(2) 发动机润滑油、车辆齿轮油和润滑脂的分类、牌号和规格。

 技能点

(1) 学会发动机润滑油、车辆齿轮油和润滑脂的合理选用及正确使用。

(2) 掌握润滑材料的检查和更换操作。

据统计，汽车零部件的主要失效形式是磨损，磨损型的故障约占汽车使用故障的 50%，其维修费用约占汽车使用费用总数的 25%。另外，汽车燃料的热能中约有 10.5%消耗在汽车的各种摩擦损失中。由此可见，降低摩擦损失、减少磨损、延长车辆使用寿命的重要措施和有效途径就是润滑。

汽车润滑材料主要包括发动机润滑油、汽车齿轮油和汽车润滑脂等。

4.1　发动机润滑油

发动机是汽车的动力装置，汽车在正常行驶过程中，发动机的零部件间产生相对运动，加之受载荷和温度的影响，都会引起零部件的磨损。为了减缓零部件的磨损、减少故障、延长发动机的使用寿命，最大限度地发挥发动机的应有功率，应正确选择和使用发动机润滑油。

发动机润滑油是由石油中的重油经精致加工，并加入各种添加剂制成的。发动机润滑油是汽车润滑材料中品种最多、用量最大，且性能要求较高和工作条件要求异常苛刻的一种油品。

4.1.1　发动机润滑油的作用及工作条件

1. 发动机润滑油的作用

发动机润滑油的主要作用是给发动机进行润滑、清洗、冷却、密封、防锈和减震。

(1) 润滑。润滑是发动机润滑油的主要作用。发动机在高速运动时，润滑油被发动机润滑系统送到各摩擦表面形成油膜，使金属间的干摩擦变成润滑油层间的液体摩擦，从而减轻机件间的磨损，保证机件正常运行。

(2) 清洗。发动机润滑油在循环过程中，能把附着在摩擦表面的金属磨屑、杂质、脏物等送到机油盘中沉淀或由滤清器滤除，使发动机机件表面保持清洁。

(3) 冷却。润滑油流过各个摩擦表面时，能降低摩擦表面生成的热量，使机件保持正常的工作温度。

(4) 密封。发动机润滑油工作时会填满活塞与缸壁间的间隙，形成油膜，起到良好的密封作用，防止气体泄露，从而保证了发动机正常输出功率。

(5) 防锈。润滑油能吸附在金属表面形成油膜，避免直接接触水及腐蚀介质和金属，防止或减少对金属的锈蚀。

(6) 减震。当机件受到冲击载荷时，载荷需通过机件间隙中的润滑油膜才能传递，由此起到缓冲和消振作用。

2. 发动机润滑油的工作条件

发动机润滑油是在高温、高压、高速以及润滑困难的恶劣条件下进行工作。由于润滑油极易变质，而变质会导致零件摩擦表面难以形成良好的油膜，最终导致零件因磨损而报废。

1) 高温、高压

发动机工作时，许多机件处于较高的温度，如活塞头部的温度为 205～300℃，汽缸上部的温度为 180～270℃，曲轴箱中温度为 85～95℃，而发动机的主轴瓦、连杆瓦、凸轮轴轴瓦等部位又必须在一定的压力下才能给予润滑。润滑油在这样的高温、高压下工作，极易氧化变质。

2) 高速

发动机正常工作时，润滑油在发动机内的循环次数为 100 次/h 以上。高速循环的润滑油膜很容易破坏，加速零部件的磨损。

3) 燃烧废气和燃料的侵蚀

发动机工作中，燃烧的废气和未完全燃烧的混合气，在汽缸密封不良时会穿入曲轴箱，这些气体冷凝后会形成水和酸性物质，稀释、腐蚀润滑油。

4) 杂质的污染

发动机运转中，空气中的尘埃、机件磨损产生的金属屑以及燃烧生成的积炭等都会进入润滑油，对润滑油造成严重污染。

4.1.2　发动机润滑油的主要使用性能

由于发动机润滑油的工作条件非常恶劣，为保证发动机正常润滑，发动机润滑油的主要使用性能应包括适当的黏度、良好的黏温性、较强的抗氧化安定性、良好的清净分散性、较好的抗腐蚀性和良好的抗磨性等。

1. 适当的黏度

黏度是指润滑油在外力作用下，当液体发生流动时分子间的内摩擦力。黏度是发动机润滑油的一项重要指标，是润滑油分类和使用的主要依据。对于汽车发动机来说，润滑油黏度大小直接影响润滑油发动机启动性能、机件磨损、燃料和油料消耗以及功率损失等。

润滑油黏度过小，不易在摩擦表面形成足够厚的油膜，机件就得不到正常的润滑，从而加剧机件的磨损；其次，还会导致密封不良，汽缸漏气，发动机功率下降，混合气穿入曲轴箱使油底壳内的润滑油变稀、变质，失去原有的性能。黏度小的润滑油的蒸发性能好，当润滑缸壁时润滑油就有可能参与燃烧，这样不仅增加了润滑油的消耗还会使发动机工作不稳。

润滑油黏度过大，消耗在润滑油之间的摩擦功率较大，造成发动机低温启动困难，不仅降低了发动机的有效功率，还增加了燃料的消耗。其次，油的流动性变差，润滑油循环速度减慢，单位时间内流过摩擦表面的油量减少，从而降低了润滑油的冷却和清洗效果。所以，要求润滑油的黏度要适当，以免带来不必要的故障。

表示润滑油黏度的方法主要有动力黏度、运动黏度和条件黏度，我国润滑油规格中采用动力黏度和运动黏度表示。发动机使用的润滑油，100℃运动黏度以 $100 \ \mathrm{mm^2/s}$ 左右为宜，黏度系数应在 90 以上。润滑油的黏度受温度影响很大，所以在选择润滑油黏度的品种时应考虑其工作环境温度。

2. 良好的黏温性

润滑油的黏度是随温度的变化而变化的，当温度升高时，润滑油的黏度变小；温度降低时，黏度变大。润滑油的黏度随温度变化而变化的特性即为润滑油的黏温性。润滑油的工作温度范围很宽，发动机冬季启动时曲轴箱及摩擦表面的油温与气温相近，当发动机长时间运行后活塞区油温可达 300℃ 左右。如果润滑油的黏温性差，即低温时黏度过大，而高温时黏度过小，会造成机件磨损和损坏。因此，为保证润滑油在高温和低温时都能保持适宜的黏度，要求润滑油必须具有良好的黏温性。

润滑油黏温性可以用黏度系数来表示，它是发动机润滑油的一项重要指标。黏度系数越大，表明黏度受温度影响越小，黏温性越好。

为了提高润滑油的黏温性，通常在低黏度润滑油中添加黏度系数改进剂(增稠剂)，使之能适应较宽温度范围的使用要求，这种油称为多级油。

3. 较强的抗氧化安定性

安定性是指润滑油在储存和使用过程中，抵抗氧化反应的能力。润滑油一旦和空气中的氧接触，就会发生氧化反应而引起润滑油变质，腐蚀零件或影响发动机正常工作。常温下润滑油的氧化速度比较慢，但在高温时，氧化速度明显加快，尤其是在曲轴强烈搅拌下，飞溅的油滴蒸发成油雾，增大了与氧接触的面积，在金属催化作用下使氧化反应非常激烈，并生成氧化物。氧化物不仅会使油的外观和理化性能发生变化(颜色变暗、黏度增加、酸度增大)，还会引起机件磨损，破坏发动机正常工作，加速润滑油的老化变质。因此，要求润滑油应具有良好的抗氧化能力，特别是在高温下的抗氧化能力。为减少润滑油的氧化变质，延长使用寿命，通常在润滑油中添加各种性能良好的抗氧化添加剂。

4. 良好的清净分散性

清净分散性是指发动机润滑油能抑制积炭、漆膜和油泥的生成或者清除已经生成的沉淀物的性能。

发动机在使用过程中，因受到废气、燃气、高温和金属催化作用，会生成各种氧化物。这些氧化物与金属磨屑等机械杂质混合在一起，会在油中形成胶状沉积物附在活塞、活塞环槽上，形成积炭和漆膜，或沉积下来形成油泥，堵塞油孔等，从而使发动机散热不良、机件磨损加剧、油耗增加和功率下降等。清净分散性能良好的润滑油能使这些氧化物浮在油中，通过发动机滤清器进行过滤，从而减少产生以上不良因素。因此，润滑油中通常加入清净分散剂，使润滑油具有良好的清净分散性。

5. 较好的抗腐蚀性

腐蚀性是指润滑油长期使用后对发动机机件的腐蚀程度。无论润滑油的品质多么高，在发动机高温、高压和有水分的工作条件下，也会逐渐老化。因此，润滑油中的抗氧化剂只能起到抑制、延缓油料的氧化过程，减少产生氧化物的作用，不能从根本上消除润滑油的老化问题。润滑油老化后会产生弱酸性物质，这些物质在高温、高压和有水分的条件下对金属起到腐蚀作用，特别是滑动轴承的耐腐蚀性较差，易被酸性物质腐蚀，产生麻点、凹坑、剥落等现象。为此可通过提高润滑油的提炼精度来减少酸值，或是在润滑油中添加防腐剂，使润滑油具有较好的抗腐蚀性。

此外，发动机润滑油还应有良好的抗磨性和抗起泡性等。

4.1.3　发动机润滑油的分类及规格

1. 发动机润滑油的分类

目前国际上发动机润滑油分类方法广泛采用的是美国汽车工程师协会(SAE)的黏度分类法和美国石油协会(API)的使用性能分类法两种。

1) SAE 黏度分类法

黏度分类法是根据所测定的黏度将润滑油分为冬季用油(W 级)和非冬季用油。冬季发动机润滑油的分类，规定采用在-18℃所测定的黏度来划分，共有 0W、5W、10W、15W、20W、25W 六个等级，数字越小，说明低温黏度越小，低温流动性越好，适应的温度越低。如 0W 适用于在-35℃地区使用，5W 适用于在-30℃地区使用，10W 适用于在-25℃地区使用，15W 适用于在-20℃地区使用，20W 适用于在-15℃地区使用，25W 适用于在-10℃地区使用。非冬季用油按 100℃时的运动黏度分级，共有 20、30、40、50 和 60 五个等级，数字越大，适用的最高温度越高。

另外，为增大润滑油对季节和气温的适应范围，国家标准还规定了多级油的黏度级号，如 5W/30、5W/40、10W/30、20W/40 等多级油，其分子表示低温黏度等级，分母表示 100℃时的运动黏度等级。多级油在油中添加了黏度系数改进剂，能同时满足某一 W 级油和非 W 级油的黏度要求，有较宽的温度使用范围。例如，5W/40 既符合 5W 级油黏度要求，又符合 40 级油黏度要求，在我国冬季均可使用。

2) API 使用性能分类法

使用性能分类法是根据使用场合和使用对象将润滑油分为汽油发动机润滑油(S 系列)和柴油发动机润滑油(C 系列)两类，每一系列又按油品特性和使用场合不同，分为若干等级。目前，汽油发动机润滑油系列分为 SA、SB、SC、SD、SE、SF、SG 和 SH 等级别，其中 SA、SB、SC 和 SD 级润滑油已经不再使用；柴油发动机润滑油系列分为 CA、CB、CC、CD、CD-Ⅱ、CE 和 CF-4 等级别，其中 CA 和 CB 级润滑油已不再使用。各类油品的级号越靠后，其使用性能越好，适用的机型越新，或者说适用的工作条件更加苛刻。发动机润滑油的级别、特性和使用场合见表 4-1。

表 4-1　发动机润滑油的级别、特性和使用场合

应用范围	级别代号	特性和使用场合
汽油发动机润滑油	SE	适合 1972 年以后生产的轿车和汽油机货车。抗氧化性、抗高温吸附性、抗锈抗腐蚀性都比 SD 好
	SF	适合 1980 年以后生产的轿车和汽油机货车。抗氧化性和抗磨性都比 SE 好
	SG	由发动机生产厂家推荐使用在 1989 年以后生产的汽油发动机轿车、轻型客车、轻型货车。它包含 CC 级的性能，抗吸附性、抗氧化性、耐磨性、抗腐抗锈性都比 SF 好
	SH	由发动机生产厂家推荐使用在 1993 年以后生产的汽油发动机车辆。拥有 SG 的最低性能，在抗吸附性、抗氧化性、耐磨性、抗腐抗锈性都比 SG 好。符合 DOD CID-A-A-52390 和 ILSAC GF-1 等发动机生产厂家要求的台架实验
	SJ	由发动机生产厂家推荐使用在 1996 年以后生产的汽油发动机车辆。具有与 SH 相同的抗吸附性、抗氧化性、耐磨性、抗腐抗锈性，增强了抗低温性、油分子耐蒸发性、高温耐泡沫性，尾气排放也有改善(轻微节约燃料)
	SL	适合 2002 年以后生产的车辆。能节约燃料，高温具有抑制吸附能力
	SM	适合 2004 年以后生产的车辆。性能比 SL 好，通过降低添加剂中的磷含量实现环保要求，抗氧化性、高温耐磨性、高温抑制吸附性和泵送性有所提高
柴油发动机润滑油	CC	适用于高负荷条件下运行的非增压及低增压柴油机，还包括一些重负荷汽油机。具有抑制高温沉积及轴承腐蚀的性能，也能抑制汽油机的低温沉积
	CD	用于使用各种质量燃料的高增压柴油机，包括高硫燃料非增压和增压柴油机。具有控制轴承腐蚀和高温沉积的性能，可取代 CC 级
	CD-Ⅱ	用于重负荷二冲程柴油机，具有优良的磨损和沉积控制性能，也适用于所有使用 CD 级油的汽车
	CE	适用于低速高负荷和高速高负荷条件操作的大功率、高增压柴油机，主要包括 1983 年以后生产的重负荷增压柴油机。改进了 CD 级油的油耗、油的增稠、活塞沉积
	CF	适用于间接喷射柴油机，对燃料的要求降低，如硫含量可以超过 1.5%。具有很强的控制磨损、沉积物和铜轴承腐蚀的能力。用于 1993 年以后制造的自然吸气涡轮增压式柴油机，也可满足使用 CD 级油的发动机

续表

应用范围	级别代号	特性和使用场合
柴油发动机润滑油	CF-2	用于要求高效控制汽缸磨损、活塞环积炭和沉积物的重负荷二冲程柴油机，以及使用 CD-Ⅱ级油和 CD 级油的发动机
	CF-4	用于高速四冲程柴油机。在油耗和活塞沉积物控制方面的性能优于 CE，可替代 CE。特别适合高速公路行驶的重负荷货车
	CG-2	用于二冲程大功率、重负荷的柴油机。节省燃料、排放低
	CG-4	用于高速公路行驶的大功率、重负荷增压直喷式柴油机，燃料宜用低硫、低芳烃柴油，对环保方面排放要求更严格。能更有效地防止发动机关键部件表面沉积物的形成

发动机润滑油腐蚀度测定法

直馏润滑油氧化安定性测定法

2. 发动机润滑油的规格

发动机润滑油的产品规格是由品种(使用等级)与牌号(黏度等级)两部分构成，每一特定品种都附有规定的牌号。国产发动机润滑油的品种与牌号见表 4-2，产品按统一的方法命名，例如，SD30 是指使用等级为 SD 级，黏度等级为 SAE30 的汽油发动机；SJ5W/40 为使用等级为 SJ 级，并且既符合 SAE5W 级油黏度要求，又符合 SAE40 级油黏度要求的多级汽油机油；SF/CD5W/30 则为多级汽油机/柴油机通用油，符合 SF 级汽油机油和 CD 级柴油机油使用性能，并且既符合 SAE5W 级油黏度要求，又符合 SAE40 级油黏度要求。

表 4-2　国产发动机润滑油的品种与牌号

品　种	黏　度　牌　号							
SC	5W/20	10W/30	15W/40	30	40			
SD(SD/CC)	5W/30	10W/30	15W/40	30	40			
SE(SE/CC)	5W/30	10W/30	15W/40	20/20W	30	40		
SF(SF/CC)	5W/30	10W/30	15W/40	30	40			
CC	5W/30	5W/40	10W/30	10W/40	15W/40	20W/40	30　40　50	
CD	5W/30	5W/40	10W/30	10W/40	15W/40	20W/40	30　40	

4.1.4　发动机润滑油的选用及使用注意事项

1. 发动机润滑油的选用

润滑油对发动机的使用性能和寿命都有很大影响，因此应严格按照汽车使用说明书中的规定，选用相同系列、使用等级、黏度等级的润滑油。汽车说明书推荐使用的润滑油是根据发动机的工作性能和销售地域的气温等情况而定的，对润滑油的选用有一定的指导作用，并留有较大的安全系数，同时也是发动机保用期内索赔的前提条件之一。若无汽车使用说明书可按下列方法，选用合适的润滑油规格。

1) 润滑油使用性能级别选择

汽油发动机润滑油的选择，主要考虑发动机的结构特点，同时根据汽车使用说明书和发动机的工作条件进行选择。汽油发动机的工作条件比较苛刻，其苛刻程度与发动机进、排气系统中有无附加装置及其类型有关，因此，可按附加装置的类型来选用汽油发动机润滑油的使用等级。没有附加装置的汽油发动机可选用 SD 级油；有曲轴箱强制通风(PVC)装置的汽油发动机可选用 SE 级油，如 CA1091 载货汽车发动机和吉普 BJ2020 等都要求使用 SE 级油；有废气再循环(EGR)系统的汽油发动机应选用 SF 级油，如改进型 492Q 发动机要求使用 SF 级油；装有废气催化转化器或中低档电喷燃油系统的汽油机，要选用 SG 级以上的机油，如桑塔纳 2000，富康、红旗系列电喷轿车；对于采用新型材料和新技术的中高档电喷汽油机则选用 SJ 级以上的机油，如奥迪 A4、奥迪 A6、别克、本田轿车以及进口中高档汽油机。

对于从欧洲国家和美国、日本进口的汽车可以根据生产年份大致区分汽油机润滑油的使用等级。如 1989—1993 年生产的用 SG 级油；1994—1996 年生产的用 SH 级油；1996—2001 年生产的用 SJ 级油；2001 年至今生产的用 SJ 或 SL 级油。这是因为汽车的生产年份越靠后，其性能改进越多，润滑油的工作条件通常要比早年生产的汽车的工作条件苛刻。

柴油发动机润滑油的选择，主要考虑发动机的强化程度。发动机的强化程度一般可采用强化系数来表示。强化系数越大，柴油机的热负荷和机械负荷越高，其润滑油的工作条件就越苛刻，所选润滑油的等级就越高。强化系数与柴油发动机润滑油使用等级之间的关系见表 4-3。

表 4-3　强化系数与柴油发动机润滑油使用等级之间的关系

发动机的强化系数	柴油机油使用等级	应 用 机 型
35～50	CC	玉柴，扬柴，朝柴 4102、4105、6102，锡柴，大柴 6110，日野 ZM400、五十铃 4BD1/4BG1 等
50～80	CD	康明斯、斯太尔、依维柯、索菲姆等增压柴油机
>80	CE 以上	用于在低速高负荷和高速高负荷条件下运行的低增压和增压式重负荷柴油机

2) 润滑油黏度级别的选择

发动机润滑油的黏度级别主要根据气温、工况和发动机润滑油的技术状况选用，同时还要满足低温启动性和高温润滑性。

黏度是评价发动机润滑油品质的一个重要指标，其值大小直接影响发动机润滑油的减磨、降温、清洁、除锈、防尘、吸收震动和密封等的作用。黏度越小，流动性越好，清洁、冷却效果也越好，但高温油膜易破坏，润滑效果较差；黏度越大，油膜厚度、密封等方面越好，但低温启动时上油较慢，易出现干摩擦或半流体摩擦，冷却、冲洗作用也较差。因此发动机润滑油黏度选用要适当，一般要遵循以下原则。

(1) 根据工作地区的环境温度、发动机负荷、转速，选用适宜黏度等级的发动机润滑油，以保证零件正常润滑。

(2) 尽量选用黏温特性好、黏度系数高的多级油。多级油使用温度范围比单级油宽，具有低温黏度油和高温黏度油的双重特性。如 5W/30 多级油同时具有 5W、30 两种单级油的特性，其使用温度区间由 5W 级油的−30～10℃和 30 级油的 0～40℃组合成−30～40℃。多级油与单级油相比，扩大了使用范围，不仅可以减少因气温变化带来更换发动机润滑油的麻烦，而且还会节约发动机润滑油。

我国南方夏季气温较高，对重负荷、长距离运输、工况恶劣的汽车应选用黏度较大的发动机润滑油；我国北方地区冬季气温低，应选用低黏度发动机润滑油，以保证发动机启动，减少零部件磨损。发动机润滑油黏度级别的选择，还与发动机润滑油的技术状况有关。新发动机应选择黏度系数较小的发动机润滑油，以保证在磨合期内正常磨合；磨损严重的发动机应选择黏度系数较大的发动机润滑油，以维持所需的机油压力，保证正常润滑。发动机润滑油的黏度要保证发动机低温易于启动，高温后又能维持足够黏度保证正常润滑。

从工况方面考虑，重载低速和高温下应选择黏度系数较大的发动机润滑油，轻载高速应选择黏度系数较小的发动机润滑油。发动机润滑油黏度级别选择可参考表 4-4。

表 4-4　常用发动机润滑油黏度等级与适用温度范围

黏度等级	适用温度/℃	黏度等级	适用温度/℃
5W/20	−30～20	20/40W	−15～40
5W/30	−30～30	10W	−25～−5
10W/30	−25～30	20	−10～30
10W/40	−25～40	30	0～30
15W/40	−20～40	40	10～50

2. 发动机润滑油的使用注意事项

(1) 应注意使用过程中润滑油的颜色和气味的变化。一旦发现颜色、气味以及性能指标有较大变化，应及时更换，不应教条地按照换油期限更换。

(2) 应保证油面的正常高度。正常油面高度应位于油尺满刻度标志与 1/2 刻度标志之间。油面过低，会使润滑油快速变质或因缺油而导致机件加速磨损甚至烧坏；油面过高，不仅会加大润滑油的消耗还会使润滑油窜入曲轴箱增加燃烧室内的积炭。

汽车发动机润滑油节能
添加剂试验评定方法

(3) 在更换发动机润滑油时一定要采用热机放油法。油温高润滑油容易放出，并且会使油中的悬浮物、油泥分散，易和旧润滑油一起排出。

(4) 汽油发动机润滑油和柴油发动机润滑油不能互相使用，只有在特殊标明的情况下可以通用。不同牌号发动机的润滑油不可混用，以免发生化学反应。

(5) 应保持空气滤清器和机油滤清器清洁，并及时更换滤芯，保持润滑油清洁。

(6) 选购润滑油时，应尽可能购买有影响、有知名度的正规厂家生产的发动机润滑油，要特别注意辨别真假，确保润滑油的品质。

(7) 使用等级较高的润滑油可以替代使用等级较低的润滑油，但使用等级低的润滑油绝不能替代使用等级高的润滑油，否则会导致发动机早期磨损。

4.2　车　辆　齿　轮　油

4.2.1　车辆齿轮油的工作条件与性能要求

车辆齿轮油是用于汽车、拖拉机和工程机械等车辆的变速器、驱动桥和齿轮传动机构的润滑油。它与发动机润滑油一样，具有润滑、防锈、密封、清洗、冷却和降噪的作用，但齿轮油的工作条件与润滑油不同。因此对车辆齿轮油的性能要求也有所不同。

1. 车辆齿轮油的工作条件

1) 承受压力大

齿轮在啮合过程中，啮合部分接触面积小，单位接触压力很高，一般汽车齿轮单位接触压力可达 2000～3000 MPa，而双曲线齿轮可达 3000～4000 MPa。因此，齿轮啮合部位的油膜极易破裂，导致摩擦和磨损，甚至引起擦伤和胶合。齿轮传动不仅有线接触，还有滑动接触，特别是双曲线齿轮，齿轮间的相对滑动速度较高，一般可达 8 m/s 左右，在高速大负荷条件下，会使油膜变薄甚至局部破裂，导致摩擦和磨损加剧。

2) 工作温度不高

齿轮油的工作温度要比发动机润滑油的工作温度低，其油温升高主要是由于传动机构摩擦产生的热量引起的，并随外界环境温度和行驶中外部空气冷却强度的变化而变化。齿轮油的工作温度一般不超过 100℃。现代轿车采用双曲线齿轮，因其轴线偏置量较大，在车速高时，齿轮齿面间的相对滑动速度也很高，会使油温达到 160～180℃。

2. 对车辆齿轮油的性能要求

根据车辆齿轮油的工作条件，对齿轮油的主要性能要求是：具有良好的极压抗磨性，适宜的黏度和良好的黏温性，以及良好的低温流动性、氧化安定性和抗泡沫性等。

4.2.2　车辆齿轮油的主要使用性能

1. 良好的极压抗磨性

极压抗磨性是指齿轮油在摩擦表面接触压力非常高的条件下，仍能保持有足够厚的油膜，防止摩擦表面产生烧结、胶合等损伤的性能。当汽车在重载荷下启动、爬坡或遇到冲击载荷时，齿面接触区中有相当部分处于边界润滑状态，因此要求齿轮油在较高的负荷下仍能保持有足够厚的油膜。齿轮油黏度的增加有利于提高承载能力和保持油膜的厚度，但黏度太大会增加摩擦损失。所以在车辆齿轮油中一般都加有极压抗磨添加剂，它能和金属零件表面发生化学反应，生成一种性能极强的保护油膜，同时还具有保护金属零件抗腐蚀的作用，以降低齿轮间的磨损并延长齿轮传动机构的使用寿命。

2. 适宜的黏度及良好的黏温性

黏度与黏温性也是齿轮油的重要使用性能之一。一般而言，高黏度的齿轮油可以有效防止齿轮和轴承损伤，减小机械运转噪声，防止出现漏油；低黏度的齿轮油可以提高传动效率，加强散热和清洗的作用。因此适宜的黏度应该既能保证发动机在低温不经预热便可以顺利启动，又能使齿轮和轴承得到良好的润滑。

齿轮油的黏度随温度的变化而变化，变化幅度越小，说明齿轮油的黏温性越好。通常，汽车传动机构温度变化较大，如汽车减速器在冬季启动时温度可能在 0℃以下，而工作温度却在 80~100℃之间，有时高达 150~170℃。若齿轮油的黏温性不好，启动时会由于黏度太大增加启动阻力，而当温度上升时，又使黏度下降而削弱了润滑性。因此，齿轮油应具有良好的黏温性。

3. 良好的低温流动性

低温流动性是指齿轮油在低温下或冬季仍能保持最佳流动性的能力。车辆启动时，齿轮油的温度与外界温度几乎保持一致，尤其是在温度较低或冬季启动时对齿轮油流动性的要求较高，所以齿轮油应具有良好的低温流动性。

4. 良好的氧化安定性

氧化安定性是指齿轮油在高温条件下抵抗氧化的能力。如果氧化安定性不好，就会增加齿轮油的黏度并降低齿轮油的流动性，还会生成油泥，使齿轮油早期变质。另外，氧化产生的腐蚀性物质，会加快金属零部件的腐蚀和磨损。在齿轮油中加入抗氧化添加剂是提高齿轮油氧化安定性的最佳途径。

5. 良好的抗泡沫性

抗泡沫性是指齿轮油在强烈搅动下，抵抗泡沫生成和及时消失的能力。如果齿轮油生成的泡沫能及时消除就不会影响齿轮传动机构正常工作；如果形成较多的泡沫并且不能及时消失，则会发生溢流或磨损等现象。因此齿轮油应具有良好的抗泡沫性能。

4.2.3　车辆齿轮油的分类及规格

1. 车辆齿轮油的分类

车辆齿轮油的分类方法依然采用的是美国汽车工程师协会(SAE)的黏度分类法和美国石油协会(API)的使用性能分类法两种。

1) SAE 黏度分类法

黏度分类法是根据车辆齿轮油的黏度达到 1.5×10^5 MPa·s 时的最高温度和 100℃时的运动黏度，将齿轮油分为 70W、75W、80W、85W、90、140 和 250 七种黏度牌号，见表 4-5。

表中凡带字母 W 的为冬季用齿轮油，是根据齿轮油黏度达到 1.5×10^5 MPa·s 时的最高温度划分的。低温黏度规定为超过 1.5×10^5 MPa·s，驱动桥双曲线齿轮和主减速器主动齿轮轴承的润滑条件会恶化，易发生损坏。不带字母 W 的为夏季用齿轮油，黏度等级根据 100℃ 时的运动黏度范围划分，见表 4-5。

表 4-5　车辆齿轮油的黏度分类

SAE 黏度牌号	黏度为 1.5×10^5 MPa·s 时的最高温度/℃	100℃时的运动黏度/(mm²/s)	
		最小	最大
70W	−55	4.1	—
75W	−40	4.1	—
80W	−26	7.0	—
85W	−12	11.0	—
90	—	13.5	小于 24.0
140	—	24.0	小于 41.0
250	—	41.0	

重负荷车辆齿轮油(GL-5)

车辆齿轮油分类

车辆齿轮油防锈性能的评定　L-33-1 法

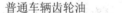
普通车辆齿轮油

车辆齿轮油热氧化安定性评定法　(L-60 法)

车辆齿轮油也有多级油，常见的多级齿轮油有 75W/90、80W/90、85W/90 和 85W/140 等黏度等级。例如，80W/90 表示这种油在冬季使用时相当于 80W，其−26℃表面黏度不大于 1.5×10^5 MPa·s；在夏季使用时相当于 90 号，其 100℃运动黏度控制在 13.5～24.0 mm²/s。由于多级齿轮油具有良好的低温启动性和高温润滑性，能够同时满足不同地区、不同季节温度下齿轮润滑的要求，因此大部分用户使用多级齿轮油。

2) API 使用性能分类法

使用性能分类法是根据齿轮的承载能力和使用条件不同，将齿轮油分为 GL-1、GL-2、GL-3、GL-4、GL-5 和 GL-6 六个等级，数字越大，代表齿轮油的承载能力越强，适应的工作条件也越苛刻，其适用范围见表 4-6。

表 4-6 车辆齿轮油的使用性能分类及其适用范围

分类级别	适用范围
GL-1	低齿面压力、低滑动速度下运行的汽车螺旋伞齿轮、蜗轮后轴和各种手动变速器。直馏矿油能满足该等级油的要求
GL-2	汽车蜗轮后轴,其负荷、温度及润滑速度的状况使用 GL-1 级齿轮油不能满足要求
GL-3	中等速度及负荷运转的汽车手动变速器和后桥螺旋伞齿轮规定用 GL-3 级齿轮油,其承载能力比 GL-2 高,比 GL-4 低
GL-4	在高速低转矩及低速高转矩下运行的轿车和其他车辆的各种齿轮,特别是准双曲线齿轮
GL-5	在高速冲击负荷、高速低转矩、低速高转矩条件下运行的轿车和其他车辆的各种齿轮,特别是准双曲线齿轮
GL-6	高速冲击负荷下运转的轿车和其他车辆的各种齿轮,特别是高偏置双曲线齿轮,偏置大于 5 cm 或接近大齿圈直径的 25%

2. 车辆齿轮油的规格

我国参照 API 分类法将车辆齿轮油分为普通车辆齿轮油、中等负荷车辆齿轮油和重负荷车辆齿轮油三个品种,分别相当于 APIGL-3、GL-4 和 GL-5。

1) 普通车辆齿轮油

普通车辆齿轮油由石油润滑油、合成润滑油及其混合组分为原料,并加入抗氧化剂、防锈剂、抗泡剂和少量的极压剂制成,适用于中等速度和负荷比较苛刻的手动变速器和螺旋锥齿轮的驱动桥。按石油化工行业标准 SH/T 0350—1992《普通车辆齿轮油》规定,普通车辆齿轮油有 80W/90、85W/90 和 90 三个黏度牌号。

2) 中等负荷车辆齿轮油

中等负荷车辆齿轮油是由精制矿物油加抗氧化剂、防锈剂、抗泡剂和极压剂等制成,适用于高速低转矩、低速高转矩条件下工作的各种齿轮和使用条件不太苛刻的双曲线齿轮。我国还没有制定中等负荷车辆齿轮油的国家标准,目前国产中等负荷车辆齿轮油采用的是中国石油化工总公司暂定的技术条件,有 75W、80W/90、85W/90、90 和 85W/140 五个黏度牌号。

3) 重负荷车辆齿轮油

重负荷车辆齿轮油是由精制矿物油加抗氧化剂、防锈剂、抗泡剂和极压剂等制成,与中等负荷车辆齿轮油相比,添加剂品种一样,但剂量要增加一倍。重负荷车辆齿轮油适用于高速冲击负荷、高速低转矩和低速高转矩条件下工作的各种齿轮,特别是客车和其他车辆的双曲线齿轮。按照国家标准 GB 13895—1992《重负荷车辆齿轮油 (GL-5)》规定,重负荷车辆齿轮油有 75W、80W/90、85W/90、85W/140、90 和 140 六个黏度牌号。

近年来,由于进口品牌的齿轮油在国内大量生产并销售,国内市场出售的齿轮油,基本上都使用国际标准的级别,即 SAE 黏度分级级别和 API 质量分级级别。按照国际标准选用齿轮油，可以保证汽车使用的要求。旧牌号国产齿轮油与 SAE 规格、API 规格齿轮油的对应关系及使用范围见表 4-7。

表 4-7　旧牌号国产齿轮油与 SAE 规格、API 规格齿轮油的对应关系及使用范围

国产齿轮油	使 用 范 围	相对应的 SAE 规格 (按黏度分类)	相对应的 API 规格 (按使用性能分类)
20 号普通齿轮油	冬季用于一般汽车的齿轮传动机构	SAE90	GL-2
30 号普通齿轮油	长江以南地区全年，长江以北地区夏季，用于一般汽车的齿轮传动机构	SAE140	GL-2
22 号渣油型双曲线齿轮油	冬季用于具有准双曲面齿轮传动机构的汽车	SAE90	GL-3
28 号渣油型双曲线齿轮油	夏季用于具有准双曲面齿轮传动机构的汽车	SAE140	GL-3
18 号馏分型双曲线齿轮油	用于气温在 -30～-10℃ 地区，具有准双曲面齿轮传动机构的汽车	SAE90	GL-4
26 号馏分型双曲线齿轮油	用于气温在 32℃ 以上地区，具有准双曲面齿轮传动机构的汽车	SAE140	GL-4
13 号馏分型双曲线齿轮油	用于气温在 -35～-10℃ 严寒地区，具有准双曲面齿轮传动机构的汽车	SAE85W	GL-5

重负荷车辆齿轮油(GL-5)换油指标　　　中负荷车辆齿轮油安全使用技术条件

4.2.4　车辆齿轮油的选用及使用注意事项

1. 车辆齿轮油的选用

车辆齿轮油主要根据汽车生产厂家的使用说明书要求来选择。如果没有使用说明书，可以按照工作条件选择品种，按照当地气温选择牌号，也可以根据齿轮传动机构的种类和承载能力及使用条件和工作温度来确定齿轮油的使用等级和黏度等级。

1) 使用性能等级的选择

使用性能等级根据齿轮工作条件的苛刻程度来选择。齿轮工作条件的苛刻程度是由齿

轮的类型及其工作时的负荷和运动速度决定的。比如中外合资生产的轿车、载货汽车和工程车辆驱动桥中的双曲线齿轮，其齿轮的接触压力可达 3000 MPa 以上，相对运动速度可达 10 m/s，齿轮油的温度可高达 120～130℃，在高负荷下运转时主要靠齿轮油内的极压抗磨剂的作用来减小磨损。所以双曲线齿轮或其他工作条件苛刻的齿轮，必须使用重负荷的齿轮油(GL-5)。

由于车辆变速器的负荷一般较轻，转速又比较快，所以很容易形成良好的油膜给予润滑以降低磨损。因此普通的齿轮油就能够满足其润滑的要求。但为了简便省工，并在性能级别要求相差不大的情况下，通常传动机构的齿轮传动部分和变速器可以使用同一种润滑油。有的车辆要求驱动桥使用中、重负荷齿轮油，而变速器则要求使用普通齿轮油即可。

2) 黏度等级的选择

黏度等级主要根据当地季节气温和齿轮油温度来选择。

车辆齿轮油应具有良好的黏温性，既能保证在低温下顺利启动，还必须保证在高温时能形成良好的油膜。车辆齿轮油的黏度达到 150 000 mPa·s 时的最高温度，决定其适用的最低温度。黏度为 75W、80W 和 85W 的齿轮油牌号适用的最低温度分别为 -40℃、-26℃和 -12℃。

通常，我国长江流域及冬季气温不低于 -10℃的地区，全年可使用 90 号的齿轮油；长江以北及冬季气温不低于 -12℃的地区，一般车辆全年可使用 85W/90 号的齿轮油，负荷特别重的车辆，可全年使用 85W/140 号的齿轮油；长城以北及冬季气温不低于 -26℃的寒冷地区，可以全年使用 80W/90 号的齿轮油；冬季最低温度在 -26℃以下的严寒地区，冬季应使用 75W 号的齿轮油，而夏季应换用 90 号的齿轮油。在我国北方地区，可以选用四季通用的多级齿轮油。车辆齿轮油适用的环境温度及地域见表4-8。

表 4-8　车辆齿轮油适用的环境温度及地域

黏度级别	适用环境温度/℃	适 用 地 域
75W/90	-40～30	尤其适用于特寒区冬季使用，与合成油类机油及防冻液配合使用效果更佳
80W/90 80W/140	-26～40 -26～50	华东、华北、华中、华南地区冬夏通用
85W/90 85W/140	-12～40 -12～50	华东、华北、华中地区冬夏通用，华南、西南地区冬季使用
90、140	-5～50	全国各地夏季通用，华南地区冬季可用

车辆齿轮油成沟点测定法

普通车辆齿轮油换油指标

2. 车辆齿轮油的使用注意事项

使用车辆齿轮油时应注意以下事项：

(1) 使用齿轮油时，不能将使用等级较低的齿轮油用在要求较高的车辆上，如将普通齿轮油加在准双曲面齿轮驱动桥中，会加快齿轮的磨损和损坏。使用等级较高的齿轮油可以用在要求较低的车辆上，但会增加成本。

(2) 在保证润滑的条件下，尽量使用黏度合适的齿轮油。如果使用黏度较高的齿轮油，会使燃料消耗明显增加，应尽可能使用合适的多级齿轮油。

(3) 齿轮油在使用过程中，应按使用说明书的规定及时更换。一般汽车每行驶 $4 \times 10^4 \sim 5 \times 10^4$ km 后，结合定期维护予以换油。更换齿轮油时，应趁热放出旧的齿轮油，并将齿轮及齿轮箱清洗干净后再加入新的齿轮油，同时将换下的废油集中处理，以免污染环境。

(4) 等级不同的齿轮油不能混合使用，即使是同类、同级别牌号的齿轮油也不能混合使用，否则会降低齿轮油的使用效果。

(5) 齿轮箱的油面要适当，既不可过高也不可过低。加注齿轮油时油面应与加油口下缘平齐。还应经常检查各齿轮箱是否有漏油，并保持油面干净，不能混入杂质等。

4.3　汽车润滑脂

润滑脂又称黄油，是一种稠化了的润滑油。润滑脂常温下呈黏稠的半固体油膏状态，颜色一般为深黄色，具有许多优良的性能，是汽车不可缺少的润滑材料。

4.3.1　润滑脂的特点及其组成

1. 润滑脂的优点

润滑脂具有以下优点：

(1) 在金属零件表面具有良好的黏附性能，不易流失，在不容易密封的部位使用，可以简化润滑系统的结构。

(2) 使用周期长，不需要经常添加，可以减少维护工作量，降低维护费用。

(3) 具有较强的承压抗磨性能，在高负荷和冲击负荷下，仍能保持良好的润滑能力。

(4) 具有较好的密封作用和对金属部件的防腐蚀能力。

(5) 适用温度范围广，工作条件也较宽，所以在汽车或各种机械上不宜用液体润滑剂的部位，如轴承、传动轴花键、发电机、水泵和离合器轴承等均可使用润滑脂。

2. 润滑脂的缺点

润滑脂的主要缺点是黏性大，流动性差，运动时阻力大，功率损失也较大，冷却和清洗作用差，尤其杂质混入后不易清除，所以润滑脂在使用范围上受到一定的限制。

3. 润滑脂的组成

润滑脂主要由基础油、稠化剂、添加剂和填料四部分组成。一般润滑脂中基础油占 80%～90%，稠化剂占 10%～20%，其余为添加剂和填料。

1) 基础油

基础油是润滑脂中起润滑作用的主要成分，它对润滑脂的使用性能有较大的影响。润滑脂一般都使用精制的矿物润滑油馏分或采用中等黏度和高黏度的润滑油作为基础油。为能满足机械设备在苛刻工作条件下的润滑和密封的需要，通常采用合成润滑油(酯类油、硅油等)作为基础油。

2) 稠化剂

稠化剂也是润滑脂的重要组成部分，它的性质和含量决定了润滑脂的黏稠程度以及抗水性和耐热性。稠化剂可分为皂基稠化剂和非皂基稠化剂，90%的润滑脂都采用皂基稠化剂。皂基稠化剂是用动、植物油或脂肪酸与氢氧化物反应制成，常用的有钙皂、钠皂和锂皂等。

3) 添加剂和填料

添加剂是润滑脂所特有的，又称胶溶剂。常用的添加剂有甘油和水，它能使油皂结合得更加稳定。钙基润滑脂中一旦失去水，其结构就会被完全破坏，不能成脂，而甘油在钠基润滑脂中可以调节脂的稠度。另一种添加剂，如抗氧剂、抗磨剂和防锈剂等，和润滑油中的一样，但其用量一般较润滑油中的多。为了进一步提高润滑脂的润滑能力还可以加入石墨、二硫化钼和炭黑等固体润滑剂作为填料。

4.3.2　润滑脂的主要使用性能

润滑脂的使用范围很广，工作条件差别也很大，因此不同车辆或机械设备对润滑脂使用性能的要求也有所不同。根据车辆或机械设备的工作条件，对润滑脂使用性能的基本要求是适当的稠度以及良好的高温性能、低温性能、抗磨性、抗水性、防腐蚀性和安定性等。

1. 稠度

稠度是指润滑脂的浓稠程度。适当的稠度可使润滑脂更容易加注并保持在摩擦表面上，保持持久的润滑和密封作用。稠度可以用锥入度来表示。锥入度是指在规定的时间和温度条件下，以规定质量的标准锥体刺入润滑脂试样的深度，以 0.1 mm 为单位。测定时，在 25℃条件下，将锥体组合件从锥入度计上释放，当锥体下落 5 s 时，测定其刺入的深度。

锥入度反映润滑脂在低剪切速率下变形和流动阻力的性能。锥入度越大，润滑脂越软，即稠度越小，越容易变形和流动；锥入度越小，润滑脂越硬，即稠度越大，越不容易变形和流动。我国用锥入度划分润滑脂的稠度牌号，是润滑脂选用的重要依据。润滑脂的稠度等级和相应的锥入度范围见表 4-9。

表 4-9　润滑脂的稠度等级和相应的锥入度范围

稠 度 等 级	000	00	0	1	2	3	4	5	6
锥入度(25℃)/0.1 mm	445～475	400～430	355～385	310～340	265～295	220～250	175～205	130～160	85～115

　　高温润滑脂　　　　　　汽车通用锂基润滑脂　　　高速条件下汽车轮毂轴承润滑脂漏失量测定法

通用润滑油基础油　　　　润滑脂相似黏度测定法　　　润滑脂贮存安定性试验法

2. 高温性能

高温性能是指润滑脂在较高使用温度条件下，仍能保持其附着性，并具有抵抗氧化变质的能力。温度对润滑脂的流动性有很大影响，温度升高，润滑脂变软，黏附在摩擦表面上的润滑脂会自动流失而失去润滑作用。高温下还会使润滑脂的蒸发损失增大，氧化变质和凝缩分油现象加重等。润滑脂的高温性能可用滴点、蒸发损失和漏失量等性能指标来评定。

3. 低温性能

低温性能是指在低温条件下，仍能保持良好润滑能力的性能。车辆或工程机械设备在启动时润滑脂的温度几乎和外界环境温度相等，由于环境温度较低其黏度会较大，所以要求润滑脂在寒冷地区或冬季使用时仍然能保持良好的润滑性能。润滑性能主要取决于润滑脂的相似黏度及黏温性能。相似黏度是指在一定的温度和一定的剪切速率下所测得的黏度。相似黏度的高低对启动阻力、功率损失以及润滑脂进入摩擦面间隙的难易程度都有影响，因此润滑脂的相似黏度是评定润滑脂低温性能的重要依据。

4. 抗磨性

抗磨性是指润滑脂通过保持在运动部件表面间的油膜来防止摩擦的能力。润滑脂与润滑油的抗磨性几乎是一样的。润滑脂的稠化剂本身就是油性剂，因此润滑脂的抗磨性能通常比基础油好。为了使润滑脂具有更好的润滑性能，通常在润滑脂中添加二硫化钼等减磨剂和极压剂，使其在较为苛刻的润滑条件下比普通润滑油的润滑效果更好，这种润滑脂称为极压型润滑脂。

5. 抗水性

抗水性是指润滑脂遇水后不改变其结构和稠度的能力。抗水性差的润滑脂遇水后稠度下降，甚至造成乳化而流失。汽车在雨天和涉水行驶时，底盘各摩擦点可能与水接触，所以要求润滑脂应具有良好的抗水性能。润滑脂抗水性采用《润滑脂抗水淋性能测定法》(SH/T 0109—2004)测定。抗水淋性能测定法是在规定条件下，将已知量的润滑脂加入试验机的轴承中，在运转时受水喷淋，根据实验前后轴承中润滑脂的重量差值，得出因受水喷淋而损失的润滑脂量。

6. 防腐蚀性

防腐蚀性是指润滑脂抵抗与其相接触的金属被腐蚀的能力。润滑脂本身如果含有过量的游离酸、碱或活性硫化物，或在储存、使用过程中因氧化产生的有机酸，都有可能腐蚀金属，因此润滑脂中不能含有过量的游离酸、水、碱等。

7. 氧化安定性

氧化安定性是指润滑脂在储存和使用过程中抵抗因氧化而变质的能力。润滑脂中的基础油和稠化剂与空气接触时，都会不同程度地被氧化，使其酸值增加，稠度变软，易腐蚀金属，缩短寿命。因此通常在润滑脂中加入抗氧化添加剂，以提高润滑脂的抗氧化能力。

4.3.3 润滑脂的分类、品种与规格

1. 润滑脂的分类

润滑脂按基础油分为矿物油脂和合成油脂；按用途分为抗磨润滑脂、防护润滑脂、密封润滑脂，按特性分为高温润滑脂、耐寒润滑脂、极压润滑脂，按稠化剂的类别分为皂基润滑脂和非皂基润滑脂。皂基润滑脂又分为单皂基润滑脂(如钠基、锂基、钙基润滑脂等)、混合皂基润滑脂(如钙钠基润滑脂)和复合基润滑脂(如复合钙、复合锂、复合铝基润滑脂等)，非皂基润滑脂可分为烃基润滑脂、无机润滑脂、有机润滑脂等。

2. 润滑脂的品种与规格

汽车常用润滑脂有钙基润滑脂、钠基润滑脂、汽车通用锂基润滑脂等品种。

1) 钙基润滑脂

钙基润滑脂是由动、植物脂肪与石灰制成的钙皂稠化矿物润滑油，并以水作为胶溶剂。钙基润滑脂按锥入度分为 1、2、3、4 等四个牌号，牌号数越大，脂越硬，滴点也越高。钙基润滑脂的特点是不溶于水，抗水性较强，且润滑、防护性能较好，但其耐热性较差，在高温、高速部位润滑时易造成油皂分离，所以钙基润滑脂最高使用温度一般不高于 60℃，且使用寿命较短。

钙基润滑脂在汽车上主要用于底盘的摩擦部位以及水泵轴承、分电器凸轮、变速器前球轴承、底盘拉杆球节的部位。钙基润滑脂的规格见表 4-10。

表 4-10 钙基润滑脂规格

项　　目	质　量　指　标				试验方法
	1 号	2 号	3 号	4 号	
外观	淡黄色至暗褐色均匀油膏				目测
工作锥入度/0.1 mm	310～340	265～295	220～250	175～205	GB 269
滴点/℃	＞80	＞85	＞90	＞95	GB 4929
腐蚀(T2 铜片，24 h)	铜片上没有绿色或黑色变化				GB 7326
水分/%	≤1.5	≤2.0	≤2.5	≤3.0	GB 512
灰分/%	≤3.0	≤3.5	≤4.0	≤4.5	SY 2703
钢网分油量(60℃，24 h)/%	—	≤12	≤8	≤6	SY 2729
延长工作锥入度，一万次与工作锥入度差值/0.1 mm	—	≤30	≤35	≤40	GB 269
水淋流失量(38℃，1 h)/%		≤10	≤10	≤10	SY 2718
矿物油黏度(40℃)/(mm²/s)	28.8～74.8				GB 265

复合磺酸钙基润滑脂　　　石墨钙基润滑脂　　　　钡基润滑脂　　　　膨润土润滑脂

2) 钠基润滑脂

钠基润滑脂是以动、植物脂肪加烧碱制成的纳皂稠化矿物润滑油，外观为深黄色至暗褐色的纤维状均匀油膏，按锥入度有 2 号和 3 号两个牌号。钠基润滑脂的特点是滴点很高(可达 160℃)，耐热性好，可在 120℃ 下较长时间工作，并有较好的承压抗磨性能，可适应较大的负荷；但它的耐水性很差，遇水易乳化变质。因此不能用于潮湿和易于与水接触的摩擦部位，适合用于离发动机很近、温度较高的风扇离合器等部位。钠基润滑脂的规格见表 4-11。

表 4-11　钠基润滑脂规格

项　　目	质　量　指　标		试验方法
	2 号	3 号	
滴点不低于/℃	>160	>160	GB 4929
锥入度/0.1 mm 　　工作 　　延长工作(10 万次)	265～295 ≤375	220～250 ≤375	GB 269
腐蚀试验(T2 铜片，室温，24 h)	铜片无绿色或黑色变化		GB 7326 乙法
蒸发量(99℃，22 h)/%(m/m)	2.0	2.0	GB 7325

3) 汽车通用锂基润滑脂

汽车通用锂基润滑脂是由天然脂肪酸锂皂稠化低凝点润滑油，并加入抗氧剂、防锈剂制成。稠度牌号为 2 号，滴点达 180℃，具有良好的胶体安定性、氧化安定性、防锈性和抗水性，适用于 -30～120℃ 下汽车轮毂轴承、底盘、水泵和发电机等各摩擦部位润滑。进口车辆和国产新车普遍推荐使用这种润滑脂，其规格见表 4-12。

表 4-12　锂基润滑脂规格

项　　目	质量指标	试验方式
锥入度(25℃，60 次)/0.1 mm	265～295	GB 269
滴点/℃	≥180	GB 4929
钢网分油(100℃，30 h)/%	<5	SY 2729
相对黏度(-20℃，$D = 10 \text{ s}^{-1}$)/(Pa · s)(P)	<1500(15000)	SY 2720
游离碱/(NaOH)%	<0.15	SY 2707
腐蚀(100℃，3 h，紫铜片)	合格	SY 2710
蒸发量(100℃，22 h)/%	<2.0	GB/T 7325

项　目	质量指标	试验方式
漏失量(104℃，6 h)/g	<5.0	SH/T 0326
抗水性(加水 10%，10 万次工作锥入度)	<375	GB 269
剪切安定性(10 万次工作与 60 次工作锥入度差值)/0.1 mm	50	GB 269
氧化安定性(100℃，0.8 MPa，100 h)	<0.3	SY 2715
防腐蚀性(52℃，48 h，相对湿度 100%)	1 级	GB 5018

铝基润滑脂　　　　　　　　复合铝基润滑脂

汽车常用润滑脂还有极压锂基润滑脂和石墨钙基润滑脂等。极压锂基润滑脂适用于高负荷齿轮和轴承的润滑，高性能的进口轿车推荐使用这种润滑脂。石墨钙基润滑脂具有良好的抗水性和抗压性，适用于汽车钢板弹簧、半挂车转盘等承压部位的润滑。

常见润滑脂的性能比较见表 4-13。

表 4-13　常见润滑脂的性能比较

润滑脂	耐热性	机械安定性	抗水性	防锈性	极压性	使用寿命	最高使用温度/℃	价格
钙基脂	差	—	好	—	—	—	65	低
钠基脂	一般	—	极差	一般	—	—	80	低
铝基脂	差	—	差	好	—	—	50	低
通用锂基脂	好	—	好	好	—	—	120	适中
极压锂基脂	好	—	好	好	好	—	120	适中
二硫化钼极压锂基脂	好	—	好	好	好	—	120	适中
膨润土润滑脂	好	—	好	差	—	—	130	较高
复合钙基脂	好	—	好	好	—	—	130	较高
极压复合锂基脂	好	好	好	好	好	—	160	较高
聚脲脂	好	好	好	好	好	长	—	高

4.3.4　润滑脂的选用及使用注意事项

1. 润滑脂的选用

润滑脂主要根据车辆或机械设备使用说明书的规定选择，选用与用脂部位操作条件相适应的润滑脂品种和稠度牌号。在没有使用说明书的条件下，可根据工作温度、运动转速、承载负荷和工作环境等条件来选择。

1) 工作温度

润滑部位温度的高低对润滑脂的使用效果和使用寿命影响很大，一般轴承温度每升高 10～15℃，润滑脂的使用寿命缩短 1/2。若对润滑脂影响最大的是工作温度，就应选用合适滴点的润滑脂。温度高的部位一定要选用抗氧化安定性好、热蒸发损失少、滴点高、分油量少的润滑脂；温度较低的部位，一定要选用低温启动性能好、相对黏度小的润滑脂。例如水泵轴承、离合器分离轴承、轮毂轴承、发电机轴承等均可选用复合钙基润滑脂。

2) 运动速度

若对润滑脂影响最大的是运动速度，就应该选用合适的黏度指标。速度越高，选用的黏度越大；反之应选用低黏度的润滑脂。

3) 承载负荷

对重负荷机械，应选用稠度大的润滑脂。若承载负荷对润滑脂的影响最大，就应选用锥入度指标合适的润滑脂。承载负荷较大、速度较低的摩擦件选用锥入度较小的润滑脂；承载负荷较小的摩擦件，选用锥入度较大的润滑脂。

4) 工作环境

选用润滑脂时还应考虑润滑部位的湿度、灰尘、腐蚀性等因素，特殊环境选用特殊性能的润滑脂。若润滑部位直接与水接触，就应选用耐水性强的润滑脂，如汽车钢板弹簧可选用石墨钙基润滑脂。传动轴中间支承轴承和十字轴承的工作温度虽不高，但容易与水接触，应选用钙钠基润滑脂和汽车通用锂基润滑脂。

2. 润滑脂的使用注意事项

(1) 润滑脂的选用要合理，避免造成浪费。轮毂轴承是主要用润滑脂的部位，南方地区可四季通用 2 号润滑脂；北方地区冬季可使用 1 号润滑脂，夏季可使用 2 号润滑脂。但不少用户习惯常年使用 3 号润滑脂，该润滑脂稠度较大，会增加轮毂轴承的传动阻力。试验表明，用 2 号润滑脂比用 3 号润滑脂节能，3 号润滑脂只适合在热带重载负荷车辆上使用。

(2) 润滑脂的填充量要适当。润滑脂填充量大，工作时搅动阻力大，造成轴承温升高，燃料消耗量也相应增加。因此更换轮毂轴承润滑脂时，只要在轴承的滚珠(或滚柱)之间塞满润滑脂，而轮毂内腔采用“空毂润滑”，即在轮毂内腔仅薄薄地涂上一层润滑脂，起防锈作用即可，这样既利于散热，又可节约润滑脂。电动机轴承在添加润滑脂时，一般只添加 1/2 或 1/3 即可，如果添加过多，会增加摩擦阻力，使轴承易发热，导致电量消耗过大。

(3) 钙基润滑脂的耐热性较差，因为它是以水为稳定剂的钙皂水化物，温度在 100℃左右便开始水解，当超过 100℃时便丧失润滑脂的作用。所以在使用时不要超过规定温度，以免失水并破坏结构而引起油皂分离，失去润滑作用。

(4) 要保持润滑脂的清洁性。润滑脂混入杂质后不易清除，所以在储存和使用过程中要尽量避免灰尘、水分等杂质混入。在加注润滑脂时必须保证场所干燥清洁，尽可能减少与空气的接触。

(5) 润滑脂不能混合使用，否则会破坏原有结构而失去润滑作用。钙基润滑脂要避免放在阳光直射处，最好放在阴凉干燥的地方。

综合训练题

一、选择题

1. (　　)不是车用润滑材料。
A. 发动机润滑油 　　　　　　　 B. 车辆齿轮油
C. 汽车润滑脂 　　　　　　　　 D. 汽油
2. 国产重负荷车辆齿轮油相当于 API 使用分类中(　　)级齿轮油。
A. GL-2 　　　　 B. GL-3 　　　　 C. GL-4 　　　　 D. GL-5
3. 润滑脂的稠度通常用(　　)表示。
A. 滴点 　　　 B. 锥入度 　　　 C. 黏度 　　　 D. 水分
4. 现代汽车普遍推荐使用(　　)润滑脂。
A. 钙基 　　　　 B. 钠基 　　　　 C. 钙钠基 　　　 D. 汽车通用锂基

二、填空题

1. 发动机润滑油的主要作用就是给发动机进行＿＿＿＿、＿＿＿＿、＿＿＿＿、＿＿＿＿、防锈和减震。

2. 发动机润滑油的主要使用性能包括适当的＿＿＿＿、良好的＿＿＿＿、较强的＿＿＿＿、良好的＿＿＿＿、较好的抗腐蚀性和良好的抗磨性等。

3. 按 SAE 黏度分类法将润滑油分为冬季用油和非冬季用油。冬季发动机润滑油共有0W、5W、10W、15W、20W、25W 六个等级，其数字越小，说明其低温黏度越＿＿＿＿，低温流动性越＿＿＿＿，适应的温度越＿＿＿＿。非冬季用油共有 20、30、40、50 和 60 五个等级，其数字越大，适用的最高温度越＿＿＿＿。

4. 按 API 使用性能分类法将齿轮油分为 GL-1、GL-2、GL-3、GL-4、GL-5 和 GL-6 六个等级，级别中的数字越大，代表齿轮油的承载能力越＿＿＿＿，适应的工作条件也就越苛刻。

5. 润滑脂的稠度可以用＿＿＿＿来表示。＿＿＿＿越大，润滑脂越软，即稠度越小，越容易变形和流动。

6. 汽车钢板弹簧适合选用＿＿＿＿润滑脂进行润滑。

三、简答题

1. 发动机润滑油如何选用？
2. 车辆齿轮油应具备哪些使用性能？如何选用车辆齿轮油？
3. 比较钙基润滑脂、钠基润滑脂和汽车通用锂基润滑脂在使用性能上的差别。
4. 使用发动机润滑油、车辆齿轮油和润滑脂时应注意哪些事项？

第 5 章　汽车用工作液

知识点

(1) 汽车制动液、防冻液和液力传动油的使用性能。
(2) 汽车制动液、防冻液和液力传动油的分类、牌号和规格。

技能点

(1) 能合理选用汽车制动液、防冻液和液力传动油。
(2) 能正确使用和检查汽车制动液、防冻液和液力传动油以及更换操作。

汽车工作液是指汽车正常工作中所使用的液态工作介质。汽车工作液在汽车发动机、制动系统、传动系统以及悬架系统中得到广泛应用，它对汽车的动力性、安全性、行驶平顺性以及发动机排放性都有直接影响，因此需要合理选择和正确使用。

汽车工作液主要包括汽车制动液、汽车防冻液、液力传动油、减震器油和液压油等。

5.1　汽车制动液

制动液又称刹车油或刹车液，是车辆液压制动系统中传递压力的工作介质。当踩刹车时，从脚踏板传力至刹车总泵的活塞，再通过制动液传递能量到车轮各分泵，使摩擦片张开，达到停车的目的。汽车制动液的质量直接影响汽车的行驶安全，使用质量低劣的制动液，会发生高温气阻，低温制动迟缓等故障，导致车辆制动失灵而引起交通事故。

5.1.1　汽车制动液的性能要求

为保证汽车在严寒、酷暑的气温条件和高速、重负荷、大功率及频繁刹车的条件下，有效、可靠地使汽车刹车灵活，确保行车安全，要求汽车制动液具有良好的高温抗气阻性、低温流动性和黏温性、与橡胶的配伍性、抗腐蚀性、溶水性和抗氧化性等。

1. 高温抗气阻性

高温抗气阻性是指制动液在高温时抵抗气阻产生的能力。车辆在行驶时由于经常频繁制动，在制动过程中由于摩擦而产生的热会使制动液的温度显著升高，有时可达 150℃以上。如果制动液的沸点低，则会在高温作用下蒸发成蒸气，使制动系统产生气阻，从而导致制动失灵。为保证车辆行车安全可靠，要求制动液必须具有较高的沸点。

2. 低温流动性和黏温性

制动液的工作温度很宽，冬季接近最低气温，而在制动时由于摩擦发热可使制动系统工作温度高达 70～90℃，有时高达 150℃。为保证制动液在低温下制动油缸活塞能随踏板灵活移动，在高温时又有适宜的黏度，不影响油缸的润滑和密封，要求制动液有良好的低温流动性和黏温性。为此，在制动液的使用技术条件中规定了各级制动液在 −40℃ 和 100℃ 时的运动黏度。

3. 良好的与橡胶配伍性

与橡胶配伍性是指制动液对橡胶零件不会造成显著的溶胀、软化或硬化等不良影响的现象。在汽车制动系统中采用了许多橡胶零部件，如皮碗、油管和油封等，这些橡胶零部件经常泡在制动液中，如果制动液对这些橡胶制品有溶胀作用，则其体积和质量就会发生变化，出现渗漏、制动压力下降，严重时会导致制动失灵。因此要求制动液与橡胶有良好的配伍性。

制动液与橡胶配伍性是通过皮碗试验测定的。测试时要求温度在 120℃ 下经过 70 h 和温度在 70℃ 下经过 120 h 的浸泡后，取出皮碗，观察皮碗外观无发黏、无鼓泡、不析出黑炭，皮碗根径增值能控制在规定范围内。

4. 抗腐蚀性

抗腐蚀性是指制动液对金属零部件不产生腐蚀的能力。制动系统中传动机构多数采用铸铁、铜、铝等金属制成，长期与制动液接触，极易产生腐蚀，使制动失灵。为减少对金属的腐蚀，在制动液使用技术条件中要求制动液能通过金属腐蚀试验。其方法是将镀锡铁皮、铸铁、黄铜、纯铜、钢和铝等金属片，置于温度在 100℃ 的制动液中浸泡 120 h 后，观察其质量变化，要求不超过各自的规定值。

5. 溶水性

溶水性是指制动液吸水后还能与水相溶，不产生分离和沉淀。车辆在频繁制动时制动液难免会与空气接触，空气中的水分就会被制动液所吸收，如果水分不能被制动液溶解，就会对金属零部件产生一定的腐蚀；另外，水分还会随工作温度的变化而变化，在较低的温度下会结冰，在高温下会蒸发形成蒸气从而导致制动性能差，所以要求制动液能将水分给予溶解。

6. 抗氧化性

制动液在常温下是比较稳定的，但在受高温和金属催化等因素影响时，会使其氧化而变质，所以要求制动液应具有良好的抗氧化性能。抗氧化性能决定制动液在储存和使用的过程中是否容易因氧化而变质，抗氧化性能越好，制动液越不容易变质，储存和使用期就会越长。

5.1.2 汽车制动液的分类及规格

1. 汽车制动液的分类

根据制动液的组成和特性不同，可将制动液分为醇型、矿油型和合成型制动液三类，其中合成型制动液是目前使用的主要品种。

1) 醇型制动液

醇型制动液是由低碳醇类和蓖麻油按同等比例调和，经过沉淀和过滤制成的制动液。它的价格虽低廉，但由于其高低温性能均较差，容易分层，易发生交通事故，为此我国自1990 年 5 月起就已淘汰此品种。

2) 矿油型制动液

矿油型制动液是以精制轻柴油馏分为原料，加入稠化剂和其他多种添加剂调和而成。其特点是工作温度范围广，一般在 -50～150℃，具有良好的润滑性，对金属无腐蚀作用，但其与水混合后易产生气阻，对天然橡胶有溶胀作用。因此必须使用耐油橡胶密封件，以免导致制动失灵。此品种在我国也未推广使用。

3) 合成型制动液

合成型制动液是由基础液、润滑剂和添加剂组成，工作温度范围广，黏温性好，对橡胶和金属的腐蚀作用均很小，适用于高转速、大功率、重负荷和制动频繁的车辆，是目前使用最多、最广的一种制动液。按合成型制动液的基础液不同，常用的有醇醚制动液、酯制动液和硅油制动液三种。

(1) 醇醚制动液。醇醚制动液的基础液主要有乙二醚类、甘醇醚类化合物或聚醚等；常用的润滑剂有聚乙二醇、聚丙二醇、环氧乙烷和环氧丙烷共聚物等，润滑剂约占其总量的 20%；添加剂主要有抗氧化剂、抗腐蚀剂、抗橡胶溶胀剂和 pH 值调整剂等。醇醚型制动液平衡回流沸点较高、性能稳定、成本低，是目前用量最大的一种制动液，其缺点是吸湿性强、湿沸点较低。

(2) 酯制动液。酯制动液是为克服醇醚型制动液吸湿性强的缺点而生产的一种制动液，其基础液通常采用乙二醇醚酯、乙二醇酯或硼酸酯等。酯制动液能保持醇醚的高沸点，同时吸湿性小或基本不吸湿，适合在湿热环境下使用。

(3) 硅油制动液。硅油制动液的高温稳定性、氧化安定性、高低温润滑性均高于其他制动液，其缺点是具有过分的疏水性，只要有少量的水混入制动系统，在低温下就有可能结冰，对制动系统造成不利的影响。另外，硅油制动液的原材料成本高，目前只在军车等使用。

2. 汽车制动液的规格

1) 国外汽车制动液规格

国外汽车制动液典型规格有三个系列：

(1) 美国联邦政府运输标准(FMVSS)，具体规格是 FMVSS 116DOT$_3$、DOT$_4$、DOT$_5$，是世界公认的通用标准。

(2) 美国汽车工程师协会标准(SAE)，具体规格是 SAEJ1703e、SAEJ1703f、SAEJ1705 等。

(3) 国际标准化组织(ISO)标准 ISO 4925—1978《道路车辆-非石油基制动液》，它是参照 FMVSS 116DOT$_3$ 制定的，具体规格是 100℃的运动黏度不小于 1.5 mm^2/s，平衡回流沸点不低于 205℃，湿平衡回流沸点不低于 140℃。

2) 国内汽车制动液规格

《机动车制动液使用技术条件》(GB 10830—1998)规定，以 JG 作为汽车制动液使用技术条件规格的代号，简称 JG 系列。JG 系列汽车制动液按使用技术条件分为 JG_0、JG_1、JG_2、JG_3、JG_4、JG_5 等级别，其中 J、G 分别为交通运输部、公安部的汉语拼音的第一个字母，JG 右下角的数字为各级的序号。

JG 系列汽车制动液的主要特性及推荐使用范围，见表 5-1。

表 5-1　JG 系列汽车制动液的主要特性及推荐使用范围

级　别	制动液主要特性	推荐使用范围
JG_0	具有优异的低温性能，但高温抗气阻性差	严寒地区冬季使用，如最低月平均气温在-20℃以下的黑龙江、内蒙古、新疆等地区
JG_1	具有较好的高温抗气阻性能	高温抗气阻性能已达 SAE J1703c 水平，我国一般地区均可使用
JG_2	具有良好的高温抗气阻性能和低温性能	相当于 SAEJ 1703 水平，我国广大地区均可使用
JG_3	具有良好的高温抗气阻性能和优良的低温性能	相当于 ISO 4926—1978 和 DOT_3 水平，我国广大地区均可使用
JG_4	具有优良的高温抗气阻性能和良好的低温性能	相当于 DOT_4 水平，我国广大地区均可使用
JG_5	具有优异的高温抗气阻性能和低温性能	相当于 DOT_5 水平，特殊要求车辆使用

机动车制动液使用技术条件

机动车辆制动液

2003 年我国发布了《机动车辆制动液》(GB 12981—2003)标准，该标准参照国际通行的 SAE、DOT 和 ISO 分类规格，按照制动液高温气阻性的不同，从低到高分为 HZY3、HZY4、HZY5 三级，并规定各级制动液应达到的规格要求和使用范围，其中，H、Z、Y 分别表示"合""制""液"，是合成制动液的汉语拼音，数字表示级号。各级号汽车制动液的技术要求见现行国家标准 GB 12981—2012《机动车辆制动液》。

5.1.3　汽车制动液的选用及使用注意事项

1. 汽车制动液的选用

合成制动液是按等级来划分的，选用时应严格按照车辆使用说明书的规定选用合适等级的制动液，以确保行车安全。若国产车使用进口制动液或进口车使用国产制动液，应根据其对应关系正确选用。如无说明书，可根据车辆的工作条件(气候特点、道路条件和行驶速度)进行选择。

1) 根据环境条件

环境条件主要指气温、湿度和道路条件。例如，在炎热的夏季、在山区多坡或高速公路上行驶，车辆制动强度大，制动液工作温度高，如果是在湿热条件下，要选用沸点较高的制动液如 HZY5，在非湿热条件下可选用 HZY3、HZY4(JG$_3$ 或 JG$_4$ 级)等合成制动液；在车速不高的平原地区，除冬季外可以使用 JG$_1$ 级制动液，在严寒的冬季，应选用 JG$_0$ 级制动液。

2) 根据车辆的速度

高速车辆，特别是高级轿车与一般货车相比，高速行驶时制动液工作温度较高，应选用级别较高的制动液。

3) 优先选用高等级产品

选择车辆制动液时，应选用高于或等于车辆规定使用级别的产品，最好选用合成型制动液。一般情况下尽量选用经常为车辆制造厂提供配套制动液的生产厂家的产品，以确保质量的可靠性和使用性能的稳定性。

2. 汽车制动液的使用注意事项

(1) 不同型号、不同厂家的制动液不能混用，否则会影响制动效果。

(2) 加注或更换制动液时，最好使用专业设备。更换制动液时应彻底清洗制动系统，特别要防止水分、矿物油和机械杂质混入。因为水分等杂质会导致制动失灵，尤其水分还会腐蚀制动系统中的金属零部件。如果换用不同品种制动液，在加注前应用新制动液清洗一次。

(3) 制动液使用一定时间后会发生变质而影响车辆的制动性，所以要求制动液按期更换，更换期一般为车辆行驶 20000～40000 km 或一年。

(4) 制动液应密封储存，以免吸收大气中的水分后使沸点降低。

(5) 制动液多以有机溶液制成，易挥发、易燃，使用时应注意防火，存放时应避免阳光直射。

5.2　汽车用发动机冷却液

汽车发动机在工作过程中，气缸内的气体温度可达 1700～1800℃。为了保证发动机正常工作，必须对在高温条件下工作的零部件进行冷却。目前汽车发动机广泛采用强制循环水冷却系统，冷却液就是冷却系统中带走高温零部件热量的工作介质。发动机冷却液与润滑油一样，是发动机正常工作必不可少的工作物质。

5.2.1　冷却液的作用

1. 冷却作用

冷却是冷却液的基本作用，也是其最主要的作用。发动机工作时，由于燃料燃烧以及各运动部件之间的摩擦会产生大量的热量，使零件受热。发动机工作过程中的热效率只有30%～40%，其余能量通过废气和发动机以热的形式散失掉，而发动机散热有 40%左右热量通过润滑油带走，其余 60%的热量要通过冷却系统带走。

发动机的温度取决于发动机的结构和发动机的工作条件，水冷发动机的温度可用冷却液的出口温度来表示。一般发动机的正常工作温度为 90～105℃。冷却液过冷和过热的现象都应避免发生。发动机过热容易降低充气系数，减少充气量，引起"爆燃"，造成发动机转矩和功率的损失，而且还会由于零部件受热膨胀，破坏零件间的正常配合间隙，引起轴承和其他运动部件的损坏；另外，发动机过热也会使润滑油的黏度减少，甚至会使润滑油氧化变质或烧焦。

发动机过冷同样也很危险。过冷会使吸入气缸的空气温度较低，使燃料蒸发和燃烧困难，从而造成发动机工作粗暴、功率下降、油耗增加等；另外，还会使润滑油的黏度增大，造成润滑不良，加剧零件的磨损，增大功率消耗。

2. 防腐作用

发动机冷却系统中的散热器、水泵、缸体及缸盖、分水管等部件是由钢、铸铁、铝、黄铜等不同金属制成，如果冷却液对金属有腐蚀，容易使发动机散热器、缸体上下水室、冷却管道、接头及散热器排水管等出现故障。同时腐蚀物堆积堵塞管道会造成冷却液循环不畅，引起发动机过热甚至毁坏；若腐蚀穿孔则易使冷却液泄漏，渗入燃烧室或曲轴箱而严重破坏发动机。因此在发动机冷却液中通常都加入了一定量的防腐蚀添加剂。

3. 防冻作用

水具有良好的导热性能和吸热性能，是发动机冷却液的理想组分。但是水的冰点较高，在 0℃以下就开始结冰并且伴随着体积膨胀。汽车在冬天露天停放或长时间停车，发动机的温度降至 0℃以下时，容易使散热器冻结甚至开裂，因此要求冷却液应具有一定的防冻性能。一般发动机冷却液中均加入了一些能够降低水的冰点的物质作为防冻剂，以保持冷却系统在低温天气时不冻结。

4. 防垢作用

冷却系统中的水垢来源于水中的钙、镁离子，这些金属阳离子在较高温度条件下，容易与水中的硅酸根离子、碳酸根离子、硫酸根离子、磷酸根离子等阴离子反应生成水垢。

水垢能磨损水泵密封件并且覆盖气缸体水套内壁，使金属的导热性能降低，结垢严重时甚至会使缸盖高温区温度剧增而引起缸盖开裂。因此要求冷却液应具有减少水垢生成的作用，一般要求冷却液在生产和加注过程中使用经过软化处理的去离子水或蒸馏水。为了提高冷却液对不同水质环境的适应性能，方便加注，有的冷却液中还特意加入了对硬水中的无机盐离子具有配合作用的有机聚合物以抑制水垢的生成。

5.2.2　冷却液的使用性能

为保证汽车发动机正常工作和延长发动机使用寿命，要求发动机冷却液应具备以下性能：

(1) 低温黏度小、流动性好。

汽车发动机冷却液的低温黏度越小，越有利于冷却液在冷却系统中流动，冷却系统的散热效果就越好。

(2) 冰点低。

冰点是指在没有过冷情况下冷却液开始结晶时的温度；或者是指在有过冷情况下结晶开始，短时间内停留不变的最高温度。若汽车在低温条件下停放时间过长，而发动机冷却液的冰点又达不到应有温度，发动机冷却液就会结冰同时伴随体积膨胀，使冷却系统被冻裂。因此，要求发动机冷却液的冰点要低。

(3) 沸点高。

沸点是指在发动机冷却系统的压力与外界大气压力相平衡的条件下，冷却液开始沸腾的温度。发动机冷却液在较高温度下不沸腾，可保证汽车在满载、高负荷、高速或在山区、热带夏季正常行车。另外，沸点高，冷却液蒸发损失也少。因此，要求发动机冷却液应具有较高的沸点。

(4) 防腐性好。

为了使发动机冷却液具有良好的防腐性能，应保持冷却液呈碱性状态。冷却液的 pH 值在 7.5～11.0 之间为好，如果超出该范围将对冷却系统中的金属材料产生不利影响。

(5) 不易产生水垢，抗泡性好。

水垢对汽车冷却系统有危害，因此，要求冷却液在工作过程中不产生水垢。

冷却液是在水泵的高速推动下强制循环，通常会产生泡沫，如果产生过多的泡沫，不仅会降低传热系数，加剧气蚀，还会使冷却液溢流。因此要求冷却液的抗泡性要好。

另外，汽车冷却液还应具有传热效果好、蒸发损失少、不易损坏橡胶制品、热化学安定性好、热容量大等性能。

5.2.3　冷却液的组成

发动机冷却液由水、防冻剂和各种添加剂组成。

1. 水

水是冷却液的重要组成部分。水具有良好的流动性能、导热性能和较大的比热容，而且乙二醇防冻剂只有在配成一定浓度的水溶液后才能充分发挥其冷冻作用。

水质对冷却液的影响很大。自来水、河水、湖水、井水、泉水中含有大量的溶解性物质，如钙、镁、钠、铁、钾等金属阳离子，还含有很多如硅酸根离子、碳酸根离子、硫酸根离子、磷酸根离子和氯离子等阴离子，这些阴、阳离子会影响冷却液的质量，一方面会加剧对冷却系统的腐蚀，另一方面在加热条件下阴、阳离子容易结合形成水垢。因此，在生产冷却液和给冷却系统补加水的过程中，必须使用蒸馏水或去离子水。

2. 防冻剂

水的冰点较高，车辆在严寒低温天气下冷却液容易结冰，所以在发动机冷却液中都会加入一定量的防冻剂。

能够降低水的冰点的物质很多，盐类化合物如氯化钙、氯化钠、氯化镁等降低冰点的效果非常明显，但是由于这些化合物中的氯离子对铸铁、低碳钢和黄铜具有较强的腐蚀性，所以很少在冷却系统中使用。目前冷却液中使用的防冻剂主要有两种类型：乙二醇和丙二醇。

乙二醇的沸点、黏度比较适中，降低冰点的效果好，而且价格低廉，所以一直是冷却液最主要的防冻剂。但随着对环境保护的逐渐重视，丙二醇的价格虽然较贵但其具有无毒的特性，因此丙二醇在冷却液中的使用逐渐增多。

3. 添加剂

冷却液中所使用的添加剂主要有缓蚀剂、缓冲剂、防垢剂、消泡剂和着色剂等。

(1) 缓蚀剂。缓蚀剂是冷却液中最主要的添加剂，其主要作用是减缓或防止冷却系统中金属零部件因腐蚀而穿孔，以免造成冷却液渗漏和流失。不同的缓蚀剂对不同的金属有不同的保护效果，因此，发动机冷却系统应根据金属种类来选择合适的缓蚀剂。常用的冷却液缓蚀剂主要有硼酸盐、硅酸盐、磷酸盐、硝酸盐、亚硝酸盐和苯甲酸盐等。缓蚀剂除了能直接抑制腐蚀外，还能中和冷却液中的酸性物质。所以，为了保证冷却系统的金属少腐蚀，必须加有足够的缓蚀剂。

(2) 缓冲剂。冷却系统中的金属零部件在弱碱条件下容易得到保护，因此，为了使冷却液在使用过程中维持一定的 pH 值，防止其酸化，冷却液中通常都加入缓冲剂，使冷却液具有一定的缓冲能力。

(3) 防垢剂。为了防止冷却系统内产生水垢，有的冷却液中还含有一定量的防垢剂。通常使用的防垢剂有配合型和分散型两种。

(4) 消泡剂。为了降低冷却液工作中产生泡沫的危害，冷却液中一般都含有一定量的消泡剂。消泡剂通常使用硅油、甲基丙烯酸酯等，能使泡沫及时破灭。

(5) 着色剂。冷却液在使用过程中，一般都要求加入一定的着色剂，使它具有醒目的颜色，以便与其他液体相区别。在冷却系统发生泄漏时，通过观察冷却系统外部管路就能够很容易判断其泄漏的位置。冷却液着色剂一般有染色剂和 pH 值指示剂两种。染色剂是通过染料或颜料使冷却液具有一定的颜色。而 pH 值指示剂除了具有显色作用外，它的颜色还会随着冷却液 pH 值的变化而变化，方便用户根据其颜色来确定冷却液是否需要更换。

5.2.4　乙二醇型汽车防冻剂冷却液

1. 汽车防冻剂冷却液的类型

发动机冷却系统最早使用水作为冷却液，是因为它来源广泛、经济、比热容大、流动性好、冷却效果好。但是在一般水中含有大量的盐类，容易对发动机冷却系统的金属产生腐蚀，同时容易形成水垢。更严重的是，由于水的冰点较高，结冰后体积膨胀，会使发动机冷却系统部件冻裂。因此需要在水中加入一种能够降低水冰点的物质，使冷却液具有防冻作用，能全年使用。常用的降低水冰点的物质主要有酒精、甘油和乙二醇等。

(1) 酒精-水冷却液。冷却液配制时，酒精含量与冰点的关系是酒精含量越多，冰点越低。酒精-水冷却液虽然流动性好、散热快、配制简单；但是沸点低，蒸发损失大，同时闪点低，容易着火。所以目前已被淘汰。

(2) 甘油-水冷却液。甘油-水冷却液沸点较高，不易蒸发和着火，对金属的腐蚀较小；但乙二醇-水冷却液降低冰点的效率低，需要较多的甘油，成本较高，另外，甘油的吸水性很强使其保存密封要求很严。

(3) 乙二醇-水冷却液。乙二醇-水冷却液冰点低、沸点高、高闪点、不起泡、很好的流动性和化学稳定性，并且在腐蚀抑制剂存在下能长期防腐防垢，其性能远优于水，因而被广泛使用。其缺点是有毒性，对金属有腐蚀作用，并对橡胶零件也有轻度侵蚀作用。

2. 乙二醇的特性

乙二醇俗称甘醇。由两个碳原子、六个氢原子和两个氧原子组成，分子式为 $C_2H_4(OH)_2$，其相对分子质量为 62.07。在常温下乙二醇是无色透明黏稠状液体，稍有甜味。乙二醇具有一定的毒性，挥发性小，闪点和沸点高，其主要的物理性质见表 5-2。

表 5-2 乙二醇的物理特性

密度(20℃)/(mg・L^{-1})	1.1155
沸点(101 325 Pa)/℃	197.2
冰点/℃	−11.5
比热容/[kJ・(kg・℃)$^{-1}$]	2.40
蒸气压(20℃)/Pa	0.027
闪点(开口)/℃	115.6
着火点/℃	121.0
黏度(20℃)/(Pa・s)	2.093×10^4
热导率/[J・cm・(s・cm²・℃)$^{-1}$]	0.002 89
自燃温度/℃	412.8

乙二醇比较突出的特性是能够与水以任意比例互溶，沸点为 197.4℃，相对密度为 1.113，冰点为 −11.5℃。乙二醇在与水混合后，混合液的冰点可显著降低，最低可达−68℃。乙二醇冷却液的冰点与乙二醇含量的关系，见表 5-3 所示。

表 5-3 乙二醇冷却液浓度与冰点

冰点/℃	乙二醇含量/%	相对密度(20/4℃)
−10	28.4	1.0340
−15	32.8	1.0426
−20	38.5	1.0506
−25	45.3	1.0586
−30	47.8	1.0627
−35	50	1.0671
−40	54	1.0713
−45	57	1.0746
−50	59	1.0786
−11.5	100	1.1130

乙二醇有微毒，在保管、配制和使用时不能吸入体内。乙二醇还具有较强的吸水性，其储存容器应密封，以防吸入水分后溢出，造成损失。

冷却液可以制成浓缩液，由用户自行加蒸馏水或去离子水稀释后使用，也可按表 5-3 中给出的相对密度比例制成一定冰点的产品直接加注使用。

3. 乙二醇型冷却液及其标准

1) 国外标准

欧美各国和日本等工业发达国家都制定了各自的汽车发动机冷却液标准。最早制定标准的是美国，现在许多国家制定的发动机冷却液标准都是以美国材料测试与试验协会

(ASTM)所制定的标准为依据。

日本的冷却液工业规范为《发动机防冻冷却剂》(JIS K 2234—2006)，使用的浓度为30%～50%(体积分数)。在该规范中将汽车冷却液分为两类，第1类是只在冬天使用的防冻型冷却液，即普通冷却液(AF)，第2类是全年均可使用的冷却液，即长寿冷却液(LLC)。第1类冷却液具有一定的碱性，对发动机冷却系统机件有轻微的腐蚀性，故只能短期使用(主要是冬季使用)。表5-4为JIS K 2234规定的冷却液技术要求。

表5-4　日本的冷却剂标准(摘自 JIS K 2234—2006)

性　　能		1 种	2 种
冰点/℃　　50%(体积分数)水溶液		−34 以下	−34 以下
30%(体积分数)水溶液		−14.5 以下	−14.5 以下
pH 值　　30%水(体积分数)溶液		7.0～11.0	7.0～11.0
储备碱度　　浓缩液/mL		报告	报告
密度　　20/20℃浓缩液		1.114 以上	1.114 以上
沸点/℃　　浓缩液		155℃以上	155℃以上
发泡性/mL　　30%(体积分数)水溶液		4 以下	4 以下
水分(%)　　浓缩液		5 以下	5 以下
玻璃器皿腐蚀	金属试片质量变化 /(mg·cm^{-2})	铸铝、焊锡	±0.60	±0.30
		钢、黄铜、铸铁	±0.30	±0.15
	外观	在试片与垫片接触之处以外看不到腐蚀，但颜色可以有变化		
	试验后液体的性质	pH 值	6.5～11.0	
		pH 值的变化	±1.0	
		储备碱度变化率/%	报告	
		液相	颜色不能有明显的变化，液体不能有分层及凝胶出现	
		沉淀物(体积分数)/%	0.5 以下	
模拟使用腐蚀	金属试片质量变化 /(mg·cm^{-2})	铸铝、焊锡	±0.60	
		钢、黄铜、铸铁	±0.30	
	外观	在试片与垫片接触之处以外看不到腐蚀，但颜色可以有变化		
	试验后液体的性质	pH 值	6.5～11.0	
		pH 值的变化	±1.0	
		储备碱度变化率/%	报告	
		液相	颜色不能有明显的变化，液体不能有分层及凝胶出现	
	零件的状态	泵的密封部分 泵壳内部及叶片	运转无不良动作、渗漏及异常声响 无明显腐蚀现象	

　　该标准中的发泡性是常温下的发泡性,测定方法:在 100 mL 的量筒中加入 50 mL30%(体积比)的冷却液,常温下放置 30 min 后,用手上下摇动 100 次(约 30 s),静止 10 s 后记录泡沫的体积,如果 10 s 后在量筒的内壁上还有层环形泡沫,但量筒中部没有泡沫,则泡沫的体积记为零。

　　美国使用的冷却液规范主要有美国材料与试验协会(ASTM)的行业规范和美国汽车工程师协会(SAE)的行业规范。其中,ASTM 的冷却液行业规范为《二醇基汽车及轻负荷用途发动机冷却液规范》(D3306—2009),是对《汽车及轻型卡车用二元醇型发动机冷却液规范》(D3306—1994)的修订。ATSM 成立了专门的 D15 委员会负责冷却液的标准和规范的制定。D3306—2009 将 D3306—1994 中的乙二醇型和丙二醇型的浓缩液和稀释液合并,将冷却液分为四种类型:1 型是乙二醇型浓缩液,2 型是丙二醇型浓缩液,3 型是乙二醇型稀释液(50%Vol),4 型是丙二醇型预稀释液(50%Vol),其具体性能要求见表 5-5。

表 5-5　二醇基汽车及轻负荷用途发动机冷却液规范

项　目	质量指标				试验方法 (ATSM)
	1 型	2 型	3 型	4 型	
相对密度(15.5℃)/[g·(mL)$^{-1}$]	1.110~1.145	1.030~1.065	≥1.065	≥1.025	D1122 D5931
冰点/℃ 50%(体积分数)去离子水 不稀释	≤-36.4	≤-31.0	≤-36.4	≤-31.0	D1177 D6660
沸点[①]/℃ 50%(体积分数)去离子水 不稀释	≥108 ≥163	≥104 ≥152	≥108	≥104	D1120
灰分(质量分数)/%	≤5	≤5	≤2.5	≤2.5	D1119
pH 值 50%(体积分数)去离子水不稀释	7.5~11.0	7.5~11.0	7.5~11.0	7.5~11.0	D1287
氯含量/[mg·(kg)$^{-1}$]	≤25	≤25	≤25	≤25	D3634, D5827[②]
水分/%	≤5	≤5	不适用	不适用	D1123
储备碱度/mL	报告	报告	报告	报告	D1121
对汽车有机涂料的影响	无影响	无影响	无影响	无影响	D1882[③]
玻璃器皿腐蚀试验,失重/(mg·片$^{-1}$) 纯铜 焊锡 黄铜 钢 铸铁 铝	<10 <30 <10 <10 <10 <30				D1384

项 目	质 量 指 标				试验方法 (ATSM)
	1 型	2 型	3 型	4 型	
模拟使用试验，失重/(mg·片$^{-1}$) 纯铜 焊锡 黄铜 钢 铸铁 铝	<20 <60 <20 <20 <20 <60				D2570
铸铝合金传热腐蚀/(mg·cm^{-2}·周$^{-1}$)	<1.0				D4340
起泡性 泡沫体积/mL 消泡时间/s	≤150 ≤5				D1881
铝泵气穴腐蚀评级	>8 级				D2809

① 在得到试验结果后可能会观察到有沉淀产生，这不能作为拒收的理由。

② 如果对试验结果有争议，D 3634 为仲裁方法。

③ 当前，越来越多的汽车制造商倾向于提供自己实际的油漆试片，冷却液供应商和汽车制造商应就试验程序和接收准则协商一致。

2) 我国标准

我国目前有石油化工行业标准《汽车及轻负荷发动机用乙二醇型冷却液》(SH／T 0521—1999)和交通行业标准《汽车发动机冷却液安全使用技术条件》(JT 225—1996)。其中，SH／T 0521—1999 等效采用美国材料与试验协会标准《轿车及轻型卡车用的乙二醇型发动机冷却液》(ASTM D3306—1994)，将产品分为浓缩液和冷却液。冷却液按其冰点分为 −25 号、−30 号、−35 号、−40 号、−45 号和 −50 号六个牌号。浓缩液由乙二醇、适量的防腐添加剂、消泡剂和适量的水组成，其中水是用于溶解添加剂并保证产品在 −18℃时能从包装容器中倒出。浓缩液在产品性能满足技术要求的情况下，可含有其他的醇类，如丙二醇和二乙二醇，但含量不得超过 15%(体积分数)。在对浓缩液进行稀释时，应使用去离子水或蒸馏水。

汽车发动机冷却液及浓缩液的具体技术要求见表 5-6。

表 5-6　汽车发动机冷却液及浓缩液的技术要求

项 目	质 量 指 标							试验方法
	浓缩液	冷却液						
		−25 号	−30 号	−35 号	−40 号	−45 号	−50 号	
颜色	有醒目的颜色							目测
气味	无异味							嗅觉
密度(20℃)/(kg·m^{-3})	1.107～ 1.142	1.053～ 1.072	1.059～ 1.076	1.064～ 1.085	1.068～ 1.088	1.073～ 1.095	1.075～ 1.097	SH/T 0068

续表

项　目	质　量　指　标							试验方法
	浓缩液	冷却液						
		−25 号	−30 号	−35 号	−40 号	−45 号	−50 号	
冰点/℃		≤−25.0	≤−30.0	≤−35.0	≤−40.0	≤−45.0	≤−50.0	SH/T 0090
50%(体积分数)蒸馏水	≤−37.0							
沸点/℃	>163.0	>106.0	>106.5	>107	>107.5	>108	>108.5	SH/T 0089
50%(体积分数)蒸馏水	>107.8							
对汽车有机涂料的影响	无影响							SH/T 0084
灰分(质量分数)/%	<5.0	<2.0	<2.3	<2.5	<2.8	<3.0	<3.3	SH/T 0067
pH 值	7.5～11.0							SH/T 0069
50%(体积分数)蒸馏水	7.5～11.0							
水质量分布(%)	<5.0							SH/T 0086
储备碱度/mL	报告							SH/T 0091
氯离子含量/[mg·(kg)$^{-1}$]	<25	报告						SH/T 0621
玻璃器皿腐蚀试验 失重/(mg·片$^{-1}$) 　纯铜 　黄铜 　钢 　铸铁 　焊锡 　铝	±10 ±10 ±10 ±10 ±30 ±30							SH/T 0085
模拟使用试验 失重/ (mg·片$^{-1}$) 　纯铜 　黄铜 　钢 　铸铁 　焊锡 　铝	±20 ±20 ±20 ±20 ±60 ±60							SH/T 0088
铝泵气穴腐蚀评级	>8 级							SH/T 0087
铸铝合金传热腐蚀/ (mg·cm^{-2}·周$^{-1}$)	<1.0							SH/T 0620
起泡性 　泡沫体积/mL 　消泡时间/s	<150 <5.0							SH/T 0066

注：以上引用标准均应为现行有效标准。

汽车发动机冷却液安全使用技术条件　　　汽车及轻负荷发动机用乙二醇型冷却液

《乙二醇型和丙二醇型发动机冷却液》(NB/SH/T 0521—2010)规定的具体质量指标及试验方法参照表 5-7。

表 5-7　乙二醇型冷却液技术要求(部分)

项　目	质 量 指 标							试验方法
	浓缩液	冷却液						
		−25 号	−30 号	−35 号	−40 号	−45 号	−50 号	
颜色	有醒目的颜色							目测
气味	无异味							嗅觉
密度(20℃)/(kg/m)	—	≥1053	≥1059	≥1064	≥1068	≥1073	≥1075	SH/T 0068
冰点/℃	—	≤−25.0	≤−30.0	≤−35.0	≤−40.0	≤−45.0	≤−50.0	SH/T 0090
含 50%(体积分数)蒸馏水	≤−36.4	—						
沸点/℃	≥163.0	≥106.0	≥106.5	≥107.0	≥107.5	≥108.0	≥108.5	SH/T 0089
含 50%(体积分数)蒸馏水	≥107.8	—						
对汽车有机涂料的影响	无影响							SH/T 0084
灰分(质量分数)/%	≤5.0	≤2.0	≤2.3	≤2.5	≤2.8	≤3.0	≤3.3	SH/T 0067
pH 值含 50%(体积分数)	—	7.5～11.0						SH/T 0069
蒸馏水	7.5～11.0	—						
水分(质量分数)/%	≤5.0							SH/T 0086
储备碱度/mL	供需双方协调确定							SH/T 0091

5.2.5　丙二醇型冷却液

乙二醇型和丙二醇型
发动机冷却液

丙二醇由三个碳原子、八个氢原子和两个氧原子组成，其分子式为 $C_3H_6(OH)_2$，相对分子质量为 76.10。常温下丙二醇为无色透明黏稠状液体，微有辛辣味，对人体无刺激性作用，化学稳定性好，与乙二醇一样能与水以任意比例互溶。

丙二醇由于毒性低，降解性能好，对人体和环境危害较小，同时还具有良好的防冻和其他性能，作为冷却液的基础液，可以得到与乙二醇相似的效果。近年来在冷却液中使用逐渐增多，特别是在注重环保的国家应用较广。由于丙二醇的原材料价格较高，加工和使用成本较高，目前在我国应用很少。

5.2.6 冷却液的选择与使用

1. 汽车发动机冷却液的选择

针对目前使用的乙二醇水基型发动机冷却液，汽车发动机冷却液的选择主要包括发动机冷却液防冻性的选择和产品质量的选择。

发动机冷却液防冻性的选择原则是汽车发动机冷却液的冰点要比车辆运行地区的最低气温低 10℃左右，以确保在特殊情况下冷却液不冻结。

一般规定乙二醇冷却液最低使用浓度为 33.3%(体积分数)，此时冰点不高于 −18℃，如果低于此浓度，则冷却液的防腐蚀性不能满足要求。最高使用浓度为 69%(体积分数)，此时冰点为 −68℃，高于此浓度，则其冰点反而会上升。全年使用冷却液的最低使用浓度以 50%(体积分数)左右为宜。

不同的发动机其技术特性、热负荷情况、冷却系统材料等均有不同，因此对冷却液产品质量的要求也有所不同。目前国内外的发动机冷却液的产品配方很多，在选择汽车发动机冷却液时要区别发动机的类型、性能的强化程度和冷却系统材料的种类，除了要保证发动机冷却液能降温、防冻外，还要考虑防沸、防腐蚀和防水垢等问题。用户在对冷却液产品选择时应以汽车制造厂家规定或推荐的数据为准。

《汽车发动机冷却液安全使用技术条件》(JT 225—1996)推荐的使用范围，见表 5-8。

表 5-8 防冻液的推荐使用范围

牌 号	推 荐 使 用 范 围
−25 号	在我国一般地区，如长江以北、华北等环境最低气温在 −15℃以上地区均可使用
−35 号	在东北、西北大部分地区及华北等环境最低气温在 −25℃以上的寒冷地区使用
−45 号	在东北、西北及华北等环境最低气温在 −35℃以上的严寒地区使用

2. 汽车发动机冷却液的使用

发动机冷却液在使用过程中应注意以下事项：

(1) 加注冷却液前应对发动机冷却系统进行清洗，最简单的方法是打开散热器放水阀，用自来水从加水口冲洗。

(2) 稀释浓缩液时要使用蒸馏水或去离子水。

(3) 检查冷却液的液面高度，视不同情况正确补充。

(4) 不同厂家、不同牌号的发动机冷却液不能混用。

(5) 冷却液在使用一段时间后，应及时更换。

(6) 在使用乙二醇冷却液时，应注意乙二醇有毒，切勿用口吸。

5.3 液 力 传 动 油

液力传动油又称汽车自动变速器油(ATF)，是汽车自动变速器和助力转向系中的工作介质。通用型液力传动油呈紫红色，有些呈淡黄色。液力传动油不仅对由液力变矩器、液力偶合器和机械变速器构成的自动变速器起到传递动力的作用，而且还对齿轮、轴承等摩擦起润滑和冷却的作用，同时在伺服机构中起着液压自动控制的作用。

5.3.1 液力传动油的性能要求

液力传动油的主要使用性能要求有适宜的黏度及良好的黏温性、热氧化安定性、抗泡沫性和抗磨性能等。

1. 适宜的黏度及良好的黏温性

作为传动介质，液力传动油的黏度对变矩器的传动效率影响很大。通常黏度越小，其传动效率越高。但黏度过小会导致液压系统的泄漏和换挡迟缓等故障；黏度过高，则会降低其传动效率，而且低温启动困难。因此，液力传动油在 100℃时其运动黏度在 $7 \, mm^2/s$ 左右较为适宜。液力传动油的工作范围很宽，一般在 $-40 \sim 150$℃之间，因此，为适应自动变速器使用条件比较复杂的特点，同时保证良好的润滑和使用效率，液力传动油应有良好的黏温性。

2. 良好的热氧化安定性

由于液力传动油使用温度较高，高速行驶的轿车其液力传动油的温度为 $80 \sim 90$℃，在苛刻条件下运行时最高油温可达 $150 \sim 170$℃。若液力传动油的热氧化安定性不好，当油温升高时则会形成油泥、漆膜和沉淀物等，影响自动变速器的性能，甚至会堵塞滤清器、油路等，造成摩擦片打滑和控制系统失灵等严重后果。因此，在液力传动油中加入性能良好的抗氧化剂，以提高液力传动油的热氧化安定性。

3. 良好的抗泡沫性

液力传动油在高速流动中极易产生泡沫，泡沫会使油压降低，影响控制的准确性，破坏正常润滑，导致离合器打滑和烧坏等故障。泡沫主要是气体的掺入以及油液中的少量水分蒸发造成的，为了防止泡沫的产生，在油中要加入抗泡沫添加剂，以降低油品表面张力，使气泡迅速从油液中溢出。

4. 良好的抗磨性

液力传动油的抗磨性是为了满足润滑的需要，确保自动变速器的行星齿轮机构、轴承、垫圈和油泵等长期正常工作。因此，要求液力传动油要有相匹配的静摩擦和动摩擦系数，满足离合器在换挡时对摩擦系数的不同要求。为了提高液力传动油的抗磨性通常都会加入抗磨添加剂。

此外，还要求液力传动油具有良好的与橡胶匹配性和防腐蚀、防锈性能等。

5.3.2 液力传动油的分类及规格

1. 国外液力传动油的分类

国外液力传动油的分类多采用美国材料试验协会(ASTM)和美国石油协会(API)共同提出的 PTF(Power Transmission Fluid)分类法。PTF 分类法将液力传动油分为 PTE-1、PTE-2 和 PTE-3 等三类。

1) PTE-1 类传动油

PTE-1 类传动油主要适用于轿车或轻型卡车的液力传动系统，其特点是低温启动性能好，对传动油的低温黏度及黏温性有很高的要求。

2) PTE-2 类传动油

PTE-2 类传动油主要适用于重负荷的液力传动系统，如客车、越野车和工程机械车等。由于在重负荷下工作，对液力传动油的极压抗磨性要求高，通常加极压抗磨添加剂。

3) PTE-3 类传动油

PTE-3 类传动油主要适用于农业及建筑机械的液力传动系统和齿轮箱中，其特点是适用范围广。例如作为传动装置、差速器和驱动齿轮的润滑，以及液压转向、制动和悬挂等装置的工作介质，其极压抗磨性能和负荷承载能力比 PTF-2 类传动油要求更严格。

2. 我国液力传动油的分类

我国液力传动油的分类是按照铁道行业标准，将液力传动油分为 6 号、8 号和 8D 号三种，其规格见表 5-9。

表 5-9　液力传动油规格

项　目	质 量 指 标			实验方法
	6 号	8 号	8D	
运动黏度(100℃)/(mm² · s⁻¹)	5.0～7.0	7.5～9.0	7.5～9.0	GB/T 265
运动黏度比(100℃/50℃)	—	3.6	3.6	
黏度指数	>100	>200	—	GB/T 2541
闪点(开口)/℃	>180	>150	>150	GB/T 267
腐蚀试验(铜片，100℃，3 h)	合格			SH/T 0195
水溶性酸或碱	无			GB/T 259
机械杂质/%	无			GB/T 511
水分/%	无			GB/T 260
泡沫性(93℃)/(mL · mL⁻¹)	报告			GB/T 12579
凝点/℃	−20	−25	−50	GB/T 510
最大无卡咬负荷 P_B/N	784.5	784.5	784.5	GB/T 3142

1) 6 号液力传动油

6 号液力传动油是以精制的石油馏分，加入抗氧化剂、抗磨剂等调制而成。它的抗磨性好，但黏温性稍差，适用于内燃机车和重型货车的多级变矩器和液力耦合器，这种油接近于 PTF-2 级油。

2) 8 号液力传动油

8 号液力传动油是以润滑油馏分，经脱蜡、深度精制并加入增黏、抗氧化、抗腐蚀等多种添加剂调制而成。它具有良好的黏温性、抗磨性和较低的摩擦系数，适用于轿车和轻型货车的自动变速系统。这种油接近于 PTF-1 级油，外观为红色的透明体。

3) 8D 液力传动油

8D 液力传动油的各项技术指标除凝点外，其他均与 8 号油相同。因其凝点较低，专用于严寒地区液力传动系统的润滑。

5.3.3　液力传动油的选用及使用注意事项

1. 液力传动油的选用

选择液力传动油时，应严格按使用说明书选用适当品种的液力传动油。轿车和轻型货车应选用 8 号传动油；进口轿车要求使用 GM-A 型、A-A 型或 Dexron 型自动变速器油的都可以用 8 号油来代替；重型货车、工程机械的液力传动系统应选用 6 号传动油；严寒地区应选用 8D 液力传动油。

2. 液力传动油的使用注意事项

(1) 应保持正常的工作油温。油温过高会加速液力传动油的氧化变质，引起故障。

(2) 应经常检查液力传动油的油面高度。通常车辆每行驶 10 000 km 应检查一次。检查时，车辆应停放在平坦路面上，发动机保持运转状态，此时要求油平面应在自动变速器油尺的上下刻度线之间，过低应及时补给。若发现油面下降过快，则可能漏油，应及时予以检查排除。

(3) 应按使用说明书的规定期限及时更换液力传动油和滤清器或清洗滤网，同时拆洗自动变速器油底壳，更换密封垫。若无说明书的车辆，通常每行驶 30 000 km 时更换一次液力传动油，以延长传动系统的使用寿命。

(4) 液力传动油质量可直接通过油的外观和气味进行检查，液力传动油外观检查及出现的相应问题，见表 5-10。

表 5-10　液力传动油外观检查及出现的相应问题

液力传动油液的外观变化	出现的相关问题
清澈、并带有红色	此现象正常
颜色发白、浑浊	油水混合，水进入油中
颜色清淡、气泡多	油面过高、内部空气泄漏
油中有固体残渣	离合器或轴承有损伤
油尺上有胶状物	油液温度过高

5.4　其他汽车工作介质

除了汽车制动液、防冻液和液力传动油以外，在汽车上还会用到减震器油、液压油、制冷剂等工作介质。

5.4.1　减震器油

为了提高汽车的舒适性，延长汽车的使用寿命，汽车上都装有减震系统，其中大部分车辆都采用液压减震器。液压减震器是利用液体流动通过节流阀时产生的阻力来起减震作用的。

减震器油是汽车减震器的工作介质，其使用性能对减震器的工作性能影响极大。对减震器的主要性能要求有：适当的黏度、良好的氧化安定性、抗泡沫性、抗磨性、防腐性以及低凝点等。目前多数国产汽车推荐使用克拉玛依炼油厂生产的减震器油和按上海石油公司企业标准推荐生产的减震器油。前者的特点是凝点很低，有良好的黏温性，适合在寒冷地区使用；后者的特点是凝点不高于 −8℃，适合在温暖地区使用。

减震器油也可自行配制，如可用 25 号变压器油和 22 号汽轮机油各 50%(质量分数)配制，也可用体积比为 70% 的 10W/30 或(30)号汽油机油和 30% 的 −35 号柴油配制，还可用 10 号机械油代替。使用减震器油要求减震器密封良好，无渗漏现象。定期维护拆检减速器时，应按规定更换减震器油，油量要适中，不能过多或过少。

5.4.2　液压油

随着汽车工业的发展，现代汽车上的许多机构广泛采用了液压和液力传动。除液压制动系、液压减震器、自动变速器以外，离合器液压操纵系统、液力转向系统、自动倾斜机构等均采用了液压传动系统。另外，在汽车维修机械中也广泛应用液压传动，如各种作业装置、平台回转机构、提升及夹紧机构等。

液压油是用于液压传动系统中的工作介质。为保证液压系统正常工作，液压油必须保证其具有不可压缩性和良好的流体状态。对液压油的主要性能要求有：适宜的黏度和良好的黏温性、抗磨性、抗乳化性、抗泡沫性和抗氧化性等。

1. 液压油的分类

按国家标准规定，液压油属于 L 类(润滑剂和有关产品)中 H 组(液压系统)，并统一命名。汽车及其维修机械液压系统常用 L-HL 液压油、L-HM 液压油(抗磨型)、L-HV 液压油(低温抗磨型)、L-HR 液压油(高黏度指数)等品种。

1) L-HL 液压油(通用工业机床润滑油)

L-HL 液压油是一种精制矿物油，具有良好的抗氧、防锈性能，常用于低压液压系统和传动装置，在 0℃ 以上环境使用，适用于机床和其他设备的低压齿轮泵，也可以用于使用其他抗氧防锈型润滑油的机械设备(如轴承和齿轮等)。L-HL 液压油按照 40℃ 时的运动黏度可将其分为 15、22、32、46、68 和 100 等六个黏度牌号。

2) L-HM 液压油(抗磨液压油)

L-HM 液压油是在 L-HL 油的基础上通过改善其抗磨性能而得到的，适用于低、中和高压的叶片泵、柱塞泵和齿轮泵的液压系统，也可以用于中、高压的工程机械或车辆上的液压系统(如数控机床、起重机和挖掘机等中重型机械)和中等负荷机械上的润滑部位，适应的温度范围为 −5～60℃。L-HM 液压油按照 40℃ 时的运动黏度将其分为 15、22、32、

46、68、100 和 150 七个黏度牌号。

3) L-HV 液压油(低温抗磨液压油)

L-HV 液压油是在 L-HM 油的基础上通过改善其黏温性能而得到的液压油。L-HV 液压油属于宽温度变化范围下使用的液压油,适用于环境温度变化较大和工作条件恶劣的(野外作业的工程车辆、军车等)低、中和高压液压系统和其他中等负荷机械的润滑部位, 适用温度范围在 −30℃及以上。按基础油可将 L-HV 液压油分为矿油型和合成油型两种, 按照 40℃时的运动黏度又可以将 L-HV 液压油分为 15、22、32、46、68 和 100 六个黏度牌号。

4) L-HR 液压油(低温液压油)

L-HR 液压油是在 L-HL 油的基础上通过改善其黏温性能而得到的,具有良好的防锈、抗氧性和黏温性,适用于环境温度变化较大和工作条件恶劣的中、低压液压系统和其他轻负荷机械的润滑部位。L-HR 液压油分为 15、32 和 46 三个黏度牌号。

2. 液压油的选用及使用注意事项

液压油应根据工作环境温度和液压泵的类型来选用。汽车举升机和轮胎起重机液压系统采用 21 MPa 以上的高压泵,应选用黏温性好的 L-HR 液压油、抗磨性好的 L-HM 液压油,或抗磨性和黏温性都好的 L-HV 液压油。L-HL 普通液压油适用于环境温度 0～40℃下操作的各类液压泵(6.3～21 MPa)。根据液压泵的类型选择液压油,具体见表 5-11。

表 5-11　各种液压泵液压油的选择

泵的类型	系统压力 /MPa	温度/℃	液 压 油 品 种	黏度级别
齿轮泵	>7	5～40	L-HL 液压油, 中高压以上用 L-HM 液压油	32，46，68
	—	40～80	L-HL 液压油, 中高压以上用 L-HM 液压油	100，150
径向柱塞泵	—	5～40	L-HL 液压油, 中高压以上用 L-HM 液压油	32，46
	—	40～80	L-HL 液压油, 中高压以上用 L-HM 液压油	68，100，150
轴向柱塞泵	—	5～40	L-HL 液压油, 中高压以上用 L-HM 液压油	32，46
	—	40～80	L-HL 液压油, 中高压以上用 L-HM 液压油	68，100，150
叶片泵	<7	5～40	L-HM 液压油	32，46
	>7	40～80	L-HM 液压油	46，68
	<7	5～40	L-HM 液压油	46，68
	>7	40～80	L-HM 液压油	68，100

使用液压油时应注意:

(1) 不同品种、不同牌号的液压油不得混合使用。

(2) 液压油在储存或使用过程中应确保其清洁，否则会缩短液压系统的寿命。

(3) 应按使用说明书规定的换油标准及时换油，一般条件下汽车和工程机械在做高级维护时更换液压油。

5.4.3　空调制冷剂

空调制冷剂又称制冷工作介质，在南方一些地区俗称雪种。它是汽车空调制冷系统中循环流动的工作介质。由于受到压缩机所做压缩功的作用，它在系统的各个部件之间循环流动，进行能量的转换和传递，完成制冷剂向高温热源放热和从低温热源吸热的过程，从而实现制冷(或供热)的目的。

制冷剂的性质直接关系到制冷装置的制冷效果、经济性、安全性及运输管理，因而汽车空调制冷剂应满足以下性能要求：① 无毒、无异味；② 不易燃、不易爆；③ 易于改变吸热和散热状态；④ 化学性质稳定，无腐蚀性；⑤ 与润滑油无亲和作用，可与冷冻机油以任意比例相溶；⑥ 有利于环境保护。

1. 制冷剂的分类

目前汽车空调制冷系统使用的制冷剂主要有 R12 和 R134a 两种，其中 R 是英文 Refrigrant(制冷剂)的第一个字母。

汽车空调制冷剂最早广泛使用的是 R12，属于氟里昂系制冷剂，其特点是蒸发潜热大、易液化，对金属、橡胶的腐蚀性小，无毒且不易燃烧，但遇火会产生有毒物质。由于 R12 制冷剂会严重破坏大气臭氧层，引起严重的环保问题，目前世界各国都已禁止使用，取而代之的是 R134a 制冷剂。

R134a 制冷剂的特点是沸点较低、蒸发潜热高于 R12 制冷剂、传热性能好，但其水分含量高，管路压力高、温度及负荷大。用 R134a 制冷剂代替 R12 制冷剂后，空调系统的输入功率和制冷量都有明显的提高，而且占用面积也有所减少，证明 R134a 制冷剂是一种最为理想的代用品。

2. 制冷剂的使用注意事项

(1) 在储存和使用过程中应尽量避热。制冷剂极易蒸发，在储存时应尽量避开阳光直射、火炉及其他热源，添加制冷剂时应在低温下进行。

(2) 应尽量避免与皮肤接触。制冷剂在大气压力下会急剧蒸发制冷，极易冻伤皮肤，在加注制冷剂时，要避免接触皮肤和进入眼睛。

(3) 加注制冷剂时要选择通风良好的环境。制冷剂排到大气中会使氧气浓度急剧下降，严重时会使人窒息，因此在检查及填充时要在通风良好的环境下进行。

(4) 不得混合使用制冷剂。不同的制冷剂对空调系统结构的要求不一致。

5.4.4　汽车风窗玻璃清洗液

汽车在行驶过程中，自身或其他车辆溅起的泥土、废气中含有的未完全燃烧的油气和道路沥青与雨水的混合物、抛光剂的蜡与雨水的混合物等会附着在汽车的风窗玻璃上，严重影响驾驶员的视野。汽车风窗玻璃清洗液是用来清洗这些妨碍视野、危害行车安全的物质。

1. 汽车风窗玻璃清洗液的性能

汽车风窗玻璃清洗液对附着在风窗玻璃上的各种物质具有浸透、乳化分散、可溶解的作用，其性能要求主要有：

(1) 汽车风窗玻璃清洗液对车辆刮水机构的材料如铝、锌、橡胶、塑料和油漆等不应产生腐蚀或其他影响。

(2) 在冬季使用的汽车风窗玻璃清洗液，应具有较低的凝点，以防止在低温时结冰。一般要求风窗玻璃清洗液的凝点为 −20℃，对于特别严寒地区可特殊配制。

(3) 风窗玻璃清洗液在低温和高温交变时不应发生分离和沉淀。汽车风窗玻璃清洗液多用于雨天，平时存放于发动机舱内，时而加热，时而冷却，如果易发生分离、沉淀，则容易造成机构内部堵塞，影响其正常喷射。

所以，优质的汽车风窗玻璃清洗液应在一定浓度范围内既不能对金属腐蚀，也不能对非金属的性能产生影响，还要能有效地去除各种污垢，确保风窗玻璃保持良好的视野；其次，在冷热交变下不仅要求稳定性好，还要求对人皮肤和嗅觉无刺激及不适反应。

2. 汽车风窗玻璃清洗液的配方

为了满足汽车风窗玻璃清洗液的性能要求，在汽车风窗玻璃清洗液中常常添加活化剂、防雾剂、阻凝剂、无机助洗剂、有机助洗剂等。汽车风窗玻璃清洗液配方，见表 5-12。

表 5-12　汽车风窗玻璃清洗液的配方

组　成	配方 1/%	配方 2/%
活化剂	4.0	5.0
防雾剂	1.0	
阻凝剂	3.5	
无机助洗剂	6.0	
有机助洗剂	1.5	22
水分	余量	余量

将表 5-12 所述溶液，根据不同季节需要，按 5%～10%稀释即可获得不同凝点的汽车风窗玻璃清洗液。这些清洗液去污性好，不损坏金属、非金属表面。

3. 汽车风窗玻璃清洗液的技术要求

汽车风窗玻璃清洗液的主要技术要求见表 5-13。

表 5-13　汽车风窗玻璃清洗液的技术要求

项　目		规　定	条　件
凝固温度		-20℃以下或根据用户意见商定	
pH 值		6.5～10.0	
清洁性	洗净性 分散性	透过风窗玻璃能看见前方视野 可容易地对油污成分乳化分散	
金属腐蚀	铝板 不锈钢板 黄铜 铬酸盐镀锌板	无明显的点状腐蚀和粗糙表面	50℃±2℃ 48 h
对橡胶影响	天然橡胶 三元乙丙橡胶 氯丁橡胶	应无表面的黏结、炭黑脱落以及龟裂等异常现象	50℃±2℃ 120 h±2 h
对塑料影响	聚乙烯树脂 聚丙烯树脂	无明显变形和变色现象	50℃±2℃ 120 h±2 h
对涂层影响	丙烯树脂瓷漆 氨基醇酸树脂漆	无涂层软化和膨胀现象，试验前后的光泽和颜色应无变化	50℃±2℃ 6 h
稳定性	加热稳定性	允许有棉毛状沉淀但不应有结晶粒子	50℃±2℃ 8 h 后 20℃±15℃
	低温稳定性		-15℃±2℃ 8h 后 20℃±15℃ 16 h

综 合 训 练 题

一、名词解释

汽车制动液　汽车防冻液　液力传动油　减震器油　液压油　空调制冷剂

二、填空题

1. 汽车工作液主要包括_____、_____、_____、减震器油和液压油等。

2. 制动液是车辆液压制动系统中_____的工作介质。

3. 为保证制动液在低温下制动油缸活塞能随踏板的动作灵活移动，在高温时又有适宜的黏度，不影响油缸的润滑和密封，要求制动液有良好的_____、_____和_____。

4. 我国液力传动油按现行标准将其分为_____、_____和 8D 号三种。

5. 汽车防冻液用于发动机的冷却系统，具有冬季防_____，夏季防_____，全年防水垢和防腐蚀等优点。

6. 防冻液主要是由_____剂与_____按一定比例混合而成。

7. 乙二醇型防冻液按其冰点不同有 −25 号、_____、_____、_____、−45 和 −50 等 6 个牌号。

8. 汽车空调制冷系统使用的制冷剂主要有 R12 和 R134a 两种，其中_____属于氟里昂系制冷剂，会严重破坏大气臭氧层，引起严重的环保问题，取而代之的是_____制冷剂。

三、选择题

1. 下列(　　)制动液已被淘汰。

A. 醇型　　　　　B. 醇醚　　　　　C. 酯　　　　　D. 硅油

2. 下列(　　)不是防冻液的作用。

A. 降低冰点　　　B. 提高沸点　　　C. 降低沸点　　　D. 加强散热

3. 目前发动机使用的防冻液主要是(　　)型防冻液。

A. 酒精　　　　　B. 乙醇　　　　　C. 乙二醇　　　　D. 甘油

4. 下列(　　)是环保制冷剂。

A. R12　　　　　B. R134a　　　　C. R22　　　　　D. 氨

四、简答题

1. 各种制动液能否混合使用，为什么？

2. 如何正确加注防冻液？

3. 汽车制动液、汽车防冻液、液力传动油分别有哪些主要性能要求？

4. 使用汽车制动液、汽车防冻液、液力传动油和空调制冷剂应注意哪些事项？

第6章 汽车轮胎

 知识点

(1) 汽车轮胎的使用性能。

(2) 汽车轮胎的基本结构、分类和规格。

 技能点

学会轮胎的选配和合理使用。

6.1 轮胎的类型与结构特点

轮胎是汽车的重要组成部分,其作用是支承汽车的总质量,吸收和缓和汽车行驶时所受到的一部分冲击和振动,保证汽车具有良好的乘坐舒适性和行驶平顺性,保证轮胎与路面有良好的附着作用,提高汽车的牵引性、操作性和通过性。一辆新载货汽车的轮胎价值占全车价值的1/5。在汽车运输过程中,轮胎费用也占10%左右。轮胎的性能直接影响汽车的动力性、制动性、行驶稳定性、平顺性、越野性和燃料经济性,因此合理选择、正确使用和及时维护轮胎,对延长汽车的使用寿命,提高汽车的使用性能,降低运输成本有着重要的意义。

6.1.1 轮胎的类型

(1) 按配套车辆可分为轿车轮胎、载重汽车轮胎、工程机械轮胎、摩托车轮胎、自行车轮胎和航空轮胎等。

(2) 按组成结构可分为有内胎轮胎和无内胎轮胎。

(3) 按胎体中帘线排列方向可分为普通斜交轮胎、带束斜交轮胎和子午线轮胎等。

(4) 按胎面花纹可分为普通花纹轮胎、混合花纹轮胎和越野花纹轮胎。

(5) 按胎内气压可分为高压轮胎(气压为 0.5～0.7 MPa)、低压轮胎(气压为 0.15～0.45 MPa)和超低压轮胎(气压低于 0.15 MPa)。目前,轿车、货车几乎全部采用低压胎,因为低压胎弹性好、断面宽,与道路接触面大,壁薄而且散热性能好,可提高汽车行驶的平顺性和转向操纵性。

6.1.2 轮胎的结构特点

不同类型的轮胎有不同的结构特点和使用性能。

轮胎通常由外胎、内胎和垫带组成,如图 6-1 所示。也有不需要内胎的,但对内胎层的橡胶性能要求较高。本节以目前常见的普通斜交轮胎、子午线轮胎和无内胎轮胎为例说明其结构。

1. 普通斜交轮胎

普通斜交轮胎如图 6-2 所示。斜交轮胎是一种老式结构，其胎体中的帘线与胎面中心线呈 35° 角。帘线则由一侧胎边穿过胎面到另一侧胎边。由这种斜置帘线组成的帘布层，通常有多层，它们交错叠合起来，成为胎体的基础。由于帘布层交错排列，增加了轮胎胎面和胎体的强度，在适当充气后，会使驾驶员感到较为柔软、舒适。这种轮胎接触地面的面积大，使汽车行驶更加平稳，能延长轮胎的使用寿命。但普通斜交轮胎的滚动阻力大，油耗高，承载能力较低，因此在使用上受到了一定的限制。

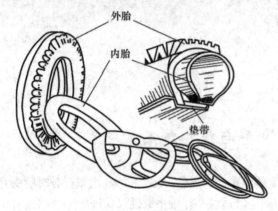

图 6-1　有内胎轮胎的组成

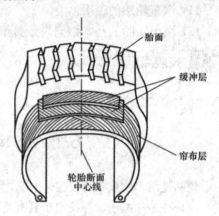

图 6-2　普通斜交轮胎

2. 子午线轮胎

子午线轮胎用钢丝或纤维织物作帘布层，其帘线与胎面中心线的夹角接近 90°，从一侧胎边穿过胎面到另一侧胎边呈环形排列。帘线的分布就像地球子午线，故称子午线轮胎。子午线轮胎的结构如图 6-3 所示。

子午线轮胎的帘线呈环形排列，使帘线的强度得到充分利用，所以子午线轮胎帘布层数比斜交轮胎少 40%～50%。帘线在圆周方向上若只靠橡胶来维系，则难以承受行驶时产生的切向力，所以子午线轮胎一般采用强度较高、伸张很小的纤维织物帘布或钢丝帘布制造带束层。带束层像刚性环形带一样，紧紧箍在胎体上，以保证轮胎具有一定的外形尺寸，同时承受内压引起的负荷及滚动时所受的冲击力，减少胎面与胎体帘布层所受的负荷等。带束层一般有多层，相邻层帘线呈交叉排列，它们与胎面中心线夹角很小，一般为 10°～20°，使得帘布层帘线和带束层帘线交叉于三个方向，形成许多密实的三角形网状结构，如图 6-4 所示。这种结构能有效阻止胎面向周向和横向的伸张与压缩，大大提高了胎面的刚性，减少了胎面与路面的滑移现象，提高了胎面的耐磨性。图 6-5 是子午线轮胎和普通斜交轮胎的帘布层比较。

子午线轮胎的这些结构特点，使得子午线轮胎具有比普通斜交轮胎显著的优点。

(1) 附着性能好。子午线轮胎胎体弹性大，其滚动时与地面接触面积大，胎面滑移小，所以其附着性能好。

(2) 滚动阻力小，节省燃料。子午线轮胎帘布层数少，层间摩擦力小，所以其滚动阻力比普通斜交轮胎小 20%～30%，不但可提高汽车的动力性，还可以降低油耗，一般可降低油耗 6%～8%。随着车速的提高，节油效果更加明显。

(3) 承载能力大。子午线轮胎的帘线排列与轮胎的主要变形方向一致，使其帘线强度得到充分利用，故其承载能力比普通斜交轮胎大。

(4) 胎面耐穿刺，不易爆胎。子午线轮胎有多层坚硬的环形带束，胎面刚性大，能够减小胎面胶的伸张变形。另外，接触地面的面积又大，单位压力小，提高了胎面的耐刺穿性能，即使在恶劣的使用条件下也不易发生爆裂。

(5) 子午线轮胎帘布层数少，胎侧薄，所以其散热性能好，有利于提高车速。

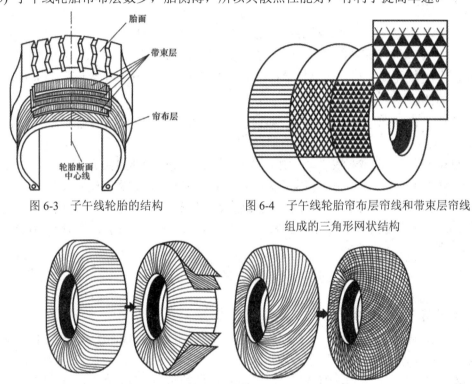

图 6-3　子午线轮胎的结构　　　　　图 6-4　子午线轮胎帘布层帘线和带束层帘线
　　　　　　　　　　　　　　　　　　　　　组成的三角形网状结构

图 6-5　子午线轮胎和普通斜交轮胎的帘布层

子午线轮胎存在的缺点有：胎侧薄，变形大，胎侧与胎圈受力比普通斜交轮胎大，因而胎面与胎侧的过渡区易产生裂口；吸振能力弱，胎面噪声大；制造技术要求高，成本高等。

由于子午线轮胎明显优于普通斜交轮胎，因此在轿车上已广泛使用，在货车上也越来越多地使用。随着汽车技术的发展，结合无内胎轮胎和子午线轮胎的优点，现在轿车上已广泛使用的无内胎轮胎(真空胎)大多数是无内胎子午线轮胎。

3. 无内胎轮胎

无内胎轮胎与有内胎轮胎在外观和结构上基本相似，不同之处是无内胎轮胎没有内胎，是将压缩空气直接压入外胎内。无内胎轮胎外胎的内壁上有一层 2～3 mm 厚的、专门用来密封压缩空气的橡胶密封层，是采用硫化的方法黏附上去的。无内胎轮胎的特点是只有在爆胎时才会失效，但是爆胎后可从外部进行紧急处理。车辆行驶时当尖物刺破轮胎后，内部的压缩空气不会立即消失，从而提高了车辆的行驶安全性。无内胎轮胎散热性能好，可通过轮辋直接散热，延长了轮胎的使用寿命。目前在小型轿车上无内胎轮胎得到广泛应用。

6.2　轮胎的规格及合理使用

6.2.1　轮胎的规格

按国家标准规定，在轮胎外胎的两侧标有生产编号、厂家商标、尺寸规格、层级、额定载荷、胎压、胎体帘布层的汉语拼音代号(如 M 表示棉帘布轮胎、R 表示人造丝帘布轮胎、N 表示尼龙帘布轮胎、G 表示钢丝帘布轮胎、ZG 表示钢丝子午线帘布轮胎)和旋转方向等。

1. 轮胎的规格

轮胎尺寸规格可用外胎直径 D、轮辋直径 d、断面宽度 B 和断面高度 H 的名义尺寸代号表示。

外胎直径 D 是指轮胎按照规定压力充足气后，在无负载状态下轮胎外表面的直径。

轮辋直径 d 是指轮胎按照规定压力充足气后，在无负载状态下轮胎内圈的直径。

断面宽度 B 是指轮胎按照规定压力充足气后，在无负载状态下轮胎外侧两面间的距离。

断面高度 H 是指轮胎按照规定压力充足气后，在无负载状态下轮胎外径与内径差值的一半，即

$$H = \frac{D-d}{2}$$

2. 不同轮胎规格的表示方法

(1) 高压轮胎。一般用 D×B 表示。D 表示轮胎的外胎直径，B 表示轮胎的断面宽度，均使用英寸(in)为单位，"×"表示为高压胎。目前在汽车上高压胎已经很少使用。

(2) 低压轮胎。一般用 B—d 表示，B 表示轮胎的断面宽度，d 表示轮胎的轮辋直径，均使用英寸(in)为单位，"—"表示为低压胎。例如 9.00—20，9.00 表示轮胎断面宽度为 9 in，20 表示轮辋名义直径为 20 in，"—"表示为低压胎。

(3) 超低压轮胎。超低压轮胎规格的表示方法与低压轮胎基本相同。在一般情况下，轮辋直径在 15 in 以下为低压胎，例如 7.00—14，表示轮胎断面宽度为 7 in，轮辋名义直径为 14 in。

(4) 国产子午线轮胎。规格用 BRd 表示，其中 R 表示子午线轮胎(Radial 的首写字母)。

随着轮胎的扁平化，原先使用轮胎的断面宽度和轮辋直径已不能完全表示轮胎的规格。即在断面宽度相同的情况下，其断面高度随不同扁平率的变化而变化。轮胎按照扁平率的高宽比划分系列，目前国产轿车的子午线轮胎有 80、75、70、65 和 60 五个系列，数字表示断面高度和断面宽度的百分比，相对应的是 80%、75%、70%、65%和 60%。从比例的数值可以看出，数字越小，轮胎就越矮，即轮胎越扁平。例如 9.00R20，9.00 表示轮胎名义断面宽度，R 表示子午线结构，20 表示轮辋名义直径。185/60R13，185 表

示轮胎名义断面宽度，60 表示轮胎名义高度比，R 表示子午线结构，13 表示轮辋名义直径。

(5) 无内胎轮胎。按国家标准规定，载货汽车的子午线无内胎轮胎的规格表示为 BRd。例如 8R22.5 中，8 表示轮胎名义断面宽度，R 表示子午线结构，22.5 表示无内胎轮辋名义直径。

有些子午线无内胎轮胎，采用在规格中加 TL 标志，例如轻型载货汽车子午线轮胎7.00R16.5TL。

3. 轮胎的层级

轮胎的层级是表示轮胎承载能力的相对指数，主要用于区别尺寸相同，但结构和承载能力不同的轮胎。轮胎的层级数与轮胎帘布层的实际层数没有直接的关系。轮胎层级常用PR(ply rating)表示。

4. 轮胎最高速度和速度级别代号

轮胎最高速度是指在规定条件(路面级别、轮辋名义直径)下，在规定的持续行驶时间内，允许使用的最高速度。

将轮胎最高速度(km/h)分为若干级，目前有 25 个，用字母表示，叫作速度级别符号。部分速度级别符号见表 6-1，不同轮辋名义直径的轿车轮胎最高速度见表 6-2。

表 6-1　轮胎速度级别符号与最高行驶速度

轮胎级别符号	轮胎最高行驶速度/(km/h)	轮胎级别符号	轮胎最高行驶速度/(km/h)
L	120	R	170
M	130	S	180
N	140	T	190
P	150	U	200
Q	160	H	210

表 6-2　轮胎速度级别符号在不同轮辋名义直径时表示的轿车轮胎最高行驶速度

轮胎速度级别符号	轮胎最高行驶速度/(km/h)		
	轮辋名义直径 10 in	轮辋名义直径 12 in	轮辋名义直径≥13 in
R	135	145	160
S	150	165	180
T	165	175	190
H		195	210

5. 轮胎负荷指数与轮胎负荷能力

轮胎负荷指数是指在规定条件(轮胎最高速度、最大充气压等)下的轮胎负荷能力。轮胎负荷指数用 LI 表示，轮胎负荷能力用 YLCC 表示。轮胎负荷指数目前有 0～279 个，部分轮胎负荷指数与轮胎负荷能力对应关系见表 6-3。如图 6-6 所示型号为 225/60R16 98H 中，225 表示轮胎端面宽度(mm)；60 表示轮胎的扁平率；R 表示子午线轮胎；16 表示轮辋直径(in)；98 表示负荷指数，即

图 6-6　型号为 225/60R16 98H 轮胎

轮胎负荷能力为 7100 N；H 表示速度级别，即轮胎在负荷指数内允许的最高时速为 210 km/h。

表 6-3 轮胎负荷指数与轮胎负荷能力对应关系

轮胎负荷指数(LI)	轮胎负荷能力(YLCC)/N	轮胎负荷指数(LI)	轮胎负荷能力(YLCC)/N
85	5 150	92	6 300
86	5 300	93	6 500
87	5 450	94	6 700
88	5 600	95	6 900
89	5 800	96	7 100
90	6 000	97	7 300
91	6 150	98	7 500

轿车轮胎性能室内试验方法

轿车轮胎高速性能试验方法
转鼓法

载重汽车翻新轮胎

轿车轮胎

轿车轮胎规格、尺寸、气压与负荷

工业车辆充气轮胎技术条件

工业车辆充气轮胎规格、尺寸、
气压与负荷

轮胎术语及其定义

轻型载重汽车轮胎高速性能
试验方法 转鼓法

汽车轮胎均匀性试验方法

轿车轮胎滚动周长试验方法

汽车轮胎道路磨耗试验方法

全地形车辆轮胎

轮胎水压试验方法

天然生胶 子午线轮胎橡胶

6.2.2 轮胎的合理使用

合理使用轮胎,目的在于降低轮胎的磨损速度,防止不正常的磨损和损坏,从而延长轮胎的使用寿命。轮胎使用的基本要求有以下几个方面。

1. 保持轮胎气压正常

轮胎的充气压力是决定轮胎使用寿命和行驶安全性的重要因素。轮胎气压过低，会使胎体变形增大，造成内应力增加，并过度生热，加快了橡胶老化和帘线疲劳，导致帘线因疲劳而折断、松散，使帘布脱层；轮胎气压过低，还会使轮胎的接地积增大、滑移量增加及磨损加剧，特别是胎肩的磨损较为严重；轮胎气压过低，也会使轮胎的滚动阻力增加，增加燃料消耗。如果使用双轮胎时，一胎气压过低，会严重使另一轮胎磨损加快。轮胎气压过高，会使轮胎接地面积减少，单位压力增大，从而使胎冠磨损加剧；轮胎气压过高，材料会过度拉伸，会使轮胎的刚性增大，胎体弹性下降，当轮胎受到冲击时，极容易产生胎冠爆裂。

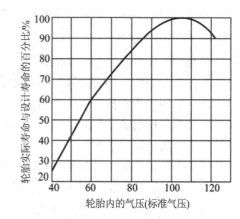

图 6-7　轮胎气压与寿命的关系

试验表明，轮胎气压过低或过高，轮胎的使用寿命都将缩短。如图 6-7 所示，轮胎气压降低 20%，轮胎的使用寿命会缩短 15%。汽车超载或装载不均衡时，都会引起轮胎超载。

2. 防止轮胎超载

严格控制车辆超载装物。每一个轮胎都有它最大装载质量，在使用时要严格按照规定进行装载。如果车辆超载行驶，轮胎的变形就会增大，其帘布层和帘线应力也有所增加，极易造成帘线折断和帘布层脱落，导致轮胎的接地面积增大而加快轮胎胎肩的磨损。当车辆行驶时，特别是遇到障碍物时，即使是一个不大的石块，也会引起爆胎。在转弯或不平的路面上行驶，当轮胎负荷超过 50%，其轮胎使用寿命将缩短 59%；当超过一倍时，其寿命将会缩短 80%以上。轮胎超载时的损坏与胎压过低的损坏相似，只是超载时轮胎损坏更严重。因此，装载货物时必须按照规定的装载质量装载，并要保持装载平衡，以防止车辆在行驶时发生货物移动或漂移等现象。

3. 合理搭配轮胎

在同一辆车上或同一轴上应该使用规格、结构、层级和花纹等完全一致的轮胎，采用双胎并装时，必须要求选用同一厂牌的轮胎，以保持负荷相同，磨损一致。

当轮胎磨损到一定程度需要更换时，应尽可能全车更换或同轴更换。如果条件不允许，可将新胎或磨损较轻的轮胎装在转向轮上，将旧胎或磨损稍重的轮胎装在其他轮上，以确保行车安全。规格相同，但结构、层级以及花纹不同的轮胎，不能装在同一轴上使用，特别是子午线轮胎和普通斜交轮胎更不能混装在同一车上或同一轴上使用。轮胎应按规定的型号与轮辋配套使用，不同型号规格的轮辋，即使直径相同，其轮辋宽度和突缘高度也有所不同。另外，窄胎装宽轮辋，或宽胎装窄轮辋，都会造成轮胎的早期损坏。

4. 控制行驶车速，注意轮胎温度

随着汽车行驶速度的提高，轮胎在单位时间内与地面的接触次数也相应增多，轮胎的变形频率、胎体的振动也随之增加。当车速达到某一速度时，轮胎的工作温度和气压升高，会加速橡胶的老化，产生帘布层断裂和胎面剥落现象，严重时会造成轮胎爆裂。因此，一

定要坚持中速行驶，胎体温度不得超过 100℃。夏季行驶应增加停歇次数，如轮胎发热或胎压增高，应停车休息散热，严禁放气降低轮胎气压，也不要泼冷水降温。

5. 精心驾驶车辆

不正确或不精心驾驶车辆，都会使轮胎的使用寿命急剧缩短。为此，驾驶车辆时应做到：起步平稳，加速均匀，中速行驶，直线前进，减速转向，少用制动，选择路面。

6. 做好日常维护

轮胎的日常维护包括出车前、行车中和收车后的检查，主要检查轮胎的气压和有无不正常磨损以及损伤，并及时预防隐患和消除故障。

出车前用气压表检查各个轮胎的气压是否符合规定，气门嘴有无漏气现象，以及是否碰到制动鼓。检查各个轮胎的螺母是否松动，挡泥板、货箱等有无碰擦轮胎的现象，并及时消除，以防故障隐患。

行车中的检查是在停车时进行，检查项目与出车前检查项目基本相似。

收车后检查轮胎是否有漏气的现象，如有则查找漏气的根源并及时清除；检查轮胎花纹之间是否有夹杂石子等现象并及时清除；检查轮胎螺母是否有松动，如有松动也应及时上紧，以防故障隐患。行车中由于种种原因需要换用备用轮胎，在收车时应及时维修替换下来的轮胎。

综 合 训 练 题

一、名词解释

子午线轮胎　外胎直径 D　轮辋直径 d　断面宽度 B　断面高度 H

二、填空题

1. 汽车轮胎的作用是支承汽车的_____；吸收和缓和汽车行驶时所受到的一部分_____；保证轮胎与路面有良好的_____作用，以提高汽车的牵引性、操作性和通过性。

2. 轮胎的分类方法有很多，按组成结构可分为_____和_____；按胎内气压可分为_____、_____和_____。

3. 轮胎通常由_____、_____和_____组成。

4. 轮胎尺寸规格可用_____、_____、_____和_____的名义尺寸代号表示。

5. 轮胎的日常维护包括_____、_____和_____的检查。

三、简答题

1. 汽车轮胎有哪些类型？各有何优缺点。

2. 为什么无内胎轮胎在轿车上得到广泛使用？

3. 无内胎轮胎在结构上如何实现密封？

4. 如何合理使用轮胎？

5. 子午线轮胎和普通斜交轮胎相比有什么特点，为什么子午线轮胎得到越来越广泛的使用。

6. 轮胎气压对轮胎有什么影响。

提 高 篇

第7章　汽车用钢铁材料

 知识点

(1) 铁碳合金相图含义和应用。
(2) 铁碳合金的成分、组织和性能之间的关系。
(3) 常用钢铁热处理方法和选用。
(4) 常用碳钢、合金钢、铸铁的分类、性能、牌号及应用。

技能点

(1) 了解汽车常用钢铁材料的性能要求和失效形式以及常用钢铁热处理方法及其选用。
(2) 熟悉汽车上使用的钢铁材料的识别。
(3) 学会汽车常用零部件选用钢铁材料的方法和应用。

钢铁材料具有良好的使用性能和工艺性能，加工方便，是汽车制造工业中应用最广泛的材料。尽管近年来为了节省能源，实现汽车轻量化，不少钢铁材料制造的零件被有色金属和其他材料所替代，但钢铁材料仍是汽车用材的主体。

汽车用钢品种主要包括钢板、优质钢(齿轮钢、轴承钢、弹簧钢等特殊钢)、型钢、带钢、钢管、金属制品等。汽车用钢中的板材(包括热轧钢板、冷轧钢板和镀层板)是生产汽车的最主要原材料，各种钢材在汽车总重量中所占比例为 70%左右，其中钢板占 52%，优质钢(齿轮钢、轴承钢及弹簧钢等)占 31%，带钢占 6.5%，型钢占 6%，钢管占 1%，金属制品及其他占 5%，如图 7-1 所示。

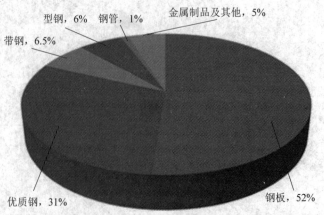

图 7-1　汽车用钢各品种占比

7.1　铁碳合金及其相图

钢铁材料的基本相元素是铁和碳两种元素，故称为铁碳合金。不同成分的铁碳合金，在不同的温度下具有不同的组织，因而表现出不同的性能。铁碳合金相图是研究平衡条件下，铁碳合金的成分、温度和组织之间关系的图形，是制定钢铁材料各种热加工工艺、掌握材料的性能和合理选材的重要依据。

7.1.1　基本相及组织

在铁碳合金中，铁与碳两组元素在液态下可以无限互溶，在固态下碳可以溶解在铁的晶格中形成固溶体，也可与铁发生化学反应形成金属化合物。铁碳合金的基本相有铁素体、奥氏体和渗碳体，另外还有由两种基本相组成的多相组织珠光体和莱氏体。

1. 铁素体

铁素体是碳溶于 α-Fe 中所形成的间隙固溶体，用符号 F 表示。由于体心立方晶格的间隙较小，所以碳在 α-Fe 中的溶解度很小。在 727℃时 α-Fe 中最大溶碳量仅为 0.0218%，随着温度的降低，α-Fe 中溶碳量减少，在 600℃时约为 0.0057%，室温时仅为 0.0008%。由于铁素体的溶碳量极少，因此铁素体在室温的性能与纯铁相似，即具有良好的塑性、韧性，而强度、硬度却较低。

铁素体在显微镜下呈明亮的多边形晶粒组织，如图 7-2 所示。铁素体在 770℃以下具有磁性。

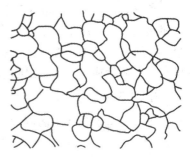

图 7-2　铁素体的显微组织

2. 奥氏体

奥氏体是碳溶于 γ-Fe 中所形成的间隙固溶体，用符号 A 表示。由于面心立方晶格的间隙较大，所以碳在 γ-Fe 中的溶解度也较大。在 1148℃时溶碳量最大，达到 2.11%，随着温度的降低，溶碳量逐渐减少，在 727℃时溶碳量为 0.77%。奥氏体的强度、硬度不高，但塑性、韧性较好，因此生产中常将钢加热到奥氏体状态进行压力加工。

奥氏体是一个高温相，存在于 727℃以上。奥氏体的显微组织也呈明亮的多边形，但晶界较平直，并且晶粒内常出现孪晶(图中晶粒内的平行线)，如图 7-3 所示。奥氏体无磁性。

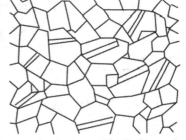

图 7-3　奥氏体的显微组织

3. 渗碳体

铁和碳所形成的金属化合物称为渗碳体，用化学式 Fe₃C 表示。渗碳体具有复杂的斜方晶格(如图 7-4 所示)，其含碳量为 6.69%，具有很高的硬度(相当于 800 HBW)，塑性和韧性几乎为零，脆性很大。在铁碳合金中，渗碳体常以片状、粒状或网状等形式与固溶体相共存，它是钢中的主要强化相，其数量、大小、分布和形态对钢的性能有很大影响。

渗碳体在230℃以下具有弱磁性，230℃以上失去磁性。

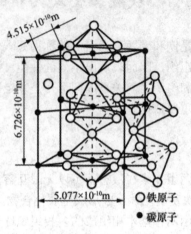

图7-4　渗碳体的晶体结构

4. 珠光体

珠光体是由铁素体和渗碳体相间排列而成的层片状的机械混合物，用P表示，如图7-5所示。珠光体含碳量为0.77%，其力学性能介于铁素体和渗碳体之间，强度较高，硬度适中，有一定的塑性。

5. 莱氏体

莱氏体是奥氏体和渗碳体的机械混合物，用 L_d 表示。莱氏体的含碳量为4.3%，存在于727℃以上。在727℃以下，莱氏体则是由珠光体和渗碳体组成的机械混合物，称为低温莱氏体或变态莱氏体，用 L'_d 表示。低温莱氏体的显微组织可以看成是在渗碳体的基体上分布着颗粒状的珠光体，如图7-6所示。莱氏体硬度很高，塑性很差。

铁碳合金的基本相及组织的力学性能见表7-1。

图7-5　珠光体的显微组织

图7-6　莱氏体的显微组织

表7-1　铁碳合金的基本相及组织的力学性能

名　称	符　号	R_m/MPa	HBW	A/%	A_K/J
铁素体	F	230	80	50	160
奥氏体	A	400	220	50	—
渗碳体	Fe_3C	30	800	≈0	≈0
珠光体	P	750	180	20～25	24～32
莱氏体	L_d	—	700	—	—

7.1.2　铁碳合金相图

由于碳的质量分数 $w_C > 6.69\%$ 的铁碳合金脆性很大，加工困难，没有实用价值，而且

Fe_3C 又是一个稳定的化合物，可以作为一个独立的组元，因此铁碳合金相图实际上是碳的质量分数在 0～6.69% 之间的 Fe-Fe_3C 相图，如图 7-7 所示。

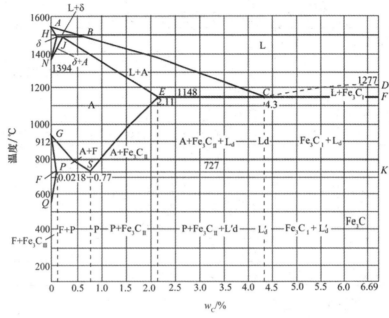

图 7-7　Fe-Fe_3C 相图

7.1.3　铁碳合金相图分析

为便于研究，在分析铁碳合金相图时，将图 7-7 中左上角(包晶转变)部分予以简化，简化后的 Fe-Fe_3C 相图如图 7-8 所示。

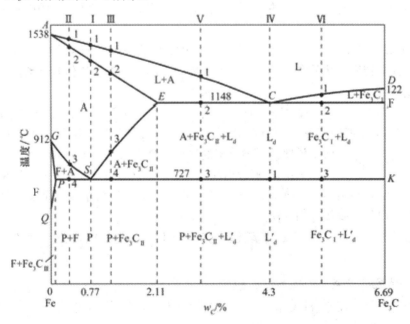

图 7-8　简化的 Fe-Fe_3C 相图

1. Fe-Fe₃C 相图中的特性点

Fe-Fe₃C 相图中各主要特性点的温度、成分和含义，见表 7-2。

表 7-2　Fe-Fe₃C 相图中各主要特性点

特性点	温度/℃	w_C/%	含　义
A	1538	0	纯铁的熔点
C	1148	4.3	共晶点
D	1227	6.69	渗碳体的熔点
E	1148	2.11	碳在奥氏体(γ-Fe)中的最大溶解度，也是钢与铸铁的成分分界点
F	1148	6.69	共晶渗碳体的成分
G	912	0	纯铁的同素异构转变点
K	727	6.69	共析渗碳体的成分
P	727	0.0218	碳在铁素体(α-Fe)中的最大溶解度
S	727	0.77	共析点
Q	600	0.0057	600℃时碳在 α-Fe 中的溶解度

2. Fe-Fe₃C 相图中的特性线

(1) ACD 线为液相线，任何成分的铁碳合金在此线以上均为液相，用 L 表示。液态铁碳合金缓慢冷却至 AC 线，开始结晶出奥氏体，缓慢冷却至 CD 线结晶出渗碳体。从液态中析出的渗碳体称为一次渗碳体，表示为 Fe₃C$_I$。

(2) $AECF$ 线为固相线，液态合金冷却至此线全部结晶为固相。

(3) ECF 线为共晶线，凡是 w_C>2.11%的铁碳合金，缓慢冷却至此线(1148℃)时，均发生共晶转变，从具有共晶成分的液相中，同时结晶出奥氏体和渗碳体的机械混合物，即莱氏体。

(4) PSK 线为共析线，又称 A_1 线。凡是 w_C>0.0218%的铁碳合金,缓慢冷却至此线(727℃)时，均发生共析转变，从具有共析成分的奥氏体中，同时析出铁素体和渗碳体的机械混合物，即珠光体。

(5) ES 线为碳在 γ-Fe 中的溶解度曲线，又称 A_{cm} 线。当奥氏体由高温缓慢冷却至 ES 线时，碳在奥氏体中的溶解度达到饱和，随着温度的下降，溶解度减小，多余的碳将以渗碳体的形式从奥氏体中析出。从奥氏体中析出的渗碳体称为二次渗碳体，表示为 Fe₃C$_{II}$。

(6) PQ 线为碳在 α-Fe 中的溶解度曲线。在 727℃时碳在 α-Fe 中的溶解度最大，为0.0218%，随着温度的降低，溶解度减小，多余的碳将以渗碳体的形式从铁素体中析出。从铁素体中析出的渗碳体称为三次渗碳体，表示为 Fe₃C$_{III}$。

(7) GS 线又称 A_3 线，是冷却时奥氏体向铁素体转变的开始线。GP 线为冷却时奥氏体向铁素体转变的终了线。

3. 铁碳合金的分类

铁碳合金根据其在 Fe-Fe₃C 相图中的位置可分为以下几种。

(1) 工业纯铁为 w_C≤0.0218%的铁碳合金。

(2) 钢为 $0.0218\% < w_C \leqslant 2.11\%$ 的铁碳合金。根据其室温组织不同又可分为：

① 亚共析钢，$0.0218\% < w_C < 0.77\%$。

② 共析钢，$w_C = 0.77\%$。

③ 过共析钢，$0.77\% < w_C \leqslant 2.11\%$。

(3) 白口铸铁为 $2.11\% < w_C \leqslant 6.69\%$ 的铁碳合金，称为白口铸铁。根据其室温组织不同又可分为：

① 亚共晶白口铸铁，$2.11\% < w_C < 4.3\%$。

② 共晶白口铸铁，$w_C = 4.3\%$。

③ 过共晶白口铸铁，$4.3\% < w_C \leqslant 6.69\%$。

4. 典型铁碳合金的平衡结晶过程及室温组织

1) 共析钢

图 7-8 中合金 I 为共析钢。当液态合金缓慢冷却到与液相线 AC 相交的 1 点时，开始从液相中结晶出奥氏体。随着温度的下降，奥氏体量逐渐增多，其成分沿 AE 线变化，而剩余液相逐渐减少，成分沿 AC 线变化。冷却至 2 点时，液相全部结晶为与原合金成分相同的奥氏体。在 2—S 点温度范围内为单一的奥氏体，待冷却至 S 点时，奥氏体将发生共析转变，同时析出 P 点成分的铁素体和 K 点成分的渗碳体，转变成铁素体和渗碳体层片相间的机械混合物，即珠光体。在 S 点以下继续冷却时，铁素体成分沿 PQ 线变化，将析出三次渗碳体。三次渗碳体与共析渗碳体混在一起，不易分辨，且数量极少，可忽略不计。因此共析钢在室温的组织是珠光体，如图 7-5 所示。

共析钢在冷却过程中的组织转变情况如图 7-9 所示。

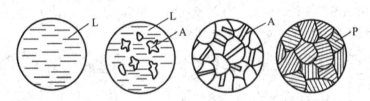

(a) 1 点以上　　(b) 1 点—2 点　　(c) 2 点—S 点　　(d) S 点以下

图 7-9　共析钢在冷却过程中的组织转变示意图

2) 亚共析钢

图 7-8 中合金 II 为亚共析钢。亚共析钢在 3 点以上温度冷却过程与共析钢在 S 点以上相似。当缓慢冷却到与 GS 线相交的 3 点时，开始从奥氏体中析出铁素体，随着温度的降低，铁素体量逐渐增多，其成分沿 GP 线变化，而奥氏体量逐渐减少，其成分沿 GS 线向共析成分接近。当冷却到与 PSK 线相交的 4 点时，剩余奥氏体将在共析温度下发生共析转变而形成珠光体。温度继续下降，从铁素体中析出极少量三次渗碳体可忽略不计。因此亚共析钢在室温的组织是铁素体+珠光体。亚共析钢在冷却过程中的组织转变情况，如图 7-10 所示。

所有亚共析钢的室温组织都是铁素体+珠光体，但随着碳质量分数的增加，组织中珠光体的量逐渐增多，铁素体的量逐渐减少。图 7-11 所示是不同成分亚共析钢的室温组织，图中白色部分为铁素体，黑色部分为珠光体。

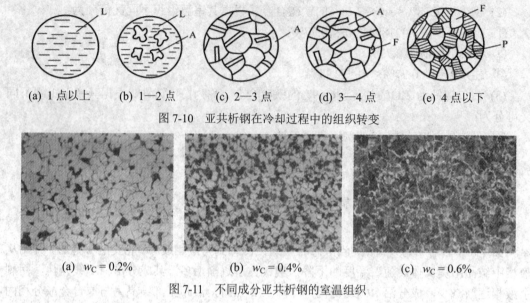

(a) 1 点以上　　(b) 1—2 点　　(c) 2—3 点　　(d) 3—4 点　　(e) 4 点以下

图 7-10　亚共析钢在冷却过程中的组织转变

(a) $w_C = 0.2\%$　　　(b) $w_C = 0.4\%$　　　(c) $w_C = 0.6\%$

图 7-11　不同成分亚共析钢的室温组织

3) 过共析钢

图 7-8 中合金Ⅲ为过共析钢。过共析钢在 3 点以上温度冷却过程与共析钢在 S 点以上相似。当缓慢冷却到与 ES 线相交的 3 点时，奥氏体中的溶碳量达到饱和，随着温度的降低，多余的碳以二次渗碳体的形式析出，并以网状形式沿奥氏体晶界分布。温度继续降低，二次渗碳体量逐渐增多，而奥氏体量逐渐减少，奥氏体成分沿 ES 线向共析成分接近。当冷却到与 PSK 线相交的 4 点时，剩余奥氏体将在共析温度下发生共析转变而形成珠光体。温度继续下降，组织不再变化。因此过共析钢在室温的组织是珠光体+网状二次渗碳体。过共析钢在冷却过程中的组织转变情况，如图 7-12 所示。

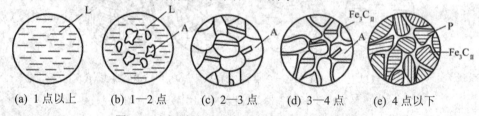

(a) 1 点以上　　(b) 1—2 点　　(c) 2—3 点　　(d) 3—4 点　　(e) 4 点以下

图 7-12　过共析钢在冷却过程中的组织转变示意图

所有过共析钢的室温组织都是珠光体+网状二次渗碳体，但随着碳质量分数的增加，组织中二次渗碳体的量逐渐增多，珠光体的量逐渐减少，当 $w_C = 2.11\%$时，二次渗碳体的量达到最大，其值为 22.6%。图 7-13 所示是过共析钢的室温组织，呈片状黑白相间的部分为珠光体，白色网状为二次渗碳体。

4) 共晶白口铸铁

图 7-8 中合金Ⅳ为共晶白口铸铁。当共晶白口铸铁缓慢冷却到 C 点时发生共晶转变，即从液态合金中结晶出 E 点成分的奥氏体和 F 点成分的渗碳体的机械混合物，即莱氏体。在 C 点以下继续冷却时，莱氏体中奥氏

图 7-13　过共析钢的室温组织
(碱性苦味酸钠腐蚀)

体将析出二次渗碳体。随着温度的继续下降，二次渗碳体的量不断增多，而奥氏体的量不断减少，其成分沿 *ES* 线向共析成分接近。当温度下降至与 *PSK* 线相交的 1 点时，奥氏体将发生共析转变析出珠光体，二次渗碳体保留到室温。因此共晶白口铸铁在室温的组织是由珠光体和渗碳体(共晶渗碳体+二次渗碳体)组成的两相组织，即低温莱氏体，如图 7-6 所示。

共晶白口铸铁冷却过程中的组织转变情况如图 7-14 所示。

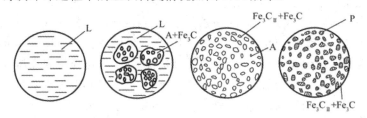

(a) C 点以上　　(b) 在 C 点时　　(c) C 点—1 点　　(d) 1 点以下

图 7-14　共晶白口铸铁冷却过程中的组织转变示意图

5) 亚共晶白口铸铁

图 7-8 中合金 V 为亚共晶白口铸铁。当亚共晶白口铸铁缓慢冷却到与 *AC* 线相交的 1 点时，开始从液相中结晶出奥氏体。随着温度的下降，奥氏体量逐渐增多，其成分沿 *AE* 线变化，而剩余液相量逐渐减少，其成分沿 *AC* 线向共晶成分接近。当冷却到与共晶线 *ECF* 相交的 2 点时，剩余液相将发生共晶转变形成莱氏体，此时的组织为奥氏体+莱氏体。随着温度的继续下降，奥氏体的成分将沿着 *ES* 线向共析成分接近，并不断从先结晶出来的奥氏体和莱氏体中的奥氏体析出二次渗碳体。当温度下降至与 *PSK* 线相交的 3 点时，奥氏体将发生共析转变析出珠光体，二次渗碳体保留到室温。因此亚共晶白口铸铁室温的组织是珠光体+二次渗碳体+低温莱氏体。亚共晶白口铸铁冷却过程中的组织转变情况如图 7-15 所示，显微组织如图 7-16 所示。图 7-16 中黑色块状或树枝状为珠光体，珠光体周围白色网状为二次渗碳体，黑白相间的基体为低温莱氏体。

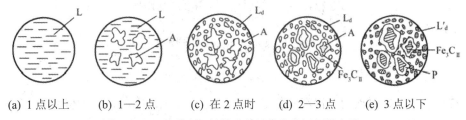

(a) 1 点以上　　(b) 1—2 点　　(c) 在 2 点时　　(d) 2—3 点　　(e) 3 点以下

图 7-15　亚共晶白口铸铁冷却过程中的组织转变情况

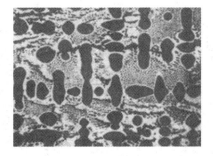

图 7-16　亚共晶白口铸铁的显微组织

所有亚共晶白口铸铁的室温组织都是珠光体+二次渗碳体+低温莱氏体，但随着碳的质量分数的增加，低温莱氏体的量不断增多，珠光体的量不断减少。

6) 过共晶白口铸铁

图 7-8 中合金Ⅵ为过共晶白口铸铁。当过共晶白口铸铁缓慢冷却到与 *CD* 线相交的 1 点时，开始从液相中结晶出一次渗碳体。随着温度的下降，一次渗碳体量逐渐增多，剩余液相量逐渐减少，其成分沿 *CD* 线向共晶成分接近。当冷却到与共晶线 *ECF* 相交的 2 点时，剩余液相将发生共晶转变形成莱氏体，此时的组织由莱氏体和一次渗碳体组成。随着温度的继续下降，合金的组织变化与共晶、亚共晶白口铸铁基本相同，即冷却至 3 点莱氏体转变成低温莱氏体，继续冷却合金组织不再变化。过共晶白口铸铁室温组织是低温莱氏体+一次渗碳体，过共晶白口铸铁冷却过程中的组织转变情况如图 7-17 所示，显微组织如图 7-18 所示。图 7-18 中白色条状为一次渗碳体，基体为低温莱氏体。

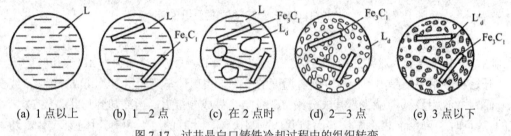

(a) 1 点以上	(b) 1—2 点	(c) 在 2 点时	(d) 2—3 点	(e) 3 点以下

图 7-17　过共晶白口铸铁冷却过程中的组织转变

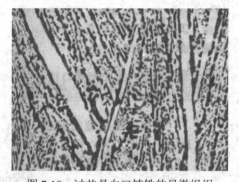

图 7-18　过共晶白口铸铁的显微组织

所有过共晶白口铸铁的室温组织都是低温莱氏体加一次渗碳体，但随着碳质量分数的增加，一次渗碳体的量不断增多，低温莱氏体量不断减少。

7.1.4　铁碳合金的成分、组织、性能间的关系

1. 成分与组织间的关系

由上述分析可知，随着碳质量分数的提高，铁碳合金室温下的平衡组织依次为：$F+Fe_3C_{\text{III}} \rightarrow F+P \rightarrow P \rightarrow P+Fe_3C_{\text{II}} \rightarrow P+Fe_3C_{\text{II}}+L'_d \rightarrow L'_d \rightarrow L'_d+Fe_3C_{\text{I}}$。任何成分的铁碳合金在室温均由铁素体和渗碳体两相组成，并且随着碳质量分数的增加，铁素体的相对量在减少，而渗碳体的相对量在增加。铁碳合金的成分与组织组成物和相组成物相对量的关系见图 7-19。

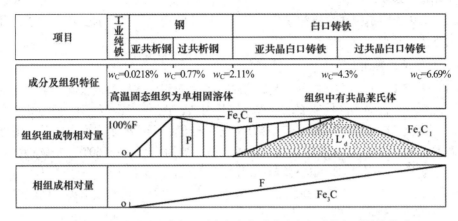

图 7-19　铁碳合金的成分与组织组成物和相组成物相对量的关系

2. 成分与性能间的关系

在铁碳合金中，渗碳体是一种强化相，渗碳体数量越多，分布越均匀，铁碳合金的强度、硬度越高，而塑性、韧性则越低；但当渗碳体分布在晶界或作为基体存在时，铁碳合金的塑性和韧性将大大下降，且强度也随之降低。图 7-20 所示是铁碳合金中碳质量分数对钢力学性能的影响，从图中可以看出，当 $w_C < 0.9\%$ 时，随着碳的质量分数的增加，钢的强度和硬度直线上升，而塑性和韧性却不断降低；而当 $w_C > 0.9\%$ 时，由于二次渗碳体不断在晶界析出并形成完整的网状，不仅使钢的塑性、韧性进一步下降，而且强度也开始明显下降。因此，在机械制造中，为了保证钢既具有足够高的强度，同时又具有一定的塑性和韧性，钢中碳的质量分数一般都不超过 1.3%～1.4%。

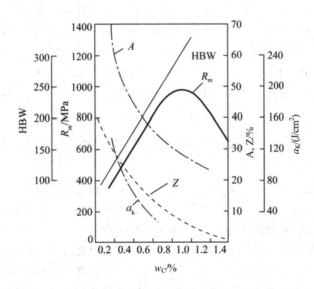

图 7-20　铁碳合金中碳的质量分数对钢力学性能的影响

对于 $w_C > 2.11\%$ 的白口铸铁，由于组织中含有大量的硬而脆的渗碳体，难以进行切削加工，因此在机械制造中很少直接应用。

3. 铁碳相图的应用

Fe-Fe$_3$C 相图表明了钢铁材料的成分、组织与性能的变化规律，为生产中的选材及制定加工工艺提供了重要依据。

1) 在选材方面的应用

由 Fe-Fe$_3$C 相图可知，不同成分的铁碳合金，其室温组织不同，导致其力学性能也不同。因此，可根据零件的不同性能要求合理地选择材料。例如，要求塑性、韧性好的金属构件(汽车上的机油盘、汽缸盖罩)，应选碳质量分数较低的钢；要求强度、硬度、塑性和韧性都较高的机械零件(汽车曲轴)，则应选用碳质量分数为 0.25%～0.60%的中碳钢；对于汽车上承受交变载荷的弹簧，要求具有较高的弹性和韧性，则需选用碳质量分数为 0.60%～0.85%的中高碳钢；对于要求具有高硬度、高耐磨性的切削刀具和测量工具，则应选用碳质量分数为 0.7%～1.3%的高碳钢。

2) 在确定热加工工艺方面的应用

(1) 在铸造方面。铸造生产中，可以根据 Fe-Fe$_3$C 相图确定钢铁材料的浇注温度，一般为液相线以上 50～100℃。由相图可知，共晶成分的合金结晶温度最低，结晶区间最小，流动性好，体积收缩小，易获得组织致密的铸件，所以通常选择共晶成分的合金作为铸造合金。

(2) 在锻压方面。Fe-Fe$_3$C 相图可以作为确定钢的锻造温度范围的依据。通常把钢加热到单相奥氏体区，钢的塑性好，变形抗力小，易于成型。一般始锻温度控制在固相线以下100～200℃，而终锻温度控制在 *GS* 线以上，过共析钢应稍高于 *PSK* 线。

(3) 在焊接方面。在焊接工艺上，焊缝及周围热影响区受到不同程度的加热和冷却，钢铁材料的组织和性能会发生变化，Fe-Fe$_3$C 相图可作为研究其变化规律的理论依据。铁碳合金的焊接性与碳的质量分数有关，随着碳质量分数的增加，钢的脆性在增加，塑性在下降，导致钢的冷裂倾向增加，使焊接性变差。碳质量分数越高，焊接性越差，故焊接用钢主要是低碳钢或低碳合金钢。

(4) 在热处理方面。在热处理工艺中，Fe-Fe$_3$C 相图是确定各种热处理工艺加热温度的重要依据。例如，钢的退火、正火、淬火加热温度都是依据铁碳相图来确定的。

7.2 钢 的 热 处 理

钢的热处理是通过加热、保温和冷却等工序来改变钢的内部组织结构，从而获得预期性能的工艺，其目的是改善和提高材料的性能，充分发挥材料的性能潜力，延长其使用寿命。因此，热处理在机械制造业有着重要的地位和作用。

根据加热和冷却方式的不同，热处理一般分为普通热处理和表面热处理。普通热处理又称整体热处理，主要包括退火、正火、淬火和回火；表面热处理包括表面淬火和化学热处理。尽管热处理的种类很多，但都是由加热、保温和冷却三个阶段组成，因此要掌握各种热处理方法对钢的组织和性能的影响，就必须研究钢在加热、保温和冷却过程中的组织转变规律。图 7-21 所示为最基本的热处理工艺曲线。

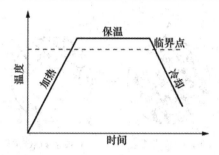

图 7-21 最基本的热处理工艺曲线

7.2.1 钢在加热和冷却时的组织转变

热处理工艺中加热和冷却的目的都是使钢的组织发生转变。在铁碳相图中，A_1、A_3、A_{cm} 线都是平衡状态的相变温度(又称临界点)，而在实际生产中加热和冷却过程不可能非常缓慢，因此相变点的实际位置往往与平衡状态时的位置不一致，有所偏离，即加热时实际转变温度略高于平衡相变点，而冷却时却略低于平衡相变点。为了使两者有所区别，通常将加热时的实际相变点用 A_{c1}、A_{c3}、A_{ccm} 表示；冷却时的实际相变点用 A_{r1}、A_{r3}、A_{rcm} 表示，如图 7-22 所示。

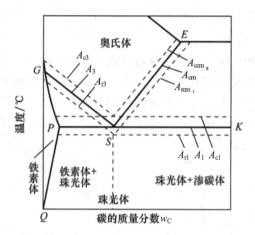

图 7-22 钢在加热或冷却时各临界点的实际位置

1. 加热时的组织转变

钢进行热处理的目的是获得均匀而细小的奥氏体组织，通常将这种加热转变称为钢的奥氏体化。加热时奥氏体化的程度及晶粒大小，对其冷却转变过程及最终的组织和性能都有极大的影响。因此了解奥氏体的形成规律，是掌握热处理工艺的基础。

以共析钢为例，其室温平衡组织为珠光体，当把共析钢加热到 A_{c1} 以上温度时，发生珠光体向奥氏体转变。这一转变是由成分相差悬殊、晶格类型截然不同的两相 F+Fe₃C 混合物转变成另一种晶格类型的单相奥氏体(A)的过程。在此过程中必然进行晶格的改组和铁碳原子的扩散，并遵循形核和长大的基本规律。因此，该过程可归纳为奥氏体晶核的形成、奥氏体晶核的长大、残余渗碳体的溶解和奥氏体成分均匀化四个阶段，如图 7-23 所示。

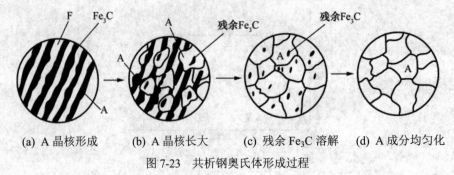

(a) A晶核形成　　(b) A晶核长大　　(c) 残余Fe₃C溶解　　(d) A成分均匀化

图 7-23　共析钢奥氏体形成过程

热处理的保温阶段不仅是为了让工件热透，同时也是为了获得均匀的奥氏体组织，以便冷却后获得良好的组织和性能。

亚共析钢和过共析钢的奥氏体形成过程与共析钢基本相同，但完全奥氏体化的过程有所不同。亚共析钢加热到 A_{c1} 以上温度时还存在铁素体，这部分铁素体只有继续加热到 A_{c3} 以上时才能完全转变为奥氏体；过共析钢则只有在加热温度高于 A_{ccm} 时，才能获得单一的奥氏体组织。

加热时形成奥氏体晶粒的大小直接影响冷却转变产物的晶粒大小和力学性能。奥氏体晶粒越细小，其冷却转变产物也越细小，力学性能越高。因此在对钢进行热处理时，为了获得均匀而细小的奥氏体晶粒，必须选取合适的加热温度，并严格控制保温时间。

2. 冷却时的组织转变

冷却过程是热处理的关键工序，其冷却方式不同，冷却后的组织和性能也不同。热处理生产中有等温冷却和连续冷却两种方式。等温冷却是将奥氏体化后的钢迅速冷至 A_{r1} 以下某一温度并保温，使其在该温度下发生组织转变，然后再冷却到室温的热处理工艺，如图 7-24 中曲线 1 所示。连续冷却是指将奥氏体化的钢自加热温度连续冷却至室温的热处理工艺，如图 7-24 中曲线 2 所示。

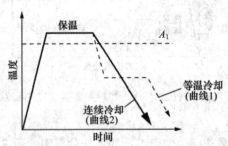

图 7-24　两种冷却方式示意图

1) 过冷奥氏体的等温转变

奥氏体在 A_1 温度以上是稳定的，能够长期存在而不发生转变，一旦冷却到 A_{r1} 温度以下就处于不稳定状态，即将发生转变。我们把在 A_{r1} 温度以下暂存的、不稳定的奥氏体称为过冷奥氏体。过冷奥氏体在不同温度下的等温转变产物可以用等温转变曲线来确定。

(1) 过冷奥氏体等温转变曲线的建立。以共析钢为例来说明过冷奥氏体等温转变曲线的建立。首先将共析钢制成若干小圆形薄片试样，加热至奥氏体化后，分别迅速放入 A_{r1} 以下不同温度的恒温盐浴槽中进行等温转变；分别测出在各温度下过冷奥氏体转变开始时间、终了时间以及转变产物量，并画在温度-时间坐标图上，再将各转变开始点和终了点分别用光滑曲线连接起来，得到共析钢过冷奥氏体等温转变曲线，如图7-25(a)所示。由于曲线与字母C相似，故又称为C曲线。

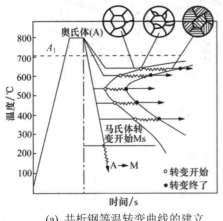

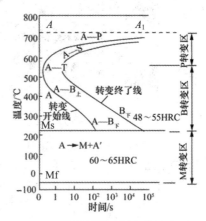

(a) 共析钢等温转变曲线的建立　　　　　　　(b) 共析钢等温转变曲线

图 7-25　共析钢过冷奥氏体等温转变曲线

图 7-25(b)所示左边曲线为过冷奥氏体等温转变开始线，右边曲线为过冷奥氏体等温转变终了线。A_1 线以上是稳定的奥氏体区；A_1 线以下，转变开始线左边的区域为过冷奥氏体区，转变终了线以右的区域是转变产物区，两线之间是过冷奥氏体和转变产物共存区。纵坐标到转变开始线之间的水平距离表示过冷奥氏体等温转变前所经历的时间，称为孕育期。孕育期越长，表示过冷奥氏体越稳定。对于共析钢，过冷奥氏体在 550℃附近等温时，孕育期最短，即过冷奥氏体最不稳定，转变速度最快，这里被形象地称为C曲线的"鼻尖"。C曲线的下部有两条水平线，上面一条是马氏体转变开始线，用 Ms 表示；下面一条是马氏体转变终了线，用 Mf 表示。

(2) 过冷奥氏体等温转变产物的组织形态及性能。

① 珠光体转变。共析钢在 A_{r1}～550℃区间进行等温时，过冷奥氏体的转变产物为珠光体型组织，它是由铁素体与渗碳体组成的层片相间的机械混合物。等温温度越低，铁素体和渗碳体的片层间距越小。根据片层的厚薄不同，珠光体型组织又可细分为三种，见表 7-3。

表 7-3　珠光体型组织的形态和性能

等温温度/℃	组织名称	符号	片层间距/μm	硬度(HRC)
A_{r1}～650	珠光体	P	＞0.4	10～20
650～600	索氏体	S	0.2～0.4	20～30
600～550	托氏体	T	＜0.2	30～40

实际上这三种组织都属于珠光体，其差别是珠光体的片层间距大小不同，等温温度越低，片层间距越小；片层间距越小，强度、硬度越高，塑性、韧性越好。

② 贝氏体转变。共析钢在 550℃～Ms 区间等温，过冷奥氏体的转变产物为贝氏体。贝氏体是由含过饱和碳的铁素体和碳化物组成的机械混合物，用符号 B 表示。根据形成温

度和组织形态，可将贝氏体分为上贝氏体和下贝氏体，如图 7-26 所示。

(a) 上贝氏体显微组织　　　　　　　　(b) 下贝氏体显微组织

图 7-26　贝氏体的显微组织

共析钢在 550℃～350℃区间等温，形成黑色羽毛状的上贝氏体，上贝氏体强度很低，脆性很大，基本没有实用价值；在 350℃～Ms 区间等温，形成黑色竹叶状的下贝氏体，下贝氏体具有较高的强度、硬度，良好的塑性、韧性。因此生产中常用等温淬火的方法来获得下贝氏体组织，以获得良好的综合力学性能。

③ 马氏体转变。马氏体转变是在 Ms～Mf 之间连续冷却过程中进行的。当过冷奥氏体被快速冷却到 Ms 点以下时，转变产物是马氏体。马氏体是碳在 α-Fe 中的过饱和固溶体。

马氏体的组织形态主要与碳含量有关。当碳含量低于 0.2%时，可获得板条状的马氏体，它具有较高的强度、硬度，较好的塑性、韧性；当碳含量大于 1.0%时，得到针片状马氏体，它具有很高的硬度，但塑性差，脆性大；碳含量在 0.2%～1.0%时，得到板条马氏体和针片状马氏体的混合组织。图 7-27 所示为板条马氏体和针片状马氏体的显微组织。

(a) 板条马氏体的显微组织　　　　　　(b) 片状马氏体的显微组织

图 7-27　板条马氏体和针片状马氏体的显微组织

2) 过冷奥氏体的连续冷却转变

在实际生产中，过冷奥氏体大多是在连续冷却中转变的，因此研究过冷奥氏体连续冷却时的组织转变规律有着重要的意义。

共析钢的连续冷却转变曲线如图 7-28 所示。由图可见，连续冷却转变曲线只有 C 曲线的上半部分，因此连续冷却时只发生珠光体和马氏体转变，而不会发生贝氏体转变。图中 p_s 线为过冷奥氏体向珠光体转变的开始线；p_f 线为过冷奥氏体向珠光体转变的终了线；KK' 线为过冷奥氏体向珠光体转变的终止线，它表示冷却曲线与 KK' 线相交时，过冷奥氏体则停止向珠光体转变，剩余部分一直冷却到 Ms 线以下发生马氏体转变。v_K 是过冷奥氏体在连续冷却过程中不发生分解，全部转变为马氏体的最小冷却速度，也称为马氏体临界冷却速度；v'_K 是获得全部珠光体型组织的最大冷却速度。

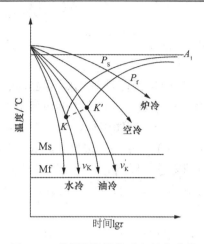

图 7-28　共析钢的连续冷却转变曲线

7.2.2　钢的普通热处理

1. 钢的退火和正火

在机械制造过程中，退火和正火经常作为预先热处理，安排在铸造、锻造和焊接之后或粗加工之前，用以消除前一工序所造成的某些组织缺陷及内应力，为切削加工及热处理做好组织准备。退火和正火也可用于性能要求不高的机械零件的最终热处理。

1）钢的退火

退火是将钢加热到适当温度，保温一定时间，然后缓慢冷却(一般是随炉冷却，也可埋砂冷却或灰冷)的热处理工艺。根据钢的成分和退火目的不同，退火常分为完全退火、等温退火、球化退火、扩散退火和去应力退火等。各类退火的工艺特点及适用范围见表 7-4。

表 7-4　各类退火的工艺特点及适用范围

退火的分类	加热温度	冷却方式	目　的	适用范围
完全退火	A_{c3}+30℃～A_{c3}+50℃	随炉冷却到600℃以下，出炉空冷	消除残余应力，改善组织，细化晶粒，降低钢的硬度，为切削加工和最终热处理做准备	亚共析钢的铸件、锻件，焊接件的预先热处理
等温退火	$A_{c3}(A_{c1})$+30℃～$A_{c3}(A_{c1})$+50℃	快速冷却到A_{r1}以下某一温度，等温一定时间，出炉空冷	与完全退火相同，但等温退火可缩短生产周期，提高生产效率	合金钢工件
球化退火	A_{c1}+30℃～A_{c1}+50℃	经充分保温后，随炉冷却到600℃出炉空冷	使珠光体中的片状渗碳体和网状二次渗碳体球化，变成在铁素体基体上弥散分布着粒状渗碳体的组织，即球状珠光体。降低硬度，改善切削加工性，为后续热处理做组织准备	具有共析或过共析成分的碳钢或合金钢
扩散退火	固相线以下100～200℃	长时间保温后，随炉冷却	消除铸件中的偏析，使钢的化学成分和组织均匀化	质量要求高的合金钢铸锭或铸件
去应力退火	A_{c1}以下某一温度(一般为500～650℃)	随炉冷却到200～300℃出炉空冷	消除铸件、锻件、焊接件、冷冲压件以及机加工工件的残余应力，稳定工件尺寸，减少变形	所有钢件

2) 钢的正火

正火是将钢加热到 A_{c3}(或 A_{ccm})以上 30～50℃，保温一定时间，然后出炉在空气中冷却的热处理工艺。

正火和退火的主要区别是正火的冷却速度稍快，得到的组织较细小，强度和硬度有所提高，操作简便，产生周期短，成本较低。正火主要应用于以下几个方面：

(1) 改善低碳钢和低碳合金钢的切削加工性。由于正火后的组织为细珠光体，其硬度有所提高，从而改善了切削加工中的"黏刀"现象，降低了工件的表面粗糙度。

(2) 消除网状渗碳体。可消除过共析钢的网状二次渗碳体，为球化退火做组织准备。

(3) 作为中碳钢零件的预先热处理。通过正火可以消除钢中粗大的晶粒和内应力，为最终热处理做组织准备。

(4) 作为普通结构件的最终热处理。对于某些大型或结构复杂的普通零件，当淬火有可能产生裂纹时，往往用正火代替淬火、回火作为这类零件的最终热处理。

退火和正火加热温度范围及热处理工艺曲线如图 7-29 所示。

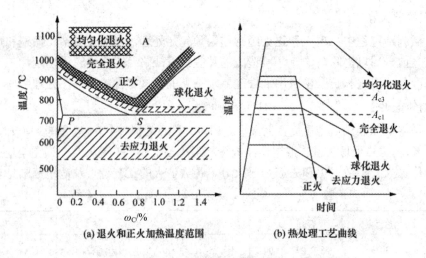

(a) 退火和正火加热温度范围　　　　(b) 热处理工艺曲线

图 7-29　退火和正火加热温度范围及热处理工艺曲线

2. 钢的淬火

淬火是将钢加热到 A_{c3}(或 A_{c1})以上 30～50℃，保温一定时间，然后以大于马氏体临界冷却速度快速冷却，获得马氏体或下贝氏体组织的热处理工艺，其目的是提高钢的硬度和耐磨性。淬火是强化钢材最重要的工艺方法，必须与适当的回火工艺相配合，才能使钢具有不同的力学性能，以满足各类零件或工模具的使用要求。

(1) 淬火加热温度的确定。淬火加热温度应以获得均匀而细小的奥氏体晶粒为原则。钢的成分不同，淬火加热温度也不同。碳钢的淬火加热温度范围如图 7-30 所示，一般亚共析钢的淬火加热温度为 A_{c3}+30℃～A_{c3}+50℃；共析钢及过共析钢为 A_{c1}+30℃～A_{c1}+50℃。对于合金钢，由于合金元素对奥氏体化有延缓作用，加热温度应比碳钢高，尤其是高合金钢淬火加热温度要远高于 A_{c1}，同样能获得均匀而细小的奥氏体晶粒，这与合金元素在钢中的作用有关。

　　淬火保温时间是根据工件的有效厚度及成分来确定的,生产中常采用经验公式进行估算。

　　(2) 淬火冷却介质。为了保证淬火后获得马氏体组织,淬火冷却速度必须大于马氏体临界冷却速度,但过快的冷却速度必然产生较大的淬火内应力,导致工件产生变形或裂纹。所以,淬火时在获得马氏体组织的前提下,尽量选用较缓和的冷却介质。理想的冷却介质应保证在 C 曲线"鼻尖"附近快冷,以避免过冷奥氏体发生转变。在 C 曲线"鼻尖"以上或以下温度缓冷,可降低工件的热应力和组织应力。图 7-31 所示为理想的淬火冷却速度。但到目前为止,还没有找到完全理想的淬火冷却介质。

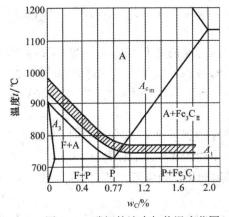
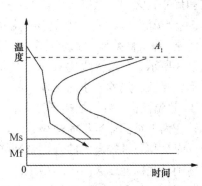

图 7-30　碳钢的淬火加热温度范围　　　　图 7-31　理想的淬火冷却速度

　　生产中常用的淬火冷却介质有水、油、盐或碱的水溶液。

　　① 水及水溶液。水在 $500\sim650℃$ 范围内需要快冷时,冷却速度相对较小;而在 $200\sim300℃$ 范围内需要慢冷时,冷却速度又相对较大,容易引起工件的变形和开裂。为了提高水在 $500\sim650℃$ 范围内的冷却能力,常在水中加入 $5\%\sim10\%$ 的盐或碱,制成盐或碱的水溶液。盐水、碱水常用于形状简单、截面尺寸较大的碳钢工件的淬火。

　　② 油。常用的淬火油有机械油、变压器油、柴油、植物油等,其优点是在 $200\sim300℃$ 范围冷却较缓慢,有利于减小工件的变形;缺点是在 $550\sim650℃$ 范围冷却也较慢,不利于淬硬。所以油一般用于合金钢和尺寸较小的碳钢工件的淬火。

　　为了减小零件淬火时的变形,盐浴或碱浴也可作为淬火介质,用于形状复杂、尺寸较小、变形要求严格工件的分级淬火和等温淬火。

　　(3) 常用的淬火方法。常用的淬火方法有单介质淬火、双介质淬火、分级淬火和等温淬火等,如图 7-32 所示。

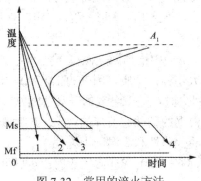

图 7-32　常用的淬火方法

① 单介质淬火。将钢加热到淬火温度，保温一定时间，放入一种淬火介质中一直冷却到室温的淬火方法，如图 7-32 中曲线 1 所示。例如碳钢在水中、合金钢在油中淬火。此方法操作简便，容易实现机械化和自动化，但水冷易变形，油冷不易淬硬，适用于形状简单的碳钢和合金钢工件。

② 双介质淬火。将钢加热到淬火温度，保温一定时间，先浸入冷却能力强的淬火介质中，待零件冷却到稍高于 Ms 温度时，再立即转入冷却能力弱的介质中冷却到室温的淬火方法，如图 7-32 中曲线 2 所示。例如碳钢的水-油淬火、合金钢的油-空气淬火等。此方法能有效地防止淬火变形和裂纹，但要求操作工人有较高的技术水平，适用于形状复杂的高碳钢和尺寸较大的合金钢工件。

③ 分级淬火。将钢加热到淬火温度后，先浸入温度稍高于 Ms 点的盐浴或碱浴槽中，短时保温，待工件整体达到介质温度后取出空冷，以获得马氏体组织的淬火方法，如图 7-32 中曲线 3 所示。分级淬火比双介质淬火容易控制，而且能有效减小工件的变形和开裂，适用于形状复杂、尺寸较小的工件。

④ 等温淬火。将钢加热到淬火温度后，快速冷却到下贝氏体转变温度区间等温，使奥氏体转变为下贝氏体组织的淬火方法，如图 7-32 中曲线 4 所示。等温淬火时内应力及变形很小，而且能获得较高的综合力学性能，但生产周期长，效率低，适用于形状复杂、尺寸要求精确、强韧性要求高的小型工件。

(4) 钢的淬透性。钢淬火的目的是获得马氏体组织，但并非任何钢种、任何成分的钢在淬火时都能在整个截面上得到马氏体。这是由于淬火冷却时表面与心部冷却速度有差异所致。显然只有冷却速度大于临界冷却速度才有可能获得马氏体。钢的淬透性是指钢在淬火时获得淬硬层深度的能力，其大小通常用规定条件下淬硬层的深度来表示。淬硬层越深，其淬透性越好。凡是能增加过冷奥氏体稳定性，即使 C 曲线右移、减小钢的临界冷却速度的因素，都能提高钢的淬透性，反之，则降低淬透性。所以，钢的化学成分和奥氏体化条件是影响其淬透性的基本因素。

淬透性与淬硬性是两个完全不同的概念。淬硬性是指钢在淬火后所能达到的最高硬度的能力。淬硬性主要取决于马氏体的含碳量。合金元素对淬硬性没有显著影响，但对淬透性却有很大影响，因此，淬透性好的钢，其淬硬性不一定高。

3. 钢的回火

回火是将淬火后的钢重新加热到 A_1 以下某一温度，保温一定时间后冷却到室温的热处理工艺。淬火后的工件不宜直接使用，必须及时进行回火。回火决定了钢的组织和性能，其目的是减少或消除淬火应力，防止工件变形开裂，稳定工件尺寸及获得必需的力学性能，是重要的热处理工序。

(1) 回火的种类和应用。生产中根据回火温度不同分为低温回火、中温回火和高温回火三类。淬火后进行高温回火，称为调质。回火的工艺特点及应用范围，见表 7-5。

(2) 回火脆性。淬火钢回火时，随着温度的升高，通常强度、硬度降低，而塑性、韧性提高，但在某些温度范围内钢的韧性有下降的现象，这种现象称为回火脆性。按回火脆性的温度范围，可分为低温回火脆性和高温回火脆性。

① 低温回火脆性。淬火钢在 250～350℃ 回火时出现的回火脆性，称为低温回火脆性

或第一类回火脆性。几乎所有的钢都存在这类脆性，由于这类回火脆性是不可逆的，一般应避免在此温度范围内回火。

②　高温回火脆性。一些合金钢，尤其是含 Cr、Mn、Ni 等合金元素的钢，淬火后在450～650℃之间回火时也会产生回火脆性，称为高温回火脆性或第二类回火脆性。由于这类回火脆性是可逆的，生产中可采用快速冷却或在钢中加入 W、Mo 等合金元素，以有效抑制这类回火脆性。

表 7-5　回火的工艺特点及应用范围

回火工艺	回火温度/℃	回火组织及硬度	特　点	用　途
低温回火	100～250	回火马氏体(58～64 HRC)	保持了淬火马氏体的高硬度和高耐磨性，但内应力和脆性有所降低	主要用于工具、滚动轴承及表面处理件
中温回火	350～500	回火托氏体(38～50 HRC)	具有较高的弹性和一定的韧性	主要用于各种弹性零件，如弹簧和热作模具
高温回火	500～650	回火索氏体(25～35 HRC)	具有较好的综合力学性能，即强度、硬度、塑性、韧性都比较好	广泛用于汽车、拖拉机轴类零件，齿轮，高强度螺栓、连杆等

7.2.3　钢的表面热处理

生产中很多机械零件要求其表面具有较高的强度、硬度和耐磨性，而心部则要求具有足够的塑性和韧性。这种机械零件可以通过表面热处理，仅使工件表面强化来满足以上性能要求。表面热处理是指为改变工件表面的组织和性能，仅对工件表层进行的热处理工艺，包括表面淬火和化学热处理。

1. 钢的表面淬火

表面淬火是指在不改变钢的化学成分及心部组织的情况下，利用快速加热，将表层加热到奥氏体化温度后进行淬火，使表层获得硬而耐磨的马氏体组织，而心部组织仍然不变的热处理工艺。目前生产中广泛应用的是感应加热表面淬火和火焰加热表面淬火。

1) 感应加热表面淬火

(1) 感应加热表面淬火的原理。如图 7-33 所示，将工件放入铜管制成的感应器(线圈)中，并通入一定频率的交流电，在感应器周围将产生一个频率相同的交变磁场，在工件表面产生频率相同方向相反的感应电流，这个电流在工件内形成回路称为涡流。涡流在工件内分布是不均匀的，表层电流密度大，心部电流密度小，这种现象称为"集肤效应"。由于钢本身具有电阻，因而集中于工件表层的涡流将产生电阻热使工件表层迅速加热到淬火温度，然后立即喷水快速冷却，工件表层即被淬硬，从而达到表面淬火的目的。

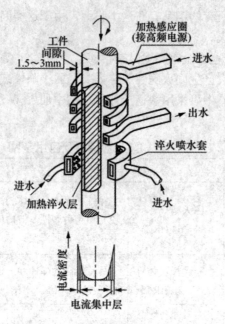

图 7-33 感应加热表面淬火的原理

感应加热表面淬火后，要进行 180~200℃的低温回火，以降低淬火应力，保持高硬度、高耐磨性。

(2) 感应加热淬火的种类及应用范围。根据所用电流频率的不同，可分为高频感应加热、中频感应加热和工频感应加热三种，见表 7-6。

表 7-6 感应加热淬火的种类及应用范围

感应加热的种类	常用频率/kHz	淬硬深度/mm	应 用 范 围
高频感应加热	200~300	0.5~2	淬硬层要求较薄的中小模数齿轮和中小尺寸的轴类零件
中频感应加热	2.5~8	2~10	大、中模数齿轮和较大直径的轴类零件
工频感应加热	0.05	10~20	大直径零件如轧辊、火车车轮等

(3) 感应加热表面淬火的优缺点。与普通淬火相比，感应加热淬火具有加热速度快、加热温度高、淬火质量好、生产效率高等优点。缺点是感应加热设备较贵，维修调整较困难，形状复杂的零件不易制作感应器，不适用于单件生产。

最适宜采用感应淬火的钢种是中碳钢和中碳合金钢，其次是高碳工具钢、低合金工具钢及铸铁等。一般表面淬火前应对工件进行正火或调质，以保证心部有良好的力学性能。

2) 火焰加热表面淬火

火焰加热表面淬火是利用氧-乙炔或煤气-氧的混合气体燃烧的火焰，将工件表层快速加热到淬火温度，然后立即喷水快速冷却的热处理工艺，如图 7-34 所示。火焰加热表面淬火的淬硬层深度一般为 2~8 mm。

火焰加热表面淬火具有操作简便、设备简单、成本低等优点，但加热温度不够均匀，淬火质量较难控制，适用于单件、小批生产以及大型零件的表面淬火。

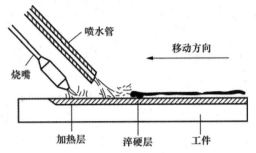

图 7-34　火焰加热表面淬火示意图

2. 钢的化学热处理

化学热处理是将工件置于一定温度的活性介质中,使一种或几种元素渗入工件的表层,以改变其化学成分、组织和性能的热处理工艺。与表面淬火相比,化学热处理不仅改变了表层的组织,还改变了其化学成分,可得到一般表面淬火达不到的特殊性能(如耐热性、耐蚀性以及抗磨性等),从而提高钢的使用性能,延长使用寿命。

化学热处理的方法很多,目前最常用的方法有渗碳、渗氮和碳氮共渗等。

(1) 钢的渗碳。渗碳是将工件在渗碳介质中加热并保温,使碳原子渗入工件表层的化学热处理工艺。

渗碳用钢为低碳钢和低碳合金钢。渗碳的目的是提高工件表层碳的质量分数,经淬火和低温回火后,提高工件表面的硬度和耐磨性,而心部仍然保持良好的塑性和韧性。渗碳一般用于在较大冲击载荷和在严重磨损条件下工作的零件,如汽车变速齿轮、活塞销、摩擦片、套筒等。

根据渗碳剂的不同,渗碳方法可分为固体渗碳、液体渗碳和气体渗碳三种,常用的是气体渗碳。图 7-35 是气体渗碳示意图。如图 7-35 所示,将工件置于密封的井式气体渗碳炉中,加热到 930℃左右,滴入容易分解和气化的有机液体(煤油、甲醇、苯等)并保温一定时间,使渗碳介质在高温下分解出活性碳原子,并被工件表面吸收;被吸收的活性碳原子由表面逐渐向工件内部扩散,形成具有一定深度的渗碳层。渗碳后,渗层深度可达 0.2～2.5 mm,表层碳的质量分数以 0.85%～1.05% 为最佳。

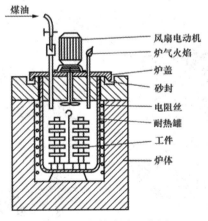

图 7-35　气体渗碳示意图

工件渗碳后必须进行淬火和低温回火才能达到预期的性能。经渗碳、淬火、低温回火处理后，工件表面硬度可达 58～64 HRC，耐磨性较好，心部硬度可达 30～45 HRC，具有较高的强度、韧性和一定的塑性。

(2) 钢的渗氮。渗氮也称氮化，是将工件在渗氮介质中加热并保温，使氮原子渗入工件表层的化学热处理工艺。其目的是提高工件表面的硬度、耐磨性、疲劳强度和耐腐蚀性。

常用的渗氮方法有气体渗氮和离子渗氮两种。气体渗氮是将工件置于通入氨气的井式渗氮炉中，加热到 500～570 ℃，使氨气分解出活性氮原子；活性氮原子被工件表面吸收，并向内部逐渐扩散形成具有一定深度的渗氮层。渗氮层深度一般为 0.1～0.6 mm，渗氮时间为 40～70 h，故气体渗氮生产周期很长。

与渗碳相比，气体渗氮工件表面硬度更高，可达到 1000～1200 HV(相当于 69～72 HRC)。渗氮温度较低，且渗氮后不需要进行其他热处理即可达到较高的硬度，因此渗氮件变形较小。渗氮层的耐磨性、耐腐蚀性、热硬性及疲劳强度均高于渗碳层，但渗氮层薄而脆，渗氮周期较长，生产效率低。因此，渗氮主要用于耐磨、耐高温、耐腐蚀的精密零件，如精密齿轮、精密机床主轴、汽轮机阀门及阀杆、发动机汽缸和排气阀等。

(3) 钢的碳氮共渗。碳氮共渗是在一定温度下，同时将碳、氮原子渗入工件表层的化学热处理工艺。以中温气体碳氮共渗和低温气体碳氮共渗应用较为广泛。

中温气体碳氮共渗实质上是以渗碳为主的共渗工艺，因此零件经共渗后须进行淬火及低温回火。中温气体碳氮共渗主要用于低碳及中碳结构钢零件，如汽车和机床上的各种齿轮、蜗轮、蜗杆和轴类零件等。

低温气体碳氮共渗实质上是以渗氮为主的共渗工艺，与一般渗氮相比渗层脆性较小，故又称软氮化。低温气体碳氮共渗工艺生产周期短，成本低，零件变形小，不受钢材限制，常用于汽车、机床上的小型轴类、齿轮以及模具、量具和刃具等。

7.3 碳 素 钢

碳素钢简称碳钢，通常指碳的质量分数小于 2.11%的铁碳合金。因其具有较好的力学性能和工艺性能，而且冶炼方便、价格低廉，因此是制造各种机器、工程结构、量具和刀具等最主要的材料，在汽车零件制造中也得到广泛的应用。图 7-36 所示的是常见碳素钢制造的汽车零件。

(a) 低碳钢制造的油底壳

(b) 低碳钢制造的汽缸盖罩

(c) 中碳钢制造的连杆

(d) 中碳钢制造的曲轴

图 7-36 常见碳素钢制造的汽车零件

7.3.1　常存杂质对钢性能的影响

实际生产中使用的碳钢，不单纯是铁碳合金，还包含有锰、硅、硫、磷等常规杂质元素，它们对钢的性能有一定影响。

1. 锰

锰是炼钢时用锰铁脱氧而残留在钢中的。锰大部分溶于铁素体，形成置换固溶体，因此具有固溶强化的作用。锰能和钢中的硫形成高熔点(1620℃)的 MnS，从而减轻硫的有害作用。同时，锰能增加珠光体的相对质量分数，并使珠光体细化，从而提高钢的强度。因此，锰是钢中的有益元素。碳钢中，锰的质量分数一般在 0.25%～0.80%。当钢中锰的质量分数较小时，对钢的性能影响不明显。

2. 硅

硅是炼钢时用硅铁脱氧而残留在钢中的。硅的脱氧能力比锰强，能溶于铁素体，也具有固溶强化的作用，但同时又降低了钢的韧性和塑性。碳钢中，硅的质量分数一般在 0.17%～0.37%。当钢中硅的质量分数较小时，对钢的性能影响不明显。硅也是钢中的有益元素。

3. 硫

硫是炼钢时由矿石和燃料带入钢中的，难以除尽。硫在钢中常以 FeS 的形式存在，而 FeS 和硫能形成熔点较低(985℃)的共晶体分布在晶界上，当钢加热到 1000～1200℃进行热加工时，共晶体将熔化使钢材变得极脆，这种现象称为热脆。

硫对钢的焊接性能有不良影响，会导致焊缝的热裂现象；对于铸钢件，硫的质量分数高时，也会出现热裂现象。因此，硫是钢中的有害元素，必须严格控制钢中硫的质量分数，一般小于 0.05%。

4. 磷

磷也是炼钢时由矿石带入钢中的。极少量的磷就能显著降低钢的塑性与韧性，在低温时更为严重，这种在低温时使钢严重变脆的现象，称为冷脆。因此，磷也是钢中的有害元素，钢中磷的质量分数一般小于 0.045%。

在某些情况下，硫、磷对钢也有有利的一面。如易切钢就是含硫、磷较高的钢。由于硫、磷含量较高，钢的塑性、韧性差，切削加工时切屑易碎断，不易磨损刀具，因此，适宜高速切削。再如，在炮弹钢中加入较多的磷，可使炮弹爆炸时碎片增多，提高杀伤力。

7.3.2　碳钢的分类

1. 按碳的质量分数分类

(1) 低碳钢，是指碳的质量分数 $w_C \leqslant 0.25\%$ 的钢。

(2) 中碳钢，是指碳的质量分数 $0.25\% < w_C \leqslant 0.60\%$ 的钢。

(3) 高碳钢，是指碳的质量分数 $w_C > 0.60\%$ 的钢。

2. 按钢的质量分类

根据钢中有害元素硫、磷的质量分数可分为如下几种。

(1) 普通碳素钢：$w_S < 0.055\%$，$w_P < 0.045\%$。

(2) 优质碳素钢：$w_S < 0.040\%$，$w_P < 0.040\%$。

(3) 高级优质碳素钢：$w_S < 0.030\%$，$w_P < 0.035\%$。

(4) 特级优质碳素钢：$w_S < 0.025\%$，$w_P < 0.030\%$。

3. 按钢的用途分类

(1) 碳素结构钢，用于制造汽车零件和工程构件，多为低碳钢和中碳钢。

(2) 碳素工具钢，用于制造刀具、量具和模具，多为高碳钢。

此外，按炼钢的脱氧程度分类，可分为镇静钢(脱氧程度完全)、沸腾钢(脱氧程度不完全)和半镇静钢(脱氧程度不十分完全)等。

7.3.3　碳钢的牌号、性能和用途

1. 普通碳素结构钢

国家标准《碳素结构钢》(GB/T 700—2006)规定，普通碳素结构钢的牌号由钢材屈服强度"屈"字汉语拼音首位字母、屈服强度值、质量等级符号、脱氧方法符号四部分按顺序组成。其中质量等级符号 A、B、C、D 表示钢材的不同质量等级，钢材质量依次提高，例如，A 级钢硫、磷质量分数最高，D 级钢硫、磷质量分数最低。脱氧方法符号 F、b、Z、TZ 表示钢材的不同脱氧方法，F 表示沸腾钢，b 表示半镇静钢、Z 表示镇静钢、TZ 表示特殊镇静钢。例如 Q235AF 表示屈服强度为 235 MPa 的 A 级沸腾钢。常用普通碳素结构钢牌号、化学成分及力学性能见表 7-7。

表 7-7　普通碳素结构钢的化学成分及力学性能(摘自 GB/T 700—2006)

牌号	等级	化学成分(质量分数)/%, 不大于					力学性能											
		C	Mn	Si	S	P	屈服强度 R_{eL}/(N/mm²)						抗拉强度 R_m /(N/mm²)	断后伸长率 A/%, 不小于				
							钢材厚度(直径)/mm							厚度(或直径)/mm				
							≤16	>16~40	>40~60	>60~100	>100~150	>150		≤40	>40~60	>60~100	>100~150	>150~200
Q195		0.12	0.50	0.30	0.050	0.045	195	185	—	—	—	—	315~430	33	—	—	—	—
Q215	A	0.15	1.20	0.30	0.050	0.045	215	205	195	185	175	165	335~450	31	30	29	27	26
	B				0.045													
Q235	A	0.22	1.40	0.30	0.050	0.045	235	225	215	205	195	185	370~500	26	25	24	22	21
	B	0.20			0.045													
	C	0.18			0.040	0.040												
	D	0.17			0.035	0.035												
Q275	A	0.24	1.50	0.35	0.050	0.045	275	265	255	245	225	215	410~540	22	21	20	18	17
	B	0.21			0.045	0.045												
		0.22																
	C	0.20			0.040	0.040												
	D				0.035	0.035												

由于普通碳素结构钢碳的质量分数较低，而硫、磷等有害元素含量较多，故强度不高，但塑性、韧性好，焊接性能优良，冶炼方便、价格便宜，使用时一般不进行热处理。普通碳素结构钢一般作为工程用钢，广泛应用于建筑、桥梁、船舶、车辆等工程，也可用于制造不重要的机器零件。如汽车传动轴间支架，发动机前后支架，后视镜支架，3、4、5 挡同步器锥盘，差速器螺栓锁片，车轮轮辐，驻车制动操纵杆棘爪和齿板等要求不高的汽车零件。常用普通碳素结构钢在汽车上的应用，见表 7-8。

碳素结构钢

表 7-8　常用普通碳素结构钢在汽车上的应用

牌　号	应用举例
Q235A	传动轴中间轴承支架、发动机支架、后视镜支架、油底壳甲醛板、车轮轮辐等
Q235AF	机油滤清器法兰、发动机连接板、前钢板弹簧夹箍、后视镜支架等
Q235B	同步器锥盘、差速器螺栓锁片、驻车制动操纵杆棘爪和齿板等
Q235BF	消声器后支架、放水龙头手柄夹持架、百叶窗叶片等

2. 优质碳素结构钢

优质碳素结构钢是应用极为广泛的机械制造用钢，与普通碳素结构钢相比，其硫、磷等有害元素含量较少，因而强度较高，塑性和韧性较好，经过热处理后还可以进一步调整和改善其力学性能，常用于制造较重要的机械零件。国家标准《优质碳素结构钢》(GB/T 699—2015)规定，优质碳素结构钢的牌号用两位数字表示，数字表示钢中平均碳的质量分数的万分之几。如牌号 45 表示其平均碳的质量分数为万分之 45，即 0.45%。对于较高含锰量(w_{Mn} = 0.70%～1.00%)的优质碳素结构钢，则在对应牌号后加 Mn 表示，如 45Mn、65Mn 等。若为沸腾钢，则在对应牌号后加 F 表示，如 08F、10F 等。

常用优质碳素结构钢牌号、化学成分及力学性能，见表 7-9。

表 7-9　常用优质碳素结构钢牌号、化学成分及力学性能

牌号	化学成分(质量分数)/%					力学性能					交货硬度 HBS	
	C	Si	Mn	S	P	R_{eL}/MPa	R_m/MPa	A/%	Z/%	KU_2/J	热轧钢	退火钢
						≥					≤	
08F	0.05～0.11	≤0.03	0.25～0.50	≤0.040	≤0.040	175	295	35	60	—	131	—
10F	0.07～0.14	≤0.07	0.25～0.50	≤0.040	≤0.040	185	315	33	55	—	137	—
10	0.07～0.14	0.17～0.37	0.35～0.65	≤0.035	≤0.040	205	335	31	55	—	137	—
15	0.12～0.19	0.17～0.37	0.35～0.65	≤0.040	≤0.040	225	375	27	55	—	143	—
20	0.17～0.24	0.17～0.37	0.35～0.65	≤0.040	≤0.040	245	410	25	55	—	156	—
25	0.22～0.30	0.17～0.37	0.50～0.80	≤0.040	≤0.040	275	450	23	50	71	170	—

牌号	化学成分(质量分数)/%					力学性能					交货硬度 HBS	
	C	Si	Mn	S	P	R_{eL}/MPa	R_m/MPa	A/%	Z/%	KU_2/J	热轧钢	退火钢
						≥					≤	
08F	0.05~0.11	≤0.03	0.25~0.50	≤0.040	≤0.040	175	295	35	60	—	131	—
30	0.27~0.35	0.17~0.37	0.50~0.80	≤0.040	≤0.040	295	490	21	50	63	179	—
35	0.32~0.40	0.17~0.37	0.50~0.80	≤0.040	≤0.040	315	530	20	45	55	189	—
40	0.37~0.45	0.17~0.37	0.50~0.80	≤0.040	≤0.040	335	570	19	45	47	217	187
45	0.42~0.50	0.17~0.37	0.50~0.80	≤0.040	≤0.040	355	600	16	40	39	241	197
50	0.47~0.55	0.17~0.37	0.50~0.80	≤0.040	≤0.040	375	630	14	40	31	241	207
55	0.52~0.60	0.17~0.37	0.50~0.80	≤0.040	≤0.040	380	645	13	35	—	255	217
60	0.57~0.65	0.17~0.37	0.50~0.80	≤0.040	≤0.040	400	675	12	35	—	255	229
65	0.62~0.70	0.17~0.37	0.50~0.80	≤0.040	≤0.040	410	695	10	30	—	255	229
70	0.67~0.75	0.17~0.37	0.50~0.80	≤0.040	≤0.040	420	715	9	30	—	269	229
75	0.72~0.80	0.17~0.37	0.50~0.80	≤0.040	≤0.040	880	1080	7	30	—	285	241
80	0.77~0.85	0.17~0.37	0.50~0.80	≤0.040	≤0.040	930	1080	6	30	—	285	241
85	0.82~0.90	0.17~0.37	0.50~0.80	≤0.040	≤0.040	980	1130	6	30	—	302	255
15 Mn	0.12~0.19	0.17~0.37	0.70~1.00	≤0.040	≤0.040	245	410	26	55	—	163	—
20 Mn	0.17~0.24	0.17~0.37	0.70~1.00	≤0.040	≤0.040	275	450	24	50	—	197	—
25 Mn	0.22~0.30	0.17~0.37	0.70~1.00	≤0.040	≤0.040	295	490	22	50	71	207	—
30 Mn	0.27~0.35	0.17~0.37	0.70~1.00	≤0.040	≤0.040	315	540	20	45	63	217	187
35 Mn	0.32~0.40	0.17~0.37	0.70~1.00	≤0.040	≤0.040	335	560	19	45	55	229	197
40 Mn	0.37~0.45	0.17~0.37	0.70~1.00	≤0.040	≤0.040	355	590	17	45	47	229	207
45 Mn	0.42~0.50	0.17~0.37	0.70~1.00	≤0.040	≤0.040	375	620	15	40	39	241	217
50 Mn	0.47~0.55	0.17~0.37	0.70~1.00	≤0.040	≤0.040	390	645	13	40	31	255	217
60 Mn	0.57~0.65	0.17~0.37	0.70~1.00	≤0.040	≤0.040	410	695	11	35	—	269	229
65 Mn	0.62~0.70	0.17~0.37	0.70~1.00	≤0.040	≤0.040	430	735	9	30	—	285	229
70 Mn	0.67~0.75	0.17~0.37	0.70~1.00	≤0.040	≤0.040	450	785	8	30	—	285	229

由表 7-9 可知，优质碳素结构钢中的低碳钢，强度、硬度不高，但是塑性、韧性以及焊接性能良好，常用于制作各种冲压件、焊接件和强度要求不高的零件，如发动机油底壳、油箱、车身外壳、离合器盖、变速叉、轮胎螺栓和螺母等；中碳钢具有较高的强度和硬度，切削加工性能良好，经过热处理后具有良好的综合力学性能，常用于制作受力较大的汽车零件，如曲轴齿轮、飞轮齿轮、万向节叉、离合器

优质碳素结构钢

从动盘、连杆等；高碳钢具有高的强度、硬度和良好的弹性，常用于制作各种弹性件和耐磨件，如气门弹簧、离合器压盘弹簧、活塞销卡簧、空气压缩机阀片、弹簧垫圈等。常用优质碳素结构钢在汽车上的应用见表 7-10。

表 7-10　常用优质碳素结构钢在汽车上的应用

牌　号	种　类	主要性能	应用举例
08F，10F，15F	低碳沸腾钢	强度、硬度很低，焊接性能良好	驾驶室外壳、油底壳、油箱、离合器盖等冲压件
10，15，20，25	低碳钢	强度、硬度低，塑性、韧性和焊接性能良好	轮胎螺栓、螺母、发动机气门调整螺钉、离合器调整螺栓、曲轴箱调整螺栓、离合器分离杠杆、风扇叶片、驻车制动杆等
30，35，40，45，50，55	中碳钢	综合力学性能良好	曲轴正时齿轮、半轴螺栓锥形套、机油泵齿轮、连杆螺母、汽缸盖定位销、气门推杆、同步器锁销、变速杆、凸轮轴、曲轴、离合器踏板轴及分离叉、离合器从动盘等
60，65，70	高碳钢	经热处理后有较高的强度、硬度和弹性	气门弹簧、转向纵拉杆弹簧、离合器压盘弹簧、活塞销卡簧、拖曳钩弹簧等

3. 碳素工具钢

碳素工具钢的牌号是用"碳"字汉语拼音首位字母 T 加上数字表示。数字表示钢中平均碳的质量分数的千分之几。如牌号 T8、T12 分别表示其平均碳的质量分数为 0.8% 和 1.2%。若是高级优质碳素工具钢，则在数字后面加符号 A，如 T10A，详见国家标准《碳素工具钢》(GB/T 1298—2008)。由于碳素工具钢的热硬性(即在高温时仍保持切削所需硬度的能力)较差，热处理变形较大，因此，仅适用于制造不太精密的模具、木工工具和金属切削的低速手用刀具，如锉刀、锯条、手用丝锥等。

常用碳素工具钢牌号、化学成分及用途，见表 7-11。

表 7-11　常用碳素工具钢牌号、化学成分及用途

牌号	化学成分(质量分数)/%			硬　度		用 途 举 例
	C	Si	Mn	供应状态 HB	淬火后 HRC	
T7 T7A	0.65～0.74			≤187	≥62	承受冲击，韧性较好、硬度适当的工具，如扁铲、手钳、大锤、螺钉旋具、木工工具等
T8 T8A	0.75～0.84			≤187	≥62	承受冲击，要求较高硬度的工具，如冲头、压缩空气工具、木工工具等
T9 T9A	0.85～0.94	≤0.35	≤0.40	≤192	≥62	韧性中等，硬度要求较高的工具，如冲头、木工工具、凿岩工具等
T10 T10A	0.95～1.04			≤197	≥62	不受剧烈冲击，要求高硬度、高耐磨性的工具，如车刀、刨刀、丝锥、钻头、手锯条等
T12 T12A	1.15～1.24			≤207	≥62	不受冲击，要求高硬度、高耐磨性的工具，如锉刀、刮刀、精车刀、螺钉旋具、量具等
T13 T13A	1.25～1.35			≤217	≥62	不受冲击，要求更耐磨的工具，如刮刀、剃刀等

4. 铸钢

铸钢是冶炼后直接铸造成形的钢种。在实际生产中，一些形状复杂、在工艺上又很难用锻压方法成形，而且要求有较高的强度和塑性，并承受冲击载荷的大型零件，通常采用铸钢制造，例如汽车的变速箱壳、机车车辆的车钩和联轴器等。铸钢的铸造性能比铸铁差，但力学性能比铸铁好。铸造技术的进步，使得铸钢件在组织、性能、精度和表面粗糙度等方面都已接近锻钢件，不经切削加工或只需少量切削加工后就可使用，能大量节约钢材，降低成本，因此得到了更加广泛的应用。

碳素工具钢

铸钢的牌号有两种表示方法：用力学性能表示时，用"铸"和"钢"两字汉语拼音首位字母 ZG 后加两组数字表示，第一组数字表示屈服强度的最低值，第二组数字表示抗拉强度的最低值。例如 ZG200-400，表示 $R_{eL} \geqslant 200$ MPa，$R_m \geqslant 400$ MPa 的铸钢。用化学成分表示时，"ZG"后面以一组(两位或三位)数字表示铸钢平均碳的质量分数的万分之几，在碳含量后面排列的是各主要合金元素符号及其质量分数。如 ZG37SiMn2MoV 钢，表示其碳的平均质量分数为 0.37%，锰的质量分数为 2%，硅、钼、钒的质量分数均小于 1.5%。低合金铸钢是在碳素铸钢基础上，提高锰、硅的含量，以发挥其合金化的作用，另外还添加铬、钼等合金元素，常用牌号有 ZG40Cr、ZG40Mn 和 ZG35CrMo 等。低合金铸钢的综合力学性能明显优于碳素铸钢，大多数用于承受较重载荷、冲击和摩擦的机械零件，如各种高强度齿轮、高速列车车钩等。为充分发挥低合金铸钢的性能，通常对其进行退火、正火、调质和表面强化热处理，详见国家标准《铸钢牌号表示方法》(GB/T 5613—2014)。

铸钢主要有碳素铸钢和低合金铸钢两大类。碳素铸钢按用途分为一般工程用碳素铸钢和焊接结构用碳素铸钢，见表 7-12。

表 7-12 碳素铸钢的牌号、力学性能与用途

种类	牌号	对应旧牌号	力学性能(≥)					应用举例
			R_{eL}/MPa	R_m/MPa	A/%	Z/%	KU_2/J	
一般工程用碳素铸钢	ZG200-400	ZG15	200	400	25	40	30	良好的塑性、韧性和焊接性能，用于受力不大、要求高韧性的零件
	ZG230-450	ZG25	230	450	22	32	25	一定的强度、较好的韧性和焊接性能，用于受力不大、要求高韧性的零件
	ZG270-500	ZG35	270	500	18	25	22	较高的强韧性，用于受力较大且有一定韧性要求的零件，如连杆、曲轴
	ZG310-570	ZG45	310	570	15	21	15	较高的强度和较低的韧性，用于载荷较高的零件，如大齿轮、制动轮
	ZG340-640	ZG55	340	640	10	18	10	高的强度、硬度和耐磨性，用于齿轮、棘轮、联轴器叉头等
焊接结构用碳素铸钢	ZG200-400H	ZG15	200	400	25	40	30	由于碳的质量分数偏下限，故焊接性能优良，其用途基本与ZG200-400、ZG230-450、ZG270-500相同
	ZG230-450H	ZG20	230	450	22	35	25	
	ZG275-485H	ZG25	275	485	20	35	22	

常用铸造碳钢在汽车上的应用见表 7-13。

表 7-13 常用铸造碳钢在汽车上的应用

牌 号	应 用 举 例
ZG270-500	机油管法兰、化油器活接头、车门限制器限制块等
ZG310-570	进排气歧管压板、风扇过渡法兰、前减震器下支架、变速叉、启动爪等
ZG340-640	齿轮、棘轮等

7.4 合 金 钢

汽车上一些受力复杂的重要零件，如变速器齿轮、半轴、活塞销、气门等，如果采用碳素钢制造，并不能满足其性能要求。因此，在汽车制造中还广泛使用了合金钢。合金钢是在碳素钢的基础上，为了改善钢的某些性能，在冶炼时有目的地加入一些合金元素炼成的钢。常用的合金元素有硅(Si)、锰(Mn)、铬(Cr)、镍(Ni)、钨(W)、钼(Mo)、钒(V)、硼(B)、铝(Al)、钛(Ti)和稀土元素(RE)等。

合金钢和碳素钢相比有许多优点：在相同的淬火条件下，能获得更深的淬硬层；具有良好的综合力学性能，以及良好的耐磨性、耐腐蚀性和耐高温性等特殊性能。但合金钢冶炼成本高，价格昂贵，焊接和热处理工艺性也较为复杂。为保证使用的可靠性，汽车上的重要零件大多采用合金钢制造。常见的用合金钢制造的汽车零件如图 7-37 所示。

(a) 变速器齿轮　　　(b) 减速器齿轮　　　(c) 活塞销　　　(d) 十字轴

(e) 半轴　　　(f) 气门　　　(g) 气门弹簧　　　(h) 圆锥滚子轴承

图 7-37　常见的合金钢制造的汽车零件

7.4.1　合金钢的分类及牌号

1. 合金钢的分类

合金钢的分类方法很多，可以按照合金钢的用途、合金元素的含量、合金元素的种类和金相组织进行分类，常见的分类方法有以下几种。

(1) 按合金钢的用途分类：

① 合金结构钢，用来制造各种重要机械零件和工程结构。

② 合金工具钢，用来制造各种重要的加工工具，如刃具、量具和模具等。

③ 特殊性能钢，用来制造具有特殊性能要求的结构件和机械零件。

(2) 按合金元素的含量分类：

① 低合金钢，合金元素总含量小于 5%。

② 中合金钢，合金元素总含量为 5%～10%。

③ 高合金钢，合金元素总含量大于 10%。

此外，按合金元素的种类分类，有锰钢、铬钢、硅锰钢等。按正火后的组织不同分为珠光体钢、马氏体钢、铁素体钢等。

2. 合金钢的牌号

根据国家标准的规定，合金钢的牌号采用"数字+合金元素符号+数字"的方法表示。

1) 合金结构钢

合金结构钢牌号的前两位数字表示钢中碳的平均质量分数，以万分数计；合金元素符号后面的数字表示元素的平均质量分数，若合金元素的质量分数小于 1.5%，一般不标出。例如 60Si2Mn，表示碳的平均质量分数为 0.60%，硅的平均质量分数为 2%，锰的平均质量分数小于 1.5% 的合金结构钢。详见国家标准《合金结构钢》(GB/T 3077—2015)。

2) 合金工具钢

合金工具钢牌号的前一位数字表示钢中碳的平均质量分数，以千分数计。若碳的平均质量分数超过 1% 时，一般不标出。合金元素质量分数的表示方法同合金结构钢。例如 9SiCr，表示碳的平均质量分数为 0.9%，硅和铬的平均质量分数均小于 1.5% 的合金工具钢。Cr12MoV，表示碳的平均质量分数大于 1%，铬的平均质量分数为 12%，钼和钒的平均质量分数均小于 1.5% 的合金工具钢。高速钢的碳的质量分数的表示方法有所不同，虽然其碳的质量分数小于 1%，但也不标出，例如 W18Cr4V。详见国家标准《合金工具钢》(GB/T 1299—2000)。

3) 滚动轴承钢

滚动轴承钢牌号的表示方法和合金工具钢基本相同，不同的是铬元素后面的数字表示含铬量的千分之几，并在牌号前冠上字母 G。例如 GCr15SiMn，表示铬的平均质量分数为 1.5%，硅和锰的平均质量分数均小于 1.5% 的滚动轴承钢。

4) 特殊性能钢

特殊性能钢牌号的表示方法与合金工具钢基本相同，只是当碳的平均质量分数小于 0.1% 时，用 0 表示，碳的平均质量分数小于 0.03% 时，用 00 表示。例如 0Cr13，表示碳的平均质量分数小于 0.1%，铬的平均质量分数为 13% 的特殊性能钢；00Cr30Mo2，表示碳的平均质量分数小于 0.03%，铬的平均质量分数为 30%，钼的平均质量分数为 2% 的特殊性能钢。

7.4.2　合金结构钢

合金结构钢是在优质或高级优质碳素结构钢的基础上加入适量合金元素炼成的钢，按其用途可分为工程用钢和机械制造用钢两大类。工程用钢主要用于制造汽车大梁等各种工程构件，工程用钢的合金元素含量较少，所以又称为低合金结构钢，常用的有低合金高强度结构钢。机械制造用钢主要用于制造各种机械零件，按其用途和热处理特点不同，又分为合金渗碳钢、合金调质钢、合金弹簧钢和滚动轴承钢等。

1. 低合金高强度结构钢

低合金高强度结构钢中碳的质量分数在 0.12%～0.25% 之间，合金元素的含量一般小于 3%，其成分特点为低碳、低合金元素含量，加入的合金元素主要有锰、钒、钛等。由于合金元素的存在，低合金高强度结构钢比相同含碳量的碳素钢的强度高 30%～50%，并且具有良好的塑性、韧性、耐腐蚀性和焊接性，还具有比碳素结构钢更低的韧脆转变温度(一般约为 −30°)，这对北方高寒地区使用的构件及运输工具，具有十分重要的意义。

低合金高强度结构钢一般是经热轧，在空气中冷却后而成，加工成构件后不需要热处理就可以直接使用。用低合金高强度结构钢替代碳素钢可以提高构件强度，减轻构件重量，延长使用寿命。低合金高强度结构钢广泛用于制造桥梁、船舶、车辆和高压容器等。

低合金高强度结构钢的牌号表示方法与碳素结构钢相同，常用低合金高强度结构钢的牌号、力学性能及用途见表 7-14，常用低合金高强度结构钢在汽车上的应用见表 7-15。

表 7-14　常用低合金高强度结构钢的牌号、力学性能及用途

牌号	质量等级	力学性能				相当于旧牌号	用途举例
		R_{eL}/MPa	R_m/MPa	A/%	KU_2/J		
Q295	A B	295	390～570	23 23	— 34(20°)	09MnV 09MnVNb 09Mn2 12Mn	车辆冲压件，建筑金属构件，输油管，储油罐，低压锅炉汽包，低、中压容器，有低温要求的金属构件
Q345	A B C D E	345	470～630	21 21 22 22 22	— 34(20°) 34(0°) 34(−20°) 27(−40°)	12MnV 14MnNb 16Mn 18Nb 16MnRE	各种大型船舶，铁路车辆，桥梁，管道，锅炉、压力容器，石油储罐，起重及矿山机械，建筑结构
Q390	A B C D E	390	490～650	19 19 20 20 20	— 34(20°) 34(0°) 34(−20°) 27(−40°)	15MnV 15MnTi 16MnNb	中、高压汽包，中、高压石油化工设备，大型船舶、桥梁，车辆及其他承受较高载荷的大型焊接结构
Q420	A B C D E	420	520～680	18 18 19 19 19	— 34(20°) 34(0°) 34(−20°) 27(−40°)	15MnVN 14MnVTiRE	中、高压锅炉及压力容器，大型船舶，车辆，电站设备
Q460	C D E	460	550～720	17 17 17	34(0°) 34(−20°) 27(−40°)	14MnMoV 18MnMoNb	中温高压容器(<120℃)，锅炉，化工、石油高压厚壁容器(<100℃)，鸟巢

注：表中各牌号试样尺寸为厚度(或直径)小于 16 mm。

合金工具钢

合金结构钢

表 7-15　常用低合金高强度结构钢在汽车上的应用

牌　号	应 用 举 例
Q295A	水箱固定架底板、风扇叶片、车架横梁等
Q345B	车架纵梁、车架横梁、油箱托架、车架角撑、蓄电池固定厚板等
Q390B	车架前横梁、车架中横梁、前保险杠、车架角撑等

2. 合金渗碳钢

合金渗碳钢用于制造渗碳零件，其碳的质量分数在 0.10%～0.25%之间。通过渗碳处理使表面达到高碳($w_C = 0.85\% \sim 1.05\%$)，而心部仍是较低的含碳量，经热处理后可以达到"表硬心韧"的性能，即保证钢的表面具有高的强度和硬度，而心部具有足够的塑性和韧性。钢中常加入铬、镍、锰、硼等合金元素以提高钢的强度和淬透性，加入钒、钛等元素用以细化晶粒，提高渗碳层的耐磨性。

汽车上有许多零件是在高速、重载荷、强烈冲击和剧烈摩擦的状态下工作，如变速齿轮、万向节十字轴、活塞销和气门挺杆等。这些零件的表面要求具有高硬度、高耐磨性，而心部则要求具有高的强度和韧性，因而大多采用合金渗碳钢制造。

合金渗碳钢种类很多，在汽车上用量也很大，以 15Cr、20Cr、18CrMnTi、20CrMnTi 及 20MnTiB 的使用最为广泛。近几年，含硼的渗碳钢(20Mn2B、20MnVB)在汽车中也被广泛采用，并用来代替 20CrMnTi，以节约贵重合金元素铬。

常用合金渗碳钢的牌号、力学性能及用途见表 7-16，常用合金渗碳钢在汽车上的应用见表 7-17。

表 7-16　常用合金渗碳钢的牌号、力学性能及用途

牌号	热处理工艺				力学性能(不小于)					用 途 举 例
	渗碳/℃	第一次淬火温度/℃	第二次淬火温度/℃	回火温度/℃	R_{eL}/MPa	R_m/MPa	A/%	Z/%	KU_2/J	
20Mn2		850 水、油	—		590	785	10	40	47	代替 20Cr 等
15Cr		880 水、油	780 水～820 油		490	735	11	45	55	船舶主机螺钉、活塞销、凸轮、机车小零件及心部韧性高的渗碳零件
20Cr	900～950	880 水、油	780 水～820 油	200 水、空气	540	835	10	40	47	机床齿轮、齿轮轴、蜗杆、活塞销及气门顶杆等
20MnV		880 水、油	—		590	35	10	40	55	代替 20Cr 等
20CrMnTi		880 油	870 油		853	1080	10	45	55	汽车、拖拉机的齿轮，凸轮，是 Cr-Ni 钢代用品
20Mn2B		880 油	—		885	1080	10	50	55	代替 20Cr、20CrMnTi 等

续表

牌号	热处理工艺				力学性能(不小于)					用 途 举 例
	渗碳/℃	第一次淬火温度/℃	第二次淬火温度/℃	回火温度/℃	R_{eL}/MPa	R_m/MPa	A/%	Z/%	KU_2/J	
12CrNi3		860 油	780 油		685	930	11	50	71	大齿轮、轴
20CrMnMo		850 油	—		885	1175	10	45	55	代替含镍较高的渗碳钢用作大型拖拉机齿轮、活塞销等大截面渗碳件
20MnVB	900~950	860 油	—	200 水、空气	885	1080	10	45	55	代替 20CrMnTi、20CrNi 等
12Cr2Ni4		860 油	780 油		835	1080	10	50	71	大齿轮、轴
20Cr2Ni4		880 油	780 油		1080	1175	10	45	63	大型渗碳齿轮、轴及飞机发动机齿轮
18Cr2Ni4wA		950 空气	850 空气		835	1175	10	45	78	坦克齿轮、高速柴油机、飞机发动机曲轴、齿轮

注：表中各牌号力学性能试验用试样尺寸为厚度(或直径)15 mm。

表 7-17　常用合金渗碳钢在汽车上的应用

牌　号	应 用 举 例
15Cr	活塞销、气门挺杆及调整螺栓、气门弹簧座等
20CrMnTi	变速齿轮、齿套、半轴齿轮、万向节和差速器十字轴等
15MnVB	变速轴、变速齿轮、齿套、钢板弹簧中心螺栓等
20MnVB	减速器齿轮、万向节十字轴、差速器十字轴、传动轴十字轴等

3. 合金调质钢

在汽车结构中某些重要零件，如发动机的连杆、汽车底盘的万向节、半轴等，都是在多种载荷下工作，承受载荷情况较为复杂。因此，这类零件既要求零件具有良好的综合力学性能(良好的强韧性配合)，又要求有较高的韧性，通常由合金调质钢制造。

合金调质钢中碳的质量分数一般在 0.25%~0.50%，属于中碳钢。钢中常加入铬、锰、镍、硼等合金元素以增加钢的淬透性，提高钢的强度，其中镍还可以提高钢的韧性；加入钨、钼、钒、钛等合金元素可细化晶粒，提高钢的回火稳定性。

40Cr 钢是最常用的合金调质钢，其强度比 40 钢提高 20%，并具有良好的塑性，常用于制造转向节、汽缸盖螺栓等。为节约铬元素，也可用 40MnB 或 40MnVB 代替。合金调质钢的热处理是调质(淬火+高温回火)，如果要求零件表面有较高的硬度和耐磨性，可以在调质后再进行表面热处理。

常用合金调质钢的牌号、力学性能及用途见表 7-18，常用合金调质钢在汽车上的应用见表 7-19。

表 7-18　常用合金调质钢的牌号、力学性能及用途

| 牌　号 | 热处理工艺 | | | | 力学性能(不小于) | | | | | 用途举例 |
| | 淬火 | | 回火 | | R_{eL}/MPa | R_m/MPa | A/% | Z/% | KU_2/J | |
	温度/℃	介质	温度/℃	介质						
40Mn	840	水	600	水、油	335	590	15	45	47	轴、曲轴、连杆、螺栓、螺母、万向接头轴
40Cr	850	油	520	水、油	785	980	9	45	47	汽车后半轴、机床齿轮、花键轴、顶尖套、曲轴、连杆、转向节臂
45Mn2	840	油	550	水、油	735	885	10	45	47	轴、蜗杆、连杆等
40MnB	850	油	500	水、油	785	980	10	45	47	汽车转向轴、半轴、蜗杆
40MnVB	850	油	520	水、油	785	980	10	45	47	半轴、转向节臂、转向节主销
35SiMn	900	水	570	水、油	735	885	15	45	47	除要求低温(−20℃)韧性很高的情况外，可全面代替40Cr作调质件
40CrNi	820	油	520	水、油	785	980	10	45	55	重型机械齿轮、轴、燃气轮机叶片、转子和轴
40CrMn	840	油	550	水、油	835	980	9	45	47	在高速、高载荷下工作的轴、齿轮、离合器
35CrMo	850	油	550	水、油	835	980	12	45	63	主轴、大电机轴、曲轴、锤杆
30CrMnSi	880	油	520	水、油	885	1080	10	45	39	高压鼓风机叶片、联轴器、砂轮轴、齿轮、螺栓、螺母、轴套
38CrMoAlA	940	水、油	640	水、油	835	980	14	50	71	氮化件如镗杆、蜗杆、高压阀门、精密齿轮、精密丝杠等
37CrNi3	820	油	500	水、油	980	1130	10	50	47	活塞销、凸轮轴、齿轮、重要螺栓、拉杆
25Cr2Ni4WA	850	油	550	水	930	1080	11	45	71	截面200 mm以下要求淬透的大截面重要零件
40CrNiMoA	850	油	600	水、油	835	980	12	55	78	重型机械中高载荷的轴类，如汽轮机轴、锻压机的偏心轴、压力机曲轴、航空发动机轴
40CrMnMo	850	油	600	水、油	785	980	10	45	63	8 t卡车的后桥半轴、齿轮轴、偏心轴、齿轮、连杆等

表 7-19　常用合金调质钢在汽车上的应用

牌　号	应 用 举 例
40Cr	发动机支架固定螺栓、差速器壳螺栓、汽缸盖螺栓、减震器销、水泵轴、连杆盖、曲轴、连杆等
40MnB	半轴、水泵轴、变速器轴、转向节、转向臂、传动轴花键、万向节叉、汽缸盖螺栓、连杆螺栓等
45Mn2	进气门、半轴套管、钢板弹簧 U 形螺栓等
50Mn2	离合器从动盘、减震盘等

4. 合金弹簧钢

合金弹簧钢是用于制造弹簧和弹性元件的专用钢。弹簧是汽车、机械和仪表中的重要零件，它利用弹性变形时所储存的能量来缓和机械设备的振动和冲击作用。例如，汽车、拖拉机和机车上的板弹簧，除承受静载荷外，还要承受因地面不平所引起的冲击载荷和振动。此外，弹簧还可储存能量使其他机件完成预先规定的动作，如气阀弹簧等。

合金弹簧钢中碳的质量分数比调质钢高，一般为 0.46%～0.70%。钢中常加入锰、硅、铬等合金元素用以提高钢的强度和弹性极限，有重要用途的弹簧钢还加入少量的钼、钨、钒等合金元素，以提高韧性和回火稳定性。

弹簧是汽车的重要构件，具有能量储存、自动控制、缓冲平衡、固定复位、安全减震等作用。通常一辆汽车上装有 50～60 种 100 多件弹簧，用于悬架、发动机、离合器、制动器等重要部位。

常用合金弹簧钢的牌号、力学性能及用途见表 7-20，常用合金弹簧钢在汽车上的应用见表 7-21。

表 7-20　常用合金弹簧钢的牌号、力学性能及用途

牌 号	热处理工艺		力学性能(不小于)				用 途 举 例
	淬火温度/℃	回火温度/℃	R_{eL}/MPa	R_m/MPa	A/%	Z/%	
65Mn	830，油	540	430	750		30	气阀弹簧、离合器弹簧、摇臂轴定位弹簧
55Si2Mn	870，油	480	1 200	1 300	6	30	汽车、拖拉机、机车上的减震板簧和螺旋弹簧
60Si2Mn	870，油	480	1 200	1 300	5	25	同 55Si2Mn
55SiMnVB	860，油	460	1 226	1 373	5	30	代替 60Si2Mn 钢制作汽车板簧和其他中等截面的板簧和螺旋弹簧
50CrVA	850，油	500	1 150	1 300	10	40	用作高载荷重要弹簧及工作温度低于 300℃的阀门弹簧、活塞弹簧、安全阀弹簧等

弹簧钢热轧钢板　　　　重要用途碳素弹簧钢丝　　　　淬火-回火弹簧钢丝

热处理弹簧钢带　　　　　重要用途碳素弹簧钢丝　　　　合金弹簧钢丝

表 7-21　常用合金弹簧钢在汽车上的应用

牌　号	应 用 举 例
65Mn	气门弹簧、制动室复位弹簧、摇臂轴定位弹簧、离合器压紧弹簧
55Si2Mn	钢板弹簧
60Si2Mn	钢板弹簧、牵引钩弹簧
55SiMnVB	钢板弹簧

5. 滚动轴承钢

滚动轴承钢用来制造各种滚动轴承元件，如轴承内、外套圈和滚动体(滚珠、滚柱、滚针)，属于专用结构钢。滚动轴承工作时局部承受很大的交变载荷，滚动体与套圈间接触应力较大，易使轴承工作表面产生接触疲劳破坏和磨损。因此，要求轴承钢具有高的硬度、耐磨性、弹性极限和接触疲劳强度以及足够的韧性和耐蚀性。

滚动轴承钢中碳的质量分数较高，一般为 0.95%～1.15%，保证钢有高的硬度和耐磨性。钢中常加入 0.45%～1.65%的铬，用以提高钢的淬透性和耐磨性。对于大型轴承用钢还加入硅、锰等合金元素，使钢具有足够的韧性和抗疲劳强度。滚动轴承钢对硫、磷含量要求严格($w_S < 0.025\%$，$w_P < 0.030\%$)，因此它是一种高级优质钢，但其牌号后面没有符号 A。

滚动轴承钢除用于制造轴承外，还用于制造其他耐磨零件，如汽车的油泵柱塞、喷油嘴、针阀等，也可制造形状复杂的工具、冲压模具和精密量具。常用滚动轴承钢的牌号、热处理及用途见表 7-22。

表 7-22　常用滚动轴承钢的牌号、热处理及用途

牌　号	热 处 理			用 途 举 例
	淬火温度/℃	回火温度/℃	回火后硬度/HRC	
GCr9	810～830	150～170	62～66	直径<20 mm 的滚珠、滚柱及滚针
GCr15	825～845	150～170	62～66	中、小型轴承
GCr15SiMn	820～840	150～170	≥62	大型轴承或特大轴承的滚动体和内外套
GSiMnV	780～810	150～170	≥62	可代替 GCr15S 钢
GSiMnVRE	780～810	150～170	≥62	可代替 GCr15 及 GCr15SiMn 钢
GSiMnMoV	770～810	165～175	≥62	可代替 GCr15SiMn 钢

6. 超高强度钢

超高强度钢是指屈服强度大于 1400 MPa，抗拉强度大于 1500 MPa，兼有适当韧性的

合金钢。它是在合金调质钢的基础上加入多种合金元素炼成的。我国常用的超高强度钢有30CrMnTiNi2A、4Cr5MoVSi 等，主要用作航空、航天工业的结构材料，如飞机主梁、起落架、发动机结构零件等。

7.4.3　合金工具钢

碳素工具钢经热处理后虽然能达到很高的硬度和耐磨性，但淬透性低，淬火变形倾向大，热硬性差，仅适用于制造尺寸较小、形状简单、精度低的模具、量具和低速手用刀具。合金工具钢是在碳素工具钢的基础上加入适量合金元素炼成的。合金元素的加入，提高了钢的强度、淬透性和热硬性，减小了变形开裂倾向，尺寸较大、形状复杂、精度要求高的模具和量具以及切削速度较高的刀具，都采用合金工具钢来制造。合金工具钢按用途可分为合金刃具钢、合金模具钢和合金量具钢。

1. 合金刃具钢

合金刃具钢主要用于制造各种切削工具，如车刀、铣刀等。刀具在切削过程中承受着高温、高压和强烈的摩擦，因此，要求刃具钢必须具有高的硬度、耐磨性、热硬性以及足够的强度和韧性。

合金刃具钢分为低合金刃具钢和高速钢两种。

1) 低合金刃具钢

低合金刃具钢中碳的质量分数为 0.80%～1.50%，合金元素质量分数为 3%～5%。钢中常加入铬、锰、硅、钨、钒等合金元素，以提高钢的淬透性、回火稳定性和耐磨性。低合金刃具钢中合金元素加入量较少，其工作温度一般不超过 300℃，主要用于制造切削速度较低、尺寸较大或形状复杂的切削刀具。

常用的低合金刃具钢有 9SiCr、CrWMn 和 9Mn2V 等。其中 9SiCr 钢有较高的硬度和耐磨性，常用于制造丝锥、板牙、铰刀等。CrWMn 钢的硬度高于 9SiCr 钢，可达到 64～66HRC，且热处理变形小，常用于制造较精密的刀具，如长丝锥、长铰刀等。

低合金刃具钢的热处理为球化退火，淬火后低温回火。

2) 高速钢

高速钢是一种高碳、高合金元素含量的刃具钢，以高速切削而得名。高速钢热处理后具有高的热硬性，即使在切削温度高达 600℃时，仍能保持高硬度(60HRC 以上)和高耐磨性。高速钢还具有很高的淬透性，在空气中冷却也能淬硬，并且刃口锋利，故又称为"锋钢"。高速钢主要用于制造重要的、形状复杂的高速切削刀具。

高速钢中碳的质量分数为 0.70%～1.65%，较高的含碳量主要是保证其具有高硬度和高耐磨性。钢中常加入钨、钼、铬、钒等合金元素，总量超过 10%，大大提高了钢的淬透性和回火稳定性，使高速钢在高速、高温下进行切削时仍有很高的热硬性和耐磨性。

常用的高速钢有 W18Cr4V、W6Mo5Cr4V2 等。其中，W18Cr4V 钢是应用最广泛的高速工具钢，其热硬性高，过热和脱碳倾向小，但韧性较差，主要用于制造中速切削刀具或结构复杂低速切削的刀具，如拉刀、齿轮刀具等。W6Mo5Cr4V2 钢可作为 W18Cr4V 钢的代用品，与 W18Cr4V 钢相比，其热硬性稍差，但韧性和耐磨性较高，主要用于制造耐磨性和韧性配合较好的刀具，尤其适宜制作麻花钻头等薄刃刀具。

高速钢的热处理为高温(1270～1280℃)淬火后，再进行三次高温(560℃)回火。

2. 合金模具钢

合金模具钢按使用条件不同，分为冷作模具钢、热作模具钢和塑料模具钢。

1) 冷作模具钢

冷作模具钢用于制造在冷态下变形或分离的模具，如冷冲模、冷镦模、冷挤压模等。冷作模具工作时承受很大的压力、弯曲力、冲击载荷和摩擦，因此要求模具工作部分应有高的硬度(50～60 HRC)、耐磨性、强度和韧性。

冷作模具钢中碳的质量分数为1.0%～2.0%，较高的含碳量是为了保证其具有高硬度和高耐磨性。钢中常加入铬、钨、钼、钒等合金元素，以提高钢的耐磨性、淬透性和回火稳定性。

目前广泛应用的是Cr12型钢，如Cr12、Cr12MoV、Cr12Mo1V1等。Cr12型钢具有很高的硬度(约1820HV)和耐磨性、较高的强度和韧性、热处理变形小等特点，主要用于制作大截面、形状复杂、变形要求严格的冷作模具。制造截面较大、形状较复杂、淬透性要求较高的冷作模具，可以选用低合金工具钢9SiCr、9Mn2V或GCr15钢。

2) 热作模具钢

热作模具钢用来制造在热态下使金属或液体金属成型的模具，如热锻模、热挤压模、压铸模等。热作模具工作时承受着强烈摩擦、较高温度和大的冲击载荷以及强烈的冷热循环，导致模具易出现崩裂、磨损、塌陷、龟裂等失效现象。因此，要求热作模具钢在高温下应具有高的热硬性、耐磨性、抗氧化能力、热强性和足够的韧性。此外，对于尺寸较大的热作模具，还要求有高的淬透性，以保证模具整体性能均匀，且热处理变形要小。

热作模具钢中碳的质量分数为0.3%～0.6%，以保证有良好的强度、硬度和韧性配合。加入镍、铬、钼、锰、硅等合金元素，可提高强度、韧性、淬透性、抗热疲劳性及回火稳定性。

5CrMnMo和5CrNiMo是最常用的热作模具钢，都有较高的强度、耐磨性和韧性，优良的淬透性和良好的抗热疲劳性能，主要用于制作大中型热锻模。根据我国资源情况，应尽可能采用5CrMnMo钢。对于在静压下使金属变形的热挤压模、压铸模，常选用高温性能较好的3Cr2W8V钢或4Cr5W2VSi钢制造。

3) 塑料模具钢

塑料模具包括塑料模和胶木模等，都是用来在不超过200℃的低温加热状态下，将细粉或颗粒状塑料压制成形。塑料模具在工作时，持续受热、受压，并受到一定程度的摩擦和有害气体的腐蚀，因此，塑料模具钢主要要求在200℃时具有足够的强度和韧性，并具有较高的耐磨性和耐腐蚀性。

目前常用的塑料模具钢主要为3Cr2Mo，用于制造中型塑料模具。其$w_C = 0.3\%$可保证热处理后获得良好的强韧性配合及较高的硬度和耐磨性，加入铬、钼等合金元素，可提高淬透性，减小变形。

常见的汽车模具如图 7-38 所示。

(a) 汽车零件冲模

(b) 汽车零件注塑模

图 7-38　汽车模具

高速钢车刀条　第 1 部分：型式和尺寸

高速钢车刀条　第 2 部分：技术条件

切削刀具　高速钢分组代号

优质合金模具钢

合金工模具钢板

3. 合金量具钢

合金量具钢用来制作各种测量工具，如卡尺、千分尺、块规、塞规等。量具工作时主要承受摩擦、磨损，承受的外力很小，因此，要求量具钢要有高的硬度(62～65 HRC)和耐磨性以及良好的尺寸稳定性。

量具钢中碳的质量分数较高，一般为 0.9%～1.5%，以保证具有高的硬度和耐磨性。加入铬、钨、锰等合金元素，可提高淬透性，减小变形。

最常用的量具钢为碳素工具钢和低合金刃具钢。碳素工具钢 T10A、T12A 常用于制造尺寸小、形状简单、精度要求不高的量具，如样板、塞规等。低合金刃具钢 9SiCr、CrWMn 和 9Mn2V 等因含有少量合金元素，热处理变形小，适合制造形状复杂、精度要求高的量具。

7.4.4　特殊性能钢

1. 不锈钢

不锈钢是指在腐蚀介质中具有高抗腐蚀能力的钢，按其合金元素的不同，常用的有铬不锈钢和铬镍不锈钢。

（1）铬不锈钢的合金元素以铬为主，其含量一般大于 13%。含有大量铬能使钢表面形成一层致密的氧化膜，将钢与外部介质隔离，避免金属继续被腐蚀。铬不锈钢中碳的质量分数一般为 0.1%～0.4%，以保证钢有一定的强度、硬度和耐磨性，但碳的质量分数过高，会降低钢的耐腐蚀性。

铬不锈钢一般是在弱腐蚀条件下工作，主要牌号有 1Cr13、2Cr13 和 3Cr13、4Cr13 等。随着碳质量分数的增加，钢的强度、硬度提高，而耐腐蚀性相应减弱。1Cr13、2Cr13 钢碳的质量分数较低，具有良好的耐腐蚀性和塑性、韧性，适用于制造承受冲击载荷的耐腐蚀零件，如汽轮机叶片、水压机阀等。3Cr13、4Cr13 钢碳的质量分数较高，淬火后能获得较高的强度、硬度，常用于制造轴承、弹簧、医疗器械等耐磨零件。

（2）铬镍不锈钢碳的质量分数较低，合金元素以铬和镍为主，其中铬含量约为 18%，镍含量为 8%～11%。铬镍不锈钢由于存在大量的铬、镍元素，不仅使钢表面形成氧化膜，提高钢的耐腐蚀性，而且使钢热处理后能获得单一组织，防止电化学腐蚀的产生，并具有良好的塑性、焊接性和低温韧性。铬镍不锈钢的主要牌号有 1Cr18Ni9、1Cr18Ni9Ti、2Cr18Ni9 等，主要用于制造在各种强腐蚀介质中工作的零件，如吸收塔、管道、化工容器等。此外，由于铬镍不锈钢是单一组织，没有磁性，还可以用作仪器、仪表中的防磁零件。

汽车排气系统用冷轧铁素体不锈钢
钢板和钢带

不锈钢在汽车上可用于制作空气压缩机阀片、化油器针阀、外装饰件等。常见的不锈钢制造的汽车零件如图 7-39 所示。

（a）阀片　　　　　　　　　　　　　（b）针阀

图 7-39　常见不锈钢制造的汽车零件

2. 耐热钢

耐热钢是指在高温下不易发生氧化并具有较高强度的钢，包括抗氧化钢和热强钢两类。

1）抗氧化钢

抗氧化钢是指在高温下有良好的抗氧化能力，并具有一定强度的钢，主要用于制造在高温下工作，而强度要求不高的零件。这类钢常加入足够的铬、硅、铝等合金元素，使钢在高温下与氧接触时表面形成致密的高熔点氧化膜，严密地覆盖在钢的表面，以隔绝高温氧化性气体对钢的继续腐蚀。

常用的抗氧化钢有 3Cr18Mn12Si2N、3Cr11Ni25Si2、2Cr20Mn9Ni2Si2N、1Cr13SiAl

等，其最高工作温度可达 1000℃，用于制造各种加热炉内结构件，如加热炉底板、马弗罐、加热炉传送带料盘等。

2) 热强钢

热强钢是指在高温下有良好的抗氧化能力，并具有较高强度的钢。热强钢中常加入铬、镍、钨、钼、硅等合金元素，以提高钢的高温强度和高温抗氧化能力。

常用的热强钢有 15CrMo、4Cr9Si2、4Cr10Si2Mo 钢等。其中，15CrMo 钢是典型的锅炉用钢，适于制造 500℃ 以下长期工作的零件。4Cr9Si2、4Cr10Si2Mo 钢常用于制造汽车发动机排气阀。

汽车上用耐热钢制造的零件有发动机的进排气门、涡流室镶块、涡轮增压器转子、排气净化装置等。国产汽车的气门用钢主要有 4Cr10Si2Mo、45Cr9Si3、8Cr20Si2Ni 等。

3. 耐磨钢

耐磨钢是指在强烈的冲击和巨大的压力下，才能产生硬化的钢，其碳的质量分数为 1.0%～1.3%，锰的质量分数为 11%～14%，因锰的质量分数高，故又称高锰耐磨钢。

耐磨钢经热处理后塑性和韧性好，硬度并不高，当受到强烈的冲击和挤压时，表面因塑性变形而迅速产生硬化，硬度大大提高，具有高的耐磨性。即使表面磨损，新露出的表面又因受到冲击和挤压而提高耐磨性。耐磨钢不宜切削加工，但有良好的铸造性能，所以一般都采用铸造成型。

常用耐磨钢的牌号为 ZGMn13，广泛用于制造在强烈冲击和严重磨损条件下工作的零件，如拖拉机履带、挖掘机铲齿、铁路道岔等。

7.5　铸　　铁

铸铁是含碳量大于 2.11%(一般为 2.5%～4.0%)的铁碳合金。它是以铁、碳、硅为主要组成元素，并比碳钢含有较多的锰、硫、磷等杂质的多元合金。

铸铁在汽车制造业应用很广，据统计，汽车的铸铁用量占整车金属重量的 50%以上。汽车发动机的汽缸体、汽缸盖、活塞环，以及变速箱的外壳、后桥壳等零件大部分都用铸铁制造。铸铁生产工艺简单、成本低，同时具有良好的铸造性能、切削加工性能、耐磨性和减震性。特别是采用了球化和变质处理，铸铁的力学性能有了很大的提高，很多原来用碳素钢、合金钢制造的零件，目前已被铸铁所代替。常见铸铁制造的汽车零件如图 7-40 所示。

(a) 灰铸铁制造的变速器壳　　　　　　(b) 合金铸铁制造的汽缸体

(c) 球墨铸铁制造的驱动桥壳　　　　(d) 合金铸铁制造的凸轮轴

图 7-40　常见铸铁制造的汽车零件

球墨铸铁件　　　　铸铁牌号表示方法　　　　灰铸铁件　　　　球墨铸铁用球化剂

7.5.1　铸铁的石墨化

铸铁中石墨的形成过程称为石墨化。铸铁中的碳以两种形式存在，即化合态的渗碳体(Fe_3C)和游离态的石墨(C)。碳究竟以哪种形式存在，取决于化学成分和冷却速度。

1. 影响石墨化的因素

1) 化学成分

铸铁中影响石墨化的元素主要是碳、硅、锰、硫、磷。其中，碳和硅是强烈促进石墨化的元素，铸铁中碳和硅的质量分数越高，石墨化程度就越充分。锰是阻碍石墨化的元素，但锰能与硫化合形成硫化锰，减弱了硫对石墨化的不利影响。从某种意义上说，锰是间接促进石墨化的元素。所以，铸铁中允许有适量的锰。硫是强烈阻碍石墨化的元素，硫还会降低铁水的流动性，引起铸铁产生热裂，所以，铸铁中硫含量越低越好。磷也是促进石墨化的元素，但作用不强烈，且磷的存在对铸铁的性能有不利影响，因此也应严格控制磷含量。

2) 冷却速度

铸铁在结晶过程中，冷却速度对石墨化影响很大，冷却速度越慢，越有利于石墨化。影响冷却速度的因素主要有造型材料的性能、浇注温度和铸件壁厚等。

由于石墨化程度的不同，铸铁组织常见的有以下几种：

(1) 石墨化非常充分时，铸铁的最终组织为铁素体基体上分布着石墨(F+C)；

(2) 石墨化比较充分时，铸铁的最终组织为珠光体基体上分布着石墨或铁素体与珠光体基体上分布着石墨(P+C 或 F+P+C)；

(3) 石墨化不太充分时，铸铁的最终组织为莱氏体与珠光体基体上分布着石墨；

(4) 当石墨化未进行时，铸铁的最终组织为莱氏体、珠光体和渗碳体。图 7-41 所示为化学成分(碳、硅含量)和冷却速度(壁厚)对石墨化的影响。从图中可见，铸件壁越薄，碳、硅含量越低，越易形成白口组织(即碳以化合态的渗碳体的形式存在)。

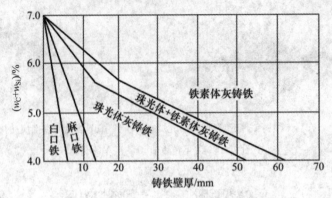

图 7-41 化学成分和冷却速度对石墨化的影响

2. 铸铁的分类

根据石墨化程度及试样断口色泽，铸铁可分为白口铸铁、灰口铸铁和麻口铸铁。

1) 白口铸铁

白口铸铁中的碳全部或大部分以化合态渗碳体的形式存在，因其断口呈白亮色，故称白口铸铁。白口铸铁硬度高、脆性大，很难切削加工，故很少直接用来制造机械零件，主要用作炼钢原料及可锻铸铁的毛坯，有时也利用其硬而耐磨的特性铸造出表面有一定深度的白口层、中心为灰口铸铁的铸件，称为冷硬铸铁件。冷硬铸铁用于制造一些耐磨的零件，如犁铧及球磨机的磨球等。EQ1092 发动机中的气门挺杆，为了得到表层的高硬度和耐磨性，常用激冷的方法使表层获得白口铸铁的组织，而心部由于冷却速度较慢仍为灰口铸铁组织。

2) 灰口铸铁

灰口铸铁中碳主要以石墨的形式存在，因其断口呈暗灰色而得名。灰口铸铁有一定的力学性能和良好的切削加工性能，是工业生产中应用最广泛的一种铸铁。

根据石墨形态不同，灰口铸铁又分为灰铸铁、球墨铸铁、可锻铸铁和蠕墨铸铁，石墨形状分别为片状、球状、团絮状及蠕虫状，如图 7-42 所示。

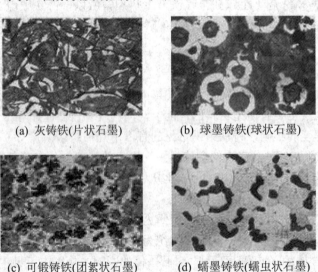

(a) 灰铸铁(片状石墨) 　　(b) 球墨铸铁(球状石墨)

(c) 可锻铸铁(团絮状石墨) 　　(d) 蠕墨铸铁(蠕虫状石墨)

图 7-42 灰口铸铁中石墨的形状

3) 麻口铸铁

麻口铸铁中碳一部分以石墨的形式存在，另一部分以渗碳体的形式存在，断口呈灰白相间的麻点。这类铸铁脆性大，硬度高，难以加工，工业上很少使用。

为了进一步提高铸铁的性能或得到某种特殊性能，向铸铁中加入一种或多种合金元素(Cr、Cu、W、Al、B 等)，得到合金铸铁(特殊性能铸铁)，如耐磨铸铁、耐热铸铁、耐蚀铸铁等。

7.5.2　灰铸铁

1. 组织和性能

灰铸铁的组织是由碳钢的基体加片状石墨组成。按其基体组织不同，灰铸铁分为铁素体灰铸铁、铁素体-珠光体灰铸铁和珠光体灰铸铁三类。

灰铸铁的性能取决于基体的组织和石墨的形态。石墨的强度极低，因此可以把铸铁看成是布满裂纹和孔洞的钢。石墨的存在一方面不仅破坏了金属基体的连续性，而且减少了金属基体承受载荷的有效截面，使实际应力大大增加；另一方面在石墨尖角处易造成应力集中而远大于平均应力。所以，灰铸铁的抗拉强度、塑性和韧性远低于钢。石墨片的数量越多、尺寸越大、分布越不均匀，对力学性能的影响就越大。但石墨的存在对灰铸铁的抗压强度影响不大，因为抗压强度主要取决于灰铸铁的基体组织，灰铸铁的抗压强度与钢相近。因此，灰铸铁"抗压不抗拉"。

片状石墨虽然降低了灰铸铁的抗拉强度、塑性和韧性，但却能使灰铸铁具有一系列优良性能，如良好的铸造性能，优良的切削加工性能，良好的耐磨性、减震性和低的缺口敏感性。

三种不同基体的灰铸铁中，铁素体灰铸铁的强度、硬度和耐磨性最低，但塑性较好；珠光体灰铸铁的强度、硬度、耐磨性较高，但塑性较差；铁素体-珠光体灰铸铁的性能介于两者之间。

2. 变质处理(孕育处理)

灰铸铁组织中因有片状石墨的存在，使其力学性能较低。为了改善灰铸铁的组织，提高其力学性能，可对灰铸铁进行变质处理。

灰铸铁的变质处理就是在浇注前向铁水中加入少量变质剂(硅铁或硅钙合金)，改变铁水的结晶条件，以获得细小的珠光体基体和细小均匀分布的片状石墨组织。经变质处理后的灰铸铁称为变质铸铁或孕育铸铁。灰铸铁经变质处理后强度有较大的提高，塑性和韧性也得到改善，常用于制造要求力学性能较高、截面尺寸较大的铸件。

3. 牌号及用途

灰铸铁的牌号由"HT+数字"表示，其中 HT 代表"灰铁"，数字表示其最小抗拉强度值。如 HT250 表示最小抗拉强度为 250 MPa 的灰铸铁。常用灰铸铁的牌号与用途见表 7-23。

表 7-23 常用灰铸铁的牌号与用途

牌 号	铸铁类别	铸件壁/mm	铸件最小抗拉强度/MPa	适用范围及用途举例
HT100	铁素体灰铸铁	2.5～10	130	适用于载荷小，对摩擦磨损无特殊要求的零件，如盖、外罩、油盘、手轮、支架、底板、重锤等
		10～20	100	
		20～30	90	
		30～50	80	
HT150	铁素体-珠光体灰铸铁	2.5～10	175	适用于承受中等应力的零件，如普通机床上的支柱、底座、齿轮箱、刀架、床身、轴承座、工作台、皮带轮等
		10～20	145	
		20～30	130	
		30～50	120	
HT200	珠光体灰铸铁	2.5～10	220	适用于承受大载荷的重要零件，如汽车、拖拉机的汽缸体、汽缸盖、制动轮等
		10～20	195	
		20～30	170	
		30～50	160	
HT250		4.0～10	270	适用于承受大应力、重要的零件，如联轴器盘、油缸、阀体、泵体、泵壳、化工容器及活塞等
		10～20	240	
		20～30	220	
		30～50	200	
HT300	孕育铸铁	10～20	290	适用于承受高载荷、高气密性和要求耐磨的重要零件，如剪床、压力机等重型机床的床身、机座、机架，以及受力较大的齿轮、凸轮、衬套，大型发动机的汽缸体、汽缸套、汽缸盖、油缸、泵体、阀体等
		20～30	250	
		30～50	230	
HT350		10～20	340	
		20～30	290	
		30～50	260	

由于灰铸铁具有一系列性能特点，而且生产成本比钢低得多，因此被广泛用来制造各种受力不大或以承受压应力为主和要求减震性好的机床床身与机架、结构复杂的壳体与箱体、承受摩擦的缸体与导轨等。灰铸铁是汽车制造工业中应用最多的一种铸铁，在汽车上多用于不镶缸套的整体缸体、缸盖等零件的制造，还用于制造飞轮、飞轮壳、变速箱壳及盖、离合器壳及压板、进排气歧管、制动鼓以及液压制动总泵和分泵的缸体。灰铸铁在汽车上的应用见表 7-24。

表 7-24 灰铸铁在汽车上的应用

牌 号	应用举例
HT150	进排气歧管、变速器壳体、水泵叶轮
HT200	凸轮轴正时齿轮、飞轮壳、汽缸体、汽缸盖、气门导管、制动蹄等
HT250	汽缸体、飞轮、曲轴带轮等

4. 灰铸铁的热处理

灰铸铁的热处理只能改变其基体组织，不能改变石墨的形状、大小、数量和分布情况。所以，灰铸铁的热处理一般只用于消除铸件内应力和白口组织，稳定尺寸，提高工件的表面硬度和耐磨性。

1) 去应力退火

在热处理炉中，将铸件加热到 500～600℃，保温一段时间后随炉缓慢冷却至 150～200℃出炉空冷，用以消除铸件在凝固过程中因冷却不均匀而产生的铸造应力，防止铸件在加工和使用过程中产生变形和裂纹。有时也把铸件在露天场地放置数月甚至一年以上，使铸造应力得到松弛，这种方法称为自然时效。大型灰铸铁件常常用此法来消除铸造应力。

2) 消除铸件白口的高温退火

铸件在冷却过程中由于表层及薄壁处冷却速度较快，出现白口组织，使铸件硬度和脆性增加，造成切削加工困难并影响正常使用。消除白口的高温退火工艺是：在热处理炉中，将铸件加热到 800～950℃，保温 1～3 h，然后随炉冷却到 400～500℃出炉后空冷，使 Fe_3C 分解为铁素体和石墨。

3) 表面淬火

对于用灰铸铁制造的机床导轨表面和内燃机汽缸套内壁等摩擦工作表面，需要有较高的硬度和耐磨性，可以采用表面淬火的方法来提高表面硬度，延长使用寿命。常用的方法有火焰加热表面淬火、高(中)频感应加热表面淬火和接触电阻加热表面淬火。

7.5.3　可锻铸铁

可锻铸铁俗称马铁或玛钢，是由白口铸铁经长时间高温石墨化退火而获得的具有团絮状石墨组织的铸铁，因其塑性优于灰铸铁而得名。实际上可锻铸铁并不能进行锻造加工。

1. 可锻铸铁的组织及性能

可锻铸铁的组织一般为铁素体基体加团絮状石墨或珠光体基体加团絮状石墨。铁素体基体的可锻铸铁因其断口呈黑色，故又称黑心可锻铸铁。

可锻铸铁因基体组织不同，性能也不相同。黑心可锻铸铁具有较高的塑性和韧性，珠光体可锻铸铁则具有较高的强度、硬度和耐磨性，而塑性和韧性低于黑心可锻铸铁。

由于可锻铸铁中的石墨呈团絮状，极大地减轻了对金属基体的割裂作用和应力集中现象，所以其强度比灰铸铁高很多，塑性和韧性也有较大的提高。

2. 可锻铸铁的牌号及用途

可锻铸铁的牌号是由 KTH 或 KTZ 和两组数字组成。其中 KT 是可锻铸铁的代号，H 表示黑心可锻铸铁，Z 表示珠光体可锻铸铁；两组数字分别表示最低抗拉强度值(MPa)和最低断后伸长率的百分数。例如牌号 KTH300-06 表示最低抗拉强度为 300 MPa，最低断后伸长率为 6%的黑心可锻铸铁。

可锻铸铁既有较好的铸造性能，又有较高的强度和一定的塑性和韧性，主要用于制造形状复杂、强度和韧性要求较高的薄壁零件，如汽车的后桥壳、差速器壳、轮毂、制动踏板、供排水系统和煤气管道的管件接头和阀门壳体等。当铸件壁较厚、尺寸较大时，其心部的冷却速度不够快，铁水浇注时难以获得整个截面的白口组织，所以可锻铸铁仅适用于薄壁和小型零件。

虽然可锻铸铁的力学性能比灰铸铁好，但它所用的原料是白口铸铁，成本较高，而且仅适用于薄壁和小型零件。随着球墨铸铁的发展，原来使用可锻铸铁制造的零件逐渐被球墨铸铁替代。

常用可锻铸铁的牌号、力学性能及用途举例见表 7-25，可锻铸铁在汽车上的应用见表 7-26。

可锻铸铁件

表 7-25　常用可锻铸铁的牌号、力学性能及用途举例

种类	牌号	力学性能			适用范围及用途举例
		R_m/MPa	A/%	布氏硬度/HBW	
黑心可锻铸铁	KTH300-06	≤ 300	≤ 6	≤150	适用于在冲击载荷和静载荷作用下，要求气密性好的零件，如管道配件，中低压阀门等
	KTH330-08	330	8		适用于承受中等冲击载荷和静载荷的零件，如机床扳手、车轮壳、钢丝绳轧头等
	KTH350-10	350	10		适用于在较高的冲击、振动及扭转负荷下工作的零件，如汽车的后桥壳、差速器壳、前后轮毂、转向节壳、管道接头等
	KTH370-12	370	12		
珠光体可锻铸铁	KTZ450-06	450	6	150～250	适用于承受较高载荷、耐磨损，并要求有一定韧性的重要零件，如曲轴、凸轮轴、连杆、车轮、摇臂、活塞环、万向节叉、棘轮、扳手等
	KTZ550-04	550	4	180～230	
	KTZ650-02	650	2	210～260	
	KTZ700-02	700	2	240～290	

表 7-26　可锻铸铁在汽车上的应用

牌号	应用举例
KTH350-10	后桥壳、差速器壳、减速器壳、轮毂、钢板弹簧吊架、制动蹄片等
KTZ450-06	曲轴、凸轮轴、连杆、车轮活塞环、发动机摇臂等

7.5.4　球墨铸铁

球墨铸铁是在灰铸铁的铁水中加入球化剂(稀土镁合金)和孕育剂(硅铁)，进行球化和孕育处理后得到的具有球状石墨的铸铁。

1. 球墨铸铁的组织及性能

球墨铸铁的组织可看成是碳钢的基体加球状石墨，按基体组织不同，常用的球墨铸铁有铁素体球墨铸铁、铁素体-珠光体球墨铸铁、珠光体球墨铸铁、马氏体球墨铸铁和贝氏体球墨铸铁等。

球墨铸铁中石墨呈球状，对基体的割裂作用和引起应力集中现象可减至最小，因此基体的强度利用率高。在所有铸铁中，球墨铸铁的力学性能最高，与相应组织的铸钢相似；冲击疲劳抗力高于中碳钢，屈强比是钢的二倍。但球墨铸铁的塑性和韧性均低于铸钢。

球墨铸铁的力学性能与基体组织和石墨的状态有关，石墨球越细小、越圆整、分布越均匀，球墨铸铁的强度、塑性、韧性则越好。铁素体基体具有较高的塑性和韧性；珠光体基体强度、硬度和耐磨性较高；马氏体基体硬度最高，但韧性最低；贝氏体基体具有良好的综合力学性能。

球墨铸铁具有近似于灰铸铁的某些优良的铸造性能、抗磨性、切削加工性等，但球墨铸铁也有一些缺点，如化学成分要求严格，白口倾向大，凝固时收缩率大等，因而对熔炼、铸造工艺要求高，生产成本高。

球状石墨对基体割裂作用不大，因此球墨铸铁可通过热处理进行强化。常用的热处理方法有退火、正火、调质、等温淬火等，也可以进行表面淬火、渗氮等。其工艺过程可参考有关热处理资料。

2. 球墨铸铁的牌号及用途

球墨铸铁的牌号由 QT 和两组数字组成，其中 QT 是球墨铸铁的代号，两组数字分别表示最低抗拉强度值(MPa)和最低断后伸长率的百分数。例如牌号 QT600-3 表示最低抗拉强度为 600 MPa，最低断后伸长率为 3%的球墨铸铁。常用球墨铸铁的牌号、力学性能及用途见表 7-27。球墨铸铁在汽车上的应用见表 7-28。

表 7-27　常用球墨铸铁的牌号、力学性能及用途

牌号	基体组织类型	力学性能				适用范围及用途举例
		R_m/MPa	$R_t0.2$/MPa	A/%	布氏硬度/HBS	
QT400-18	铁素体	≥ 400	≥ 250	≥ 18	130～180	适用于承受冲击、振动的零件，如汽车、拖拉机的轮毂、驱动桥壳、差速器壳、拨叉，农机具零件，中低压阀门，上、下水及输气管道电机机壳，齿轮箱、飞轮壳等
QT400-15	铁素体	400	250	15	130～180	
QT450-10	铁素体	450	310	10	160～210	
QT500-7	铁素体+珠光体	500	320	7	170～230	机器座架、传动轴、飞轮、电动机架、内燃机的机油泵齿轮、铁路机车车辆轴瓦等
QT600-3	铁素体+珠光体	600	370	3	190～270	适用于载荷大、受力复杂的零件，如汽车、拖拉机的曲轴、连杆、凸轮轴、汽缸套，部分磨床、铣床、车床的主轴，机床蜗杆、蜗轮、轧钢机轧辊、大齿轮，小型水轮机主轴，汽缸体、桥式起重机大小滚轮等
QT700-2	珠光体	700	420	2	225～305	
QT800-2	珠光体或回火组织	800	480	2	245～335	
QT900-2	贝氏体或回火马氏体	900	600	2	280～360	高强度齿轮，如汽车后桥螺旋锥齿轮，大型减速器齿轮，内燃机曲轴、凸轮轴等

表 7-28　球墨铸铁在汽车上的应用

牌　号	应 用 举 例
QT450-10	轮毂、转向器壳、制动蹄、牵引钩前支承座、辅助钢板弹簧支架等
QT600-03	曲轴、发动机摇臂、牵引钩支承座、钢板弹簧侧垫板及滑块等

7.5.5　蠕墨铸铁

蠕墨铸铁是一种新型铸铁，是在灰铸铁的铁水中加入适量的蠕化剂和孕育剂，经蠕化和孕育处理后获得的具有蠕虫状石墨的铸铁。目前常用的蠕化剂有稀土镁钛合金、稀土硅铁合金和稀土硅钙合金等。

1. 蠕墨铸铁的组织及性能

蠕墨铸铁的组织是由钢的基体和蠕虫状石墨组成，其基体有铁素体基体、铁素体-珠光体基体和珠光体基体三种。

蠕墨铸铁中的石墨呈蠕虫状(类似于片状，但片短而厚，头部较圆、较钝，形似蠕虫)，对基体的割裂作用介于灰铸铁与球墨铸铁之间，因此其力学性能也介于灰铸铁与球墨铸铁之间，既具有灰铸铁良好的导热性、减震性、切削加工性和铸造性能，又有与球墨铸铁相近的抗拉强度、塑性和韧性。

2. 蠕墨铸铁的牌号及用途

蠕墨铸铁的牌号由 RuT 和一组数字组成。其中 RuT 是蠕墨铸铁的代号，数字表示最低抗拉强度值(MPa)。例如牌号 RuT300 表示最低抗拉强度为 300 MPa 的蠕墨铸铁。蠕墨铸铁的牌号、力学性能及用途见表 7-29。

表 7-29　蠕墨铸铁的牌号、力学性能及用途

牌　号	基体类型	力学性能				应 用 举 例
		R_m/MPa	$R_t0.2$/MPa	A/%	硬度/HBW	
RuT260	铁素体	≥ 260	≥ 195	≥ 3.0	121～197	活塞环、缸套、制动盘、制动鼓、玻璃模具、钢珠研磨盘、吸淤泵体等
RuT300	铁素体+珠光体	300	240	1.5	140～217	带导轨面的重型机床件、大型齿轮箱体、大型龙门铣横梁、盖、座、制动鼓、飞轮、玻璃模具、起重机卷筒、烧结机滑板等
RuT340		340	270	1.0	170～249	排气管、变速器壳、缸盖、纺织机械零件、液压件、小型烧结机齿轮等
RuT380	珠光体	380	300	1.0	193～274	增压器废气进气壳体、汽车、拖拉机的某些底盘零件
RuT420		420	335	1.0	200～280	

蠕墨铸铁件　　　　　　　　　　　蠕墨铸铁金相检验

蠕墨铸铁主要用于制造能经受热循环载荷，要求组织致密、强度较高且形状复杂的零件，如大型柴油机的汽缸体、制动鼓，大型电动机外壳、阀体、机座等。在汽车上主要用于制造柴油机汽缸盖、进排气管、制动盘和制动鼓等。

7.5.6　特殊性能铸铁

为满足工业上对铸铁的特殊性能要求，向铸铁中加入某些合金元素，获得具有特殊性能的铸铁，包括耐热铸铁、耐磨铸铁和耐蚀铸铁。汽车中常用的有耐热铸铁和耐磨铸铁。

1. 耐热铸铁

普通铸铁加热到 450℃以上的高温时，会发生表面氧化和"热生长"现象。热生长是指铸铁在高温下氧化性气氛沿石墨片边界和裂纹渗入铸铁内部，形成内氧化以及因渗碳体分解成石墨产生的体积不可逆膨胀现象。严重时膨胀可达 10%左右，使铸铁体积变大，力学性能降低，出现显微变形和裂纹。

耐热铸铁是在铸铁中加入硅、铝、铬等元素，使铸件表面在高温下形成一层致密的氧化膜，将内层金属与氧化介质隔绝，使内层金属在高温时不被氧化，提高铸铁的耐热性。

常用耐热铸铁有高硅和铝硅耐热球墨铸铁。RQTSi5 是硅耐热球墨铸铁，使用温度可达 850℃，用于制造炉条、烟道挡板、换热器等。RQTAl5Si5 是硅铝耐热球墨铸铁，使用温度可达 1050℃，用于制造加热炉底板、钩链、焙烧机构件等。耐热铸铁主要用于制造汽车上在高温下工作的发动机进、排气门座和排气管密封环等，见图 7-43。

(a) 气门座　　　　　　　　(b) 排气管密封环　　　　　　　　耐热铸铁件

图 7-43　耐热铸铁制造的汽车零件

2. 耐磨铸铁

耐磨铸铁是在灰铸铁中加入铬、钼、铜、钛、磷等合金元素形成的。磷在铸铁中能形成硬而脆的磷化物，从而提高铸铁的耐磨性；铬、钼、铜在铸铁中使组织细化，既能提高硬度和耐磨性，又能提高强度和韧性。

常用的耐磨铸铁有高磷耐磨铸铁和铬钼铜耐磨铸铁等，主要用于制造在高温下强烈摩擦的零件，如汽车的汽缸套、活塞环、排气门座圈等，见图 7-44。

(a) 汽缸套　　　　　　　(b) 活塞环　　　　　　耐磨铸铁

图 7-44　耐磨铸铁制造的汽车零件

3. 耐蚀铸铁

耐蚀铸铁是指在腐蚀性介质工作条件下，具有耐腐蚀能力的铸铁。提高铸铁耐腐蚀性的途径基本上与不锈钢相同，一般加入一定量的硅、铝、铬、镍、铜等合金元素，使其在铸铁表面形成一层连续致密的保护膜，阻止继续腐蚀，并提高铸铁基体的电极电位，从而提高铸铁的耐腐蚀性。

耐蚀铸铁主要用于制造化工机械，如容器、管道、泵、阀门等。

7.6　典型汽车零件选材

在汽车制造过程中，从设计新产品、改造老产品，到维修、更换零件，都会涉及零件的选材、热处理工艺的确定和热处理工序安排等问题。处理好这些问题对提高产品质量和生产率，降低成本有着重要的意义。本节以汽车的几个典型零件为例，介绍汽车零件选材的方法及步骤。

7.6.1　汽车齿轮选材

齿轮是机械工业中应用最广泛的重要零件之一，主要用于传递动力、改变运动速度和运动方向。齿轮的选材要从齿轮的工作条件、失效形式及其对材料的性能要求等方面综合考虑。汽车变速齿轮如图 7-45 所示。

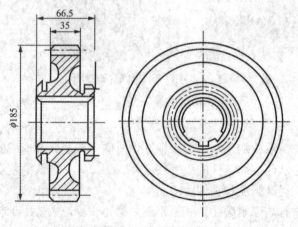

图 7-45　汽车变速齿轮

1. 汽车齿轮的工作条件

汽车齿轮主要分装在变速器和差速器中，在变速器中，通过齿轮改变发动机、曲轴和主轴齿轮的速比；在差速器中，通过齿轮增加扭矩，调节左右轮的转速。发动机的全部动力均通过齿轮传给主轴，推动汽车运行，汽车齿轮受力较大，受冲击频繁，因此对其耐磨性、疲劳强度、心部强度以及冲击韧性等的要求比一般机床齿轮高。齿轮工作时的受力情况为：传递扭矩，齿根承受很大的交变弯曲应力；换挡、启动或咬合不均匀时，轮齿承受一定冲击载荷；因加工、安装不当或齿、轴变形等引起的齿面接触不良，以及外来灰尘、金属屑等硬质微粒的侵入都会成为附加载荷而使工作条件恶化。因此齿轮的工作条件和受力情况是较复杂的。

2. 汽车齿轮的主要失效形式

根据齿轮的工作条件，其主要失效形式是轮齿断裂、齿面剥落、齿面磨损以及过量塑性变形。汽车齿轮的失效形式主要有以下几种，见表7-30。

表 7-30　汽车齿轮的主要失效形式

失效形式	失 效 表 现
疲劳断裂	主要从根部发生，这是齿轮最严重的失效形式，常常一齿断裂会引起数齿甚至所有齿断裂
齿面磨损	由于齿面接触区摩擦，使齿厚变薄
齿面接触疲劳破坏	在交变接触应力作用下，齿面产生微裂纹，微裂纹的发展引起点状剥落(或称麻点)
过载断裂	主要是冲击载荷过大造成的断齿

3. 对汽车齿轮的性能要求

通过工作条件及失效形式的分析，可以对齿轮材料提出如下性能要求：
(1) 高的弯曲疲劳强度，特别是齿根处要有足够的强度；
(2) 高的齿面硬度和耐磨性；
(3) 较高的心部强度和足够的冲击韧性；
(4) 热处理变形小。

4. 典型汽车齿轮选材

在我国使用最多的汽车齿轮用材是合金渗碳钢20Cr 或20CrMnTi，需要经渗碳、淬火和低温回火等热处理强化后使用。渗碳后表面碳含量大大提高，保证淬火后得到高硬度、高耐磨性和高接触疲劳强度。由于合金元素提高了淬透性，淬火、低温回火后可使心部获得较高的强度和足够的冲击韧性。为了进一步提高齿轮的使用寿命，渗碳、淬火、低温回火后，还可以采用喷丸处理，增大表面压应力，有利于提高齿面和齿根的疲劳强度，并清除氧化皮。

合金渗碳钢齿轮的工艺路线一般为：下料→锻造→正火→切削加工→渗碳、淬火及低回→喷丸→磨削加工。

汽车、拖拉机齿轮常用钢种及热处理方法见表7-31。

表 7-31 汽车、拖拉机齿轮常用钢种及热处理方法

序号	齿轮类型	常用钢种	热 处 理	
			主要工序	技术要求
1	汽车变速器和分动器齿轮	20CrMnTi 20CrMnMo 等	渗碳	层 深：$m_n<3$ 时，0.6～1.0 mm $3<m_s<5$ 时，0.9～1.3 mm $m_n>5$ 时，1.1～1.5 mm 齿面硬度：58～64HRC 心部硬度：$m_n\leqslant5$ 时，32～45HRC $m_n>5$ 时，29～45HRC
		40Cr	(浅层) 碳氮共渗	层 深：>0.2 mm 表面硬度：51～61HRC
2	汽车驱动桥主动及从动圆柱齿轮	20CrMnTi 20CrMo	渗碳	渗层深度按图纸要求，硬度要求同序号 1 中渗碳工序 层 深：$m_s<5$ 时，0.9～1.3 mm $5<m_n<8$ 时，1.0～1.4 mm $m_s>8$ 时，1.2～1.6 mm
	汽车驱动桥主动及从动圆锥齿轮	20CrMnTi 20CrMnMo	渗碳	齿面硬度：58～64HRC 心部硬度：$m_n\leqslant8$ 时，32～45HRC $m_s>8$ 时，29～45HRC
3	汽车驱动桥差速器行星及半轴齿轮	20CrMnTi 20CrMo 20CrMnMo	渗碳	同序号 1 中渗碳工序
4	汽车发动机凸轮轴齿轮	HT150 HT200		170～229 HBS
5	汽车曲轴正时齿轮	35，40，45，40Cr	正火	149～179 HBS
			调质	207～241 HBS
6	汽车启动机齿轮	15Cr 20Cr 20CrMo 15CrMnMo 20CrMnTi	渗碳	层 深：0.7～1.1 mm 表面硬度：58～634 HRC 心部硬度：33～43 HRC
7	汽车里程表齿轮	20 Q215	(浅层) 碳氮共渗	层深：0.2～0.35 mm
8	拖拉机传动齿轮，动力传动装置中的圆柱齿轮、圆锥齿轮及轴齿轮	20Cr 20CrMo 20CrMnMo 20CrMnTi 30CrMnTi	渗碳	层深：不小于模数的 0.18 倍，但不大于 2.1 mm 各种齿轮渗层深度的上下限不大于 0.5 mm，硬度要求同序号 1、2
		40Cr 45Cr	(浅层) 碳氮共渗	同序号 1 中碳氮共渗工序
			主要工序	技术要求
9	拖拉机曲轴正时齿轮、凸轮轴齿轮、喷油泵驱动齿轮	45	正火	156～217HBS
			调质	217～255HBS
		HT150		170～229HBS
10	汽车、拖拉机油泵齿轮	40，45	调质	28～35HRC

注：① m_n——法向模数；② m_s——端面模数。

7.6.2　汽车轴类零件选材

轴是汽车上的最重要零件之一，主要用于支撑传动零件(如齿轮、凸轮等)、传递运动和动力。根据轴类零件的工作条件和失效形式，对材料有以下性能要求：

(1) 良好的综合力学性能，足够的强度、硬度、塑性和一定的韧性，以防止过载断裂和冲击断裂。

(2) 高疲劳强度，对应力集中敏感性低，以防疲劳断裂。

(3) 足够的淬透性，热处理后表面要有高硬度、高耐磨性，以防磨损失效。

(4) 良好的切削加工性能，价格便宜。

轴类零件的选材既要考虑材料的强度，也要考虑冲击韧性和表面耐磨性。因此，轴一般用锻造或轧制的低、中碳钢或合金钢制造。

由于碳钢比合金钢便宜，并且综合力学性能良好，对应力集中敏感性小，所以一般轴类零件使用较多。常用的优质碳素结构钢有 35 钢、40 钢、45 钢、50 钢等，其中 45 钢最常用。为改善碳素结构钢的性能，一般要经过正火、调质或表面淬火热处理。

合金钢比碳钢具有更好的力学性能和热处理工艺性，但对应力集中敏感性较高，价格也较高，所以，只有当载荷较大并要求限制轴的外形、尺寸和重量，或轴颈的耐磨性要求高时，才采用合金钢。常用的合金钢有 20Cr、40Cr、40CrNi、20CrMnTi、40MnB 等。常用的合金钢也必须采用相应的热处理才能充分发挥其作用。

除了上述碳钢和合金钢外，还可以采用球墨铸铁和高强度灰铸铁作为轴的材料，特别是作为曲轴的材料。

1. 汽车发动机曲轴选材

曲轴是汽车发动机中形状复杂的重要零件之一，如图 7-46 所示。汽车发动机曲轴的作用是输出动力，并带动其他部件运动。曲轴在工作中受到弯曲、扭转、剪切、拉压、冲击及交变应力作用。曲轴的形状极不规则，应力分布也极不均匀，曲轴颈与轴承还发生滑动摩擦。

图 7-46　汽车发动机曲轴

曲轴的主要失效形式是疲劳断裂和轴颈严重磨损两种。根据曲轴的工作条件和失效形式，要求曲轴应具备以下性能：

(1) 高强度和一定的冲击韧性。

(2) 足够的抗弯、扭转和疲劳强度。

(3) 足够的刚度。

(4) 轴颈表面有高的硬度和耐磨性。

实际生产中，按照制造工艺，汽车发动机曲轴分为锻造曲轴和铸造曲轴。锻造曲轴一般采用优质中碳钢和中碳合金钢制造，如 30、35、35Mn2、40Cr、35CrMo 等，经模锻、调质、切削加工后对轴颈部进行表面淬火。铸造曲轴主要采用铸钢、球墨铸铁、珠光体可锻铸铁及合金铸铁等，如 ZG230-450、QT600-3、KTZ450-5、KTZ500-4 等。铸造曲轴经铸造、高温正火、高温回火、切削加工后对轴颈进行气体渗碳、淬火、回火处理。

2. 汽车半轴选材

汽车半轴是驱动车轮转动的直接驱动零件，也是汽车后桥中的重要受力部件，如图 7-47 所示。汽车运行时，发动机输出的扭矩经过变速器、差速器和减速器传给半轴，再由半轴传给车轮，带动汽车行驶。半轴在工作时主要承受扭转力矩、交变弯曲及一定的冲击载荷。在通常情况下，半轴的使用寿命主要取决于花键齿的抗压陷和耐磨损的性能，但断裂现象也有发生。载重汽车半轴最容易损坏的部位是在轴的杆部和凸缘的连接处、花键端以及花键与杆部相连的部位。这些部位发生损坏时，一般为疲劳断裂。

图 7-47 汽车半轴

根据半轴的工作条件，要求半轴材料具有高的抗弯强度、疲劳强度和较好的韧性。汽车半轴是综合力学性能要求较高的零件，通常选用调质钢制造。中、小型汽车的半轴一般用 45 钢、40Cr 制造，而重型汽车则用 40MnB、40CrNi 或 40CrMnMo 等淬透性较高的合金钢制造。半轴加工中常采用喷丸处理及滚压凸缘根部圆角等强化方法。为提高半轴的疲劳强度，获得良好的综合力学性能，采用调质处理，其高温回火工序采用快冷，防止出现回火脆性。为提高花键部位的硬度和耐磨性，需要进行表面淬火和低温回火。

汽车半轴常用材料、技术要求及热处理工艺见表 7-32。

表 7-32　汽车半轴常用材料、技术要求及热处理工艺

类别	材料	技术要求	热处理工艺
轿车和吉普车	40Cr	淬火、中温回火： 杆部 28～32 HRC 法兰 28～32 HRC	淬火温度：840～860℃，水冷后空冷 回火温度：400～460℃，水冷
		感应淬火： 硬化层深度 4～6 mm 硬度 50～55 HRC	中频淬火：180～250℃回火
	20CrMnTi	渗碳淬火： 硬化层深度 1.5～1.8 mm 硬度：59～68 HRC	渗碳温度：(930±10)℃，随炉冷却 淬火温度：830～850℃，油冷 回火温度：180～200℃，空冷
载重车	40Cr	预备热处理：正火	加热温度：860～900℃，流动空气中冷至600℃空冷
		最终热处理 感应淬火： 硬化层深度 3～6 mm 硬度：49～62 HRC	中频淬火，180～200℃回火
	40MnB	预备热处理：调质硬度 229 HBS～269 HBS	淬火加热温度：(840℃±10)℃，油冷
		最终热处理 感应淬火： 硬化层深度 1～7 mm 硬度：52～63 HRC	中频淬火，180～200℃回火
重型车	40CrMnMo	预备热处理： 退火 硬度≤225 HBS	加热温度：860～880℃，流动空气冷却
		淬火、中温回火： 硬度 37～44 HRC	淬火温度：(840±10)℃，流动空气冷却 回火温度：(480±10)℃，水冷

7.6.3　汽车弹簧选材

弹簧是一种重要的机械零件，其基本作用是利用材料的弹性和弹簧本身的结构特点，在载荷作用下产生变形时，把机械功或动能转变为形变能；在恢复变形时，把形变能转变为动能或机械功。弹簧的种类很多，按形状分主要有螺旋弹簧、板弹簧、蜗卷弹簧等，如图 7-48 所示。不同的弹簧用途不同，如汽车、拖拉机、火车中使用的悬挂弹簧，主要起缓冲或减震作用；汽车发动机中的气门弹簧，在外力去除后能自动恢复到原来位置，起到复位作用；钟表、玩具中的法条，起储存和释放能量的作用。

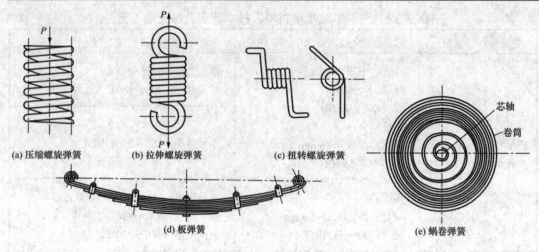

图 7-48　弹簧的种类

弹簧材料的主要性能要求：高的弹性极限、屈强比和疲劳强度，以及一定的塑性和韧性。一些特殊弹簧还要求有良好的耐热性和耐腐蚀性。

中碳钢和高碳钢都可制作弹簧，因其淬透性和强度较低，只能用来制造截面较小、受力较小的弹簧。合金弹簧钢则可制造截面较大、屈服极限较高的重要弹簧。

1. 汽车板簧选材

汽车板簧用于缓冲和吸振，承受很大的交变应力和冲击载荷，其主要失效形式为刚度不足引起的过度变形或疲劳断裂。因此对汽车板簧材料的要求是要有较高的屈服强度和疲劳强度。

汽车板簧一般选用弹性高的合金弹簧钢制造，如 65Mn、60Si2Mn 钢等。对于中型或重型汽车，板簧还采用 50CrMn、55SiMnVB 钢制造；对于中型载货汽车用的大截面积板簧，则采用 55SiMnV、55SiMnVNb 钢制造。

板簧一般采用的加工工艺路线：热轧钢板冲裁下料→压力成型→淬火、中温回火→喷丸处理。喷丸强化处理是对板簧进行表面强化的重要手段，用于提高板簧的疲劳强度。

2. 气门弹簧选材

气门弹簧是一种压缩螺旋弹簧，其功能是在凸轮、摇臂或挺杆的联合作用下，使气门打开和关闭。气门弹簧受力不是很大，可采用淬透性比较好、晶粒细小、有一定耐热性的50CrVA 钢制造。其加工工艺路线：冷卷成型→淬火、中温回火→喷丸处理→两端磨平。

7.6.4　箱体类零件选材

一般箱体类零件结构复杂，具有不规则的外形和内腔，且壁厚不均匀。箱体类零件包括各种机械设备的横梁、支架、底座、齿轮箱、轴承座、阀体、泵体等，在汽车上的应用主要有汽缸体、汽缸盖，变速箱壳体、驱动桥壳等。这类零件质量相差很大，从几千克到数十吨，工作条件相差也很大，有的基础件以承受压力为主，如内燃机汽缸体(如图 7-49所示)、汽缸盖，并要求有较好的刚度和抗磨性，有的要承受弯曲、扭转、拉压和冲击载荷，如汽车的驱动桥。总的说来，箱体类零件受力不大，但要求有良好的刚度和密封性。

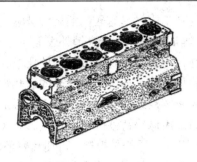

图 7-49　内燃机汽缸体

根据箱体类零件的结构特点和使用要求，通常以铸件作为毛坯，且以铸造性能良好、价格低廉，以及具有良好的耐压、耐磨性的灰铸铁为主。对于质量要求不严格的一般内燃机的汽缸盖、汽缸体可采用灰铸铁；对于受力复杂或受冲击载荷的零件采用铸钢、可锻铸铁或球墨铸铁制造，如汽车的驱动桥壳；风冷发动机、小轿车发动机的汽缸体、汽缸盖可选用质量轻、导热良好的铝合金制造。

铸铁件应进行去应力退火或时效处理，铸钢件常采用完全退火或正火处理。

7.6.5　其他零件选材

1. 发动机缸套选材

发动机的工作循环是在汽缸内完成的。汽缸内与活塞接触的内壁面，由于直接承受燃气的冲刷，并与活塞存在一定压力的高速相对运动，使汽缸内壁受到强烈的摩擦，而汽缸内壁的过量磨损是造成发动机大修的主要原因之一。因此，汽缸的缸体一般采用普通铸铁或铝合金制造，而汽缸工作面则用耐磨材料制成缸套镶入汽缸。

常用缸套材料为耐磨合金铸铁，主要有高磷铸铁、硼铸铁、合金铸铁等。为了提高缸套的耐磨性，可以采用镀铬、表面淬火、喷镀金属钼或其他耐磨合金等方法对缸套进行表面处理。

2. 活塞组选材

活塞、活塞销和活塞环等零件组成活塞组，如图 7-50 所示。汽车活塞组与缸体、缸盖配合形成一个容积变化的密闭空间，在工作中承受燃气作用力并通过连杆将力传给曲轴输出。活塞组工作条件十分苛刻，在高温、高压燃气条件下工作，工作温度最高可达 1000℃；在汽缸内做高速往复运动，产生很大的惯性载荷；活塞在传力给连杆时，还承受着交变的侧压力。因此，对活塞材料的性能要求是热强度高，导热性好，吸热性差，膨胀系数小，耐磨性、耐腐蚀性和工艺性好。

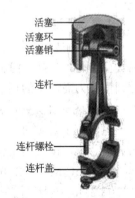

图 7-50　汽车活塞组

常用的活塞材料是铝合金。铝合金的特点是导热性好、密度小；硅的作用是使膨胀系数减小，耐磨性、耐腐蚀性、硬度、刚度和强度提高。铝硅合金活塞需进行固溶处理及人工失效处理，以提高表面硬度。

活塞销传递的力矩比较大，且承受交变载荷。因此要求活塞销材料应有足够的刚度、强度及耐磨性，还要求外硬内韧，同时具有较高的抗疲劳强度和冲击韧性。活塞销材料一般使用 20、20Cr、18CrMnTi 等低合金钢。活塞销外表面应进行渗碳或液体碳氮共渗处理，以满足活塞销外表面硬而耐磨、内部韧性好而耐冲击的要求。

活塞环材料应具有一定的耐磨性、韧性以及良好的耐热性、导热性和易加工性等。目前一般多用以珠光体为基体的灰铸铁或在灰铸铁的基础上添加一定量的铜、铬、钼及钨等合金元素的合金铸铁，也有的采用球墨铸铁或可锻铸铁。为了改善活塞环的工作性能，活塞环宜进行表面处理。目前应用最广泛的是镀铬，可使活塞环的使用寿命提高 2～3 倍。其他表面处理的方法还有喷镀、磷化、氧化、涂敷合成树脂等。

3. 连杆选材

连杆(如图 7-51 所示)是汽车发动机中的重要零件，其作用是连接活塞和曲轴，并将活塞的往复运动转变为曲轴的旋转运动，把作用在活塞上的力传给曲轴以输出功率。

图 7-51　连杆示意图

连杆工作时受到复杂的拉、压应力的作用，还要承受气体做功时的冲击载荷，主要失效形式是疲劳断裂和过量变形。因此要求连杆材料必须具有良好的综合力学性能及高抗疲劳强度。

通常连杆材料选用综合力学性能好的中碳钢和中碳合金钢，如 45、40Cr、40MnB 等。合金钢虽具有很高的强度，但对应力集中很敏感。所以，在连杆外形、过渡圆角等方面需严格要求，还应注意表面加工质量，以提高抗疲劳强度，否则高强度合金钢的应用并不能达到预期效果。

4. 气门选材

气门的主要作用是打开和关闭进、排气道。气门工作时，需要承受较高的机械负荷和热负荷，尤其是排气门工作温度高达 650～850℃。另外，气门头部还承受气体压力及落座时因惯性力而产生的相当大的冲击。气门经常出现的故障有气门座扭曲、气门头部变形，以及气门座表面积炭时引起燃烧产生的废气对气门座表面强烈的烧蚀。

对气门的主要要求是保证燃烧室的气密性，因此气门材料应选用耐热、耐蚀、耐磨的材料。进、排气门工作条件不同，材料的选择也不同。进气门一般可用 40Cr、35CrSi、38CrSi、35CrMo、42Mn2V 等合金钢制造；而排气门则要求用高铬耐热钢制造，采用 4Cr10Si2Mo 作为气门材料时，可承受的工作温度为 550～650℃，采用 4Cr14Ni14W2Mo 作为气门材料时，可承受的工作温度为 650～900℃。

5. 汽车(车身、纵梁、挡板等)冷冲压零件选材

在汽车零件中，冷冲压零件种类繁多，占总零件数的 50%～60%。汽车冷冲压零件采

用的材料有钢板和钢带，钢板包括热轧钢板和冷轧钢板。

热轧钢板主要用于制造一些承受一定载荷的结构件，如保险杠、制动盘、纵梁等。这些零件不仅要求钢板具有一定的刚度、强度，而且还要求具有良好的冲压成形性能。冷轧钢板主要用于制造形状复杂、受力较小的机械外壳和驾驶室车身等覆盖零件。这些零件对钢板的强度要求不高，但却要求具有优良的表面质量和良好的冲压性能，以保证高的成品合格率。

近年开发的加工性能良好、屈服强度和抗拉强度高的薄钢板(高强度钢板)，由于其可降低汽车自重，提高燃油经济性，在汽车上获得广泛应用。高强度钢板已用于制造横梁、边梁、保险杠、车顶、车门、前脸、后围、行李箱、发动机罩等。

7.7　钢铁材料在汽车上的应用

目前，钢铁材料在汽车上的应用占主导地位。汽车发动机和底盘主要零件的用材情况分别见表 7-33、表 7-34。

表 7-33　钢铁材料在汽车发动机零件上的应用

代表零件	材料种类及牌号	使用性能要求	主要失效形式	热处理及其他
缸体、缸盖、飞轮、正时齿轮	灰铸铁：HT200	刚度、强度、尺寸稳定性	产生裂纹、孔壁磨损、翘曲变形	不处理或去应力退火。也可用 ZL104 铝合金制造缸体、缸盖，固溶处理后时效
缸套、排气门座等	合金铸铁	耐磨性、耐热性	过量磨损	铸造状态
曲轴等	球墨铸铁：QT600-2	刚度、强度、耐磨性	过量磨损、断裂	表面淬火、圆角滚压、渗氮，也可以用锻钢件
活塞销等	渗碳钢：20、20Cr、18CrMnTi、12Cr2Ni4	强度、冲击韧性、耐磨性	磨损、变形、断裂	渗碳、淬火、回火
连杆、连杆螺栓、曲轴等	调质钢：45.40Cr、40MnB	强度、疲劳强度、冲击韧性	过量变形、断裂	调质、探伤
各种轴承、轴瓦	轴承钢、轴承合金	耐磨性、疲劳强度	磨损、剥落、烧蚀破裂	不热处理(外购)
排气门	高铬耐热钢：4Cr10Si2Mo 4Cr14Ni14W2Mo	耐热性、耐磨性	起槽、变宽、氧化烧蚀	淬火、回火
气门弹簧	弹簧钢：65Mn、50CrVA	疲劳强度	变形断裂	淬火、中温回火
活塞	高硅铝合金：ZL108、ZL110	耐热强度	烧蚀、变形、断裂	固溶处理及时效
支架、盖、罩、挡板、油底壳等	钢板：Q235、08、20、16Mn	刚度、强度	变形	不热处理

表 7-34　钢铁材料在汽车底盘及车身零件上的应用

代表零件	材料种类及牌号	使用性能要求	主要失效形式	热处理及其他
纵梁、横梁、传动轴(4000 r/min)、保险杠、钢圈等	钢板：25、16Mn	强度、刚度、韧性	弯曲、扭斜，铆钉松动、断裂	要求用冲压工艺好的优质钢板
前桥(前轴)转向节臂(羊角)、半轴等	调质钢：45、40Cr、40MnB	强度、韧性、疲劳强度	弯曲变形、扭转变形、断裂	模锻成型、调质处理、圆角滚压、无损探伤
变速箱齿轮、后桥齿轮等	渗碳钢：20CrMnTi、40MnB	强度、耐磨性、接触疲劳强度及断裂强度	麻点、剥落、齿面过量磨损、变形、断齿	渗碳(渗碳层深度0.88 mm以上)淬火、回火，表面硬度58~62HRC
变速器壳、离合器壳	灰铸铁：HT200	刚度、尺寸稳定性、一定的强度	产生裂纹、轴承孔磨损	去应力退火
后桥壳等	可锻铸铁：KTH350-10 球墨铸铁：QT400-10	刚度、尺寸稳定性、一定的强度	弯曲、断裂	后桥还可以用优质钢板冲压后焊成或用铸钢
钢板弹簧	弹簧钢：65Mn、60Si2Mn 50CrMn、55SiMnVB	耐疲劳、冲击和腐蚀	折断、弹性减退、弯度减小	淬火、中温回火、喷丸强化
驾驶室、车厢罩等	08 钢板、20 钢板	刚度、尺寸稳定性	变形、开裂	冲压成型
分泵活塞、油管	有色金属：铝合金、纯铜	耐磨性、强度	磨损、开裂	

综 合 训 练 题

一、名词解释

铁素体　奥氏体　渗碳体　珠光体　低温莱氏体　马氏体　热处理　调质　淬透性淬硬性

二、填空题

1. 奥氏体在 1148℃时，碳的质量分数为_____，在 727℃时，碳的质量分数为_____。

2. 根据室温组织的不同，钢分为_____钢，其室温组织为_____和_____；_____钢，其室温组织为_____；_____钢，其室温组织为_____和_____。

3. 热处理工艺过程都是由_____、_____和_____三个阶段组成。

4. 常用的淬火方法有_____淬火、_____淬火、_____淬火和_____淬火等。

5. 按回火温度范围可将回火分为_____回火、_____回火和_____回火三类，淬火后进行高温回火，称为_____。

6. 碳素钢简称碳钢，通常指碳的质量分数小于_____，并含有少量锰、硅、硫、磷等杂质元素的_____合金。

7. 碳素钢根据碳的质量分数的多少可分为_____、_____和_____。

8. Q235AF 表示屈服强度为_____MPa 的_____级沸腾钢。

9. 45 钢按用途分类属于_____钢，按钢中有害元素 S、P 含量多少分类属于_____钢。

10. 所谓合金钢，是指在碳素钢的基础上，为了改善钢的某些性能，在冶炼时有目的地加入一些_____炼成的钢。

11. 灰铸铁、可锻铸铁、球墨铸铁及蠕墨铸铁中石墨的形态分别为_____状、_____状、_____状和_____状。

三、选择题

1. 铁素体为(　　)晶格，奥氏体为(　　)晶格，渗碳体为(　　)晶格。

A. 体心立方　　　　　　B. 面心立方　　　　　　C. 复杂斜方

2. 铁碳相图上的 ES 线是(　　)，PSK 线是(　　)。

A. A_1　　　　　　　　B. A_3　　　　　　　　C. A_{cm}

3. 零件渗碳后，一般需经(　　)处理，才能达到表面高硬度和高耐磨性的目的。

A. 淬火+低温回火　　　B. 正火　　　　　　　　C. 调质

4. 常用冷冲压方法制造的汽车油底壳应选用(　　)。

A. 08 钢　　　　　　　　B. 45 钢　　　　　　　　C. T10A 钢

5. 20 钢属于低碳钢，其平均碳的质量分数为 0.20%，用于制造汽车的(　　)。

A. 驾驶室　　　　　　　B. 风扇叶片　　　　　　C. 凸轮轴

6. 45 钢其平均碳的质量分数为(　　)。

A. 0.45%　　　　　　　B. 4.5%　　　　　　　　C. 45%

7. 汽车上的变速齿轮、万向节十字轴、活塞销和气门挺杆等，它们的表面要求具有高硬度、高耐磨性，而心部则要求具有高的强度和韧性，因而这些零件大多采用(　　)制造。

A. 合金渗碳　　　　　　B. 合金调质钢　　　　　C. 合金弹簧钢

8. 为了保证气门弹簧的性能要求，65Mn 钢制的气门弹簧最终要进行(　　)处理。

A. 淬火和低温回火　　　B. 淬火和中温回火　　　C. 淬火和高温回火

9. 铬不锈钢的合金元素以铬为主，其含量一般大于(　　)%。

A. 0.13%　　　　　　　B. 1.3%　　　　　　　　C. 13%

10. HT150 可用于制造(　　)。

A. 汽车变速齿轮　　　　B. 汽车变速器壳　　　　C. 汽车板簧

四、判断题

1. 碳溶于 α-Fe 中所形成的间隙固溶体称为奥氏体。　　　　　　　　　　(　　)

2. 淬火后的钢，随回火温度的增高，其强度和硬度也增高。　　　　　　(　　)

3. 硫、磷是钢中的有害元素，随着其含量的增加，会使钢的韧性降低，硫使钢产生冷脆，磷使钢产生热脆。　　　　　　　　　　　　　　　　　　　　　　　　　(　　)

4. 40Cr 钢是最常用的合金调质钢，常用于制造转向节、汽缸盖螺栓等。　(　　)

5. Q345 钢与 Q235 钢的含碳量基本相同，但前者的强度明显高于后者。　　　　（　　）

6. GCr15 钢是滚动轴承钢，其铬的质量分数为 15%。　　　　　　　　　　（　　）

7. 铸钢用于制造形状复杂、难以锻压成形、要求有较高的强度和塑性，并承受冲击载荷的零件。　　　　　　　　　　　　　　　　　　　　　　　　　　　　　（　　）

8. 可锻铸铁比灰铸铁的塑性好，因此可以进行锻压加工。　　　　　　　　（　　）

五、简答题

1. 为什么绑扎物件一般用铁丝(镀锌的低碳钢丝)，而起重机吊重物时却用钢丝绳(用 60，65，70 等钢制成)？

2. 什么是热处理，其目的是什么。

3. 简述共析钢过冷奥氏体在 $A_1 \sim Ms$ 之间不同温度下等温时，转变产物的名称和性能。

4. 合金钢和碳素钢相比有哪些优点？

5. 举例说出合金渗碳钢、合金调质钢、合金弹簧钢、滚动轴承钢及耐热钢在汽车上的应用。

6. 制造汽车后桥壳等薄壁铸件应采用可锻铸铁还是球墨铸铁？为什么？

7. 为什么球墨铸铁的强度和韧性比灰铸铁、可锻铸铁高？

8. 试为下列汽车零件选择合适材料。

(1) 后视镜支架；(2) 气门推杆；(3) 气门弹簧；(4) 车架纵、横梁；(5) 变速齿轮；

(6) 钢板弹簧；(7) 发动机的进排气门；(8) 化油器针阀；(9) 汽缸体；(10) 曲轴。

第8章　汽车用有色金属及其合金

知识点

常用有色金属的分类、性能、牌号及应用。

技能点

(1) 了解汽车常用有色金属的性能要求。
(2) 熟悉对汽车上使用的有色金属的识别。
(3) 学会汽车常用零部件选用有色金属的方法和应用。

在工业生产中，通常把铁及其合金称为黑色金属，把黑色金属以外的其他金属称为有色金属。有色金属具有特殊的电、磁、热性能和耐腐蚀性，高的比强度(强度/密度)，是实现汽车轻量化的理想材料，在现代汽车工业中得到了广泛的应用。汽车上常用的有色金属主要有铝、铜及其合金和滑动轴承合金。近年来钛、镁、锌及其合金和粉末冶金材料在汽车上的应用也日趋广泛。

8.1　铝及铝合金

8.1.1　纯铝

1. 纯铝的特性及应用

纯铝是银白色的轻金属，密度为 2.72 g/cm^3，仅为铁的1/3，经常用作各种轻质结构材料。工业纯铝导电性好，仅次于银、铜和金，居第四位，导热性是铁的三倍。铝的表面能生成一层致密的氧化铝薄膜，可以阻止铝进一步氧化，因此其抗大气腐蚀性能好，但对酸、碱、盐的耐蚀性较差。纯铝具有极好的塑性($A = 30\% \sim 50\%$，$Z = 80\%$)，容易加工成各种丝、线、棒、箔、片等型材；但其强度、硬度都很低($R_m = 70 \sim 100$ MPa，20 HBS)，焊接性能较差，一般不适宜制作结构件。

纯铝主要用途是代替贵重的铜制作导线、电缆、电器元件等，还可制作质轻、导热、耐大气腐蚀的器具及包覆材料。在汽车上常用于制作垫片、内外装饰件和铭牌等。

2. 纯铝的牌号

铝的含量不低于99.00%时为纯铝，其牌号用1×××表示。牌号的最后两位数字表示铝的最低百分含量，牌号的第二位字母表示原始纯铝的改型，如字母为A，则表示原始纯铝，如果是B～Y的其他字母，则表示为原始纯铝的改型，如牌号1A60的铝板，表示铝的最低百分含量应为99.60%的原始纯铝。

8.1.2　铝合金

纯铝因其强度、硬度很低，切削加工性能和焊接性能较差，在汽车工业中使用较少。若向纯铝中加入适量的硅、铜、镁、锰等合金元素制成铝合金，不仅保持了纯铝密度小、导热性和导电性好的优点，而且其强度和硬度也得到了大大改善。铝合金常用于制造质轻、强度要求较高的零件。

铝合金在汽车上的应用日趋广泛，不仅可用于制造活塞、汽缸体、汽缸盖、连杆和进气歧管等发动机零件，还可用于制造轮毂、离合器壳、转向器壳和变速器拨叉等底盘零件，甚至车身、车架等也开始采用铝合金制造。常见铝合金制造的汽车零件如图8-1所示。

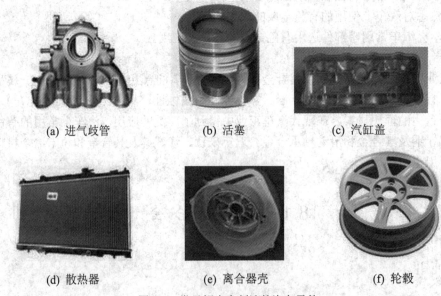

| (a) 进气歧管 | (b) 活塞 | (c) 汽缸盖 |
| (d) 散热器 | (e) 离合器壳 | (f) 轮毂 |

图8-1　常见铝合金制造的汽车零件

根据铝合金的成分和工艺特点，可将其分为变形铝合金和铸造铝合金两大类。

1. 变形铝合金

变形铝合金的塑性好，变形抗力小，适合通过压力加工成型，通常在冶金厂加工成各种规格的型材，用于各种汽车零件的制造。按化学成分与主要性能特点，变形铝合金分为防锈铝、硬铝、超硬铝和锻铝四种，其中防锈铝是不能热处理强化的铝合金。

按《变形铝及铝合金牌号表示方法》(GB/T 16474—2011)规定，变形铝合金牌号用"×A××"表示，牌号的第一、三、四位为数字，其中第一位数字是依主要合金元素Cu、Mn、Si、Mg、Mg2Si、Zn的顺序来表示变形铝合金的组别，分别标示为2，3，4，5，6，

7；后两位数字表示同一组别中不同铝合金的序号。例如 2A11 表示以 Cu 为主要合金元素的 11 号变形铝合金；5A50 表示以 Mg 为主要合金元素的变形铝合金。

常用变形铝合金的牌号、性能及用途见表 8-1。

表 8-1　常用变形铝合金的牌号、性能和用途

类别	原代号	新牌号	力学性能			性能特点	用途举例
			R_m/MPa	A/%	HBS		
防锈铝	LF5	5A05	280	20	70	具有优良的塑性,良好的耐腐蚀性和焊接性,但切削加工性差,不能用热处理强化	用于制造有耐蚀性要求的容器,如焊接油箱、油管、铆钉及受力小的零件
	LF21	3A21	130	20	30		
硬铝	LY1	2A01	300	24	70	通过淬火、时效处理,抗拉强度可达 400 MPa,比强度高,但不耐海水和大气的腐蚀	用于制作工作温度不超过 100℃ 的中等强度铆钉
	LY11	2A11	420	18	100		用于制作中等强度的结构件,如骨架、螺旋桨叶片、铆钉等
	LY12	2A12	470	17	105		用于制作高强度结构件及 150℃ 下工作的零件,如飞机的骨架零件、蒙皮、翼梁等
超硬铝	LC4	7A04	600	12	150	塑性中等,强度高,切削加工性能良好,耐腐蚀性中等,点焊性能良好,但气焊性能不良	用于制作受力大的重要结构件,如飞机大梁、起落架、加强框等
锻铝	LD5	2A50	420	13	105	力学性能与硬铝相近,有良好的热塑性,适合于锻造	用于制作形状复杂和中等强度的锻件及冲压件如压气机叶片等
	LD7	2A70	415	13	120		用于制作高温下工作的复杂锻件,如内燃机活塞等

2. 铸造铝合金

用于制造铸件的铝合金为铸造铝合金,简称铸铝,其力学性能不如变形铝合金,但铸造性能好,可通过铸造生产形状复杂的铸件。根据添加元素的不同,常用的铸造铝合金有铝硅合金、铝铜合金、铝镁合金及铝锌合金等,其中以铝硅合金应用最多。

变形铝及铝合金牌号表示方法

根据《铸造铝合金》(GB/T 1173—2013)规定,铸造铝合金牌号由 Z("铸"字汉语拼音首字母)Al + 主要合金元素的元素符号及其平均质量分数组成,如 ZAlSi12 表示为 W_{Si} = 12%,其余为 Al 的铝硅铸造合金。如果合金元素质量分数小于 1%,一般不标数字,必要时可用一位小数表示。

铸造铝合金代号用"铸铝"两字的汉语拼音首字母 ZL 及三位数字表示。ZL 后的第一位数字表示合金系列,其中,1 表示铝硅合金,2 表示铝铜合金,3 表示铝镁合金,4 表示铝锌合金；后两位数字表示合金顺序号,如 ZL102 表示 02 号铝硅系铸造铝合金。

1) Al-Si 系铸造铝合金

这类合金又称硅铝明,它具有铸造性能好、密度小、线膨胀系数小、导热性和耐蚀性

好等优点，是铸造性能与力学性能配合最佳的一种铸造合金。在该合金的基础上，加入适量的 Cu、Mn、Mg、Ni 等元素，成为可时效强化的铝硅合金，称特殊硅铝明。铝硅合金是目前应用最广的铸造铝合金，常用的有 ZL102、ZL104 和 ZL108 等，在汽车上常用于制造发动机活塞、汽缸体和风扇叶片等。

2) Al-Cu 系铸造铝合金

这类铝合金具有较高的强度和耐热性，但铸造性能、耐蚀性和比强度不如 Al-Si 系铸造铝合金。常用的有 ZL201、ZL202、ZL203 等，主要用于制造在 300℃ 以下工作的要求高强度的零件，如增压器的导风叶轮、静叶片等。

3) Al-Mg 系铸造铝合金

这类铝合金具有良好的耐蚀性和较高的强度，密度小(2.55 g/cm³)，但铸造性能差，易氧化和产生裂纹。常用的有 ZL301、ZL303，主要用于制造在海水中承受较大冲击力和外形不太复杂的铸件，如舰船和动力机械零件。

4) Al-Zn 系铸造铝合金

这类铝合金具有较高的强度和良好的铸造性能、切削加工性能和焊接性能，但耐蚀性差，密度大，热裂倾向较大。常用的有 ZL401、ZL402，主要用于制造汽车、拖拉机发动机零件及形状复杂的仪器零件、医疗器械等。

常用铸造铝合金的牌号、性能及用途见表 8-2。

表 8-2　常用铸造铝合金的牌号、性能及用途

类 别	牌 号	代号	用 途
铝硅合金	ZAlSi7Mg	ZL101	形状复杂的零件，如飞机、仪器零件，抽水机壳体等
	ZAlSi12	ZL102	工作温度在 200℃ 以下的高气密性、低载荷零件，如仪表、抽水机壳体等
	ZAlSi9Mg	ZL104	工作温度在 250℃ 以下形状复杂的零件，如电动机壳体、汽缸体等
	ZAlSi5Cu1Mg	ZL105	工作温度 250℃ 以下形状复杂的零件，如风冷发动机汽缸头、机匣、油泵壳体等
	ZAlSi12Cu2Mg1	ZL108	要求高温强度及低膨胀系数的零件，如高速内燃机活塞等
铝铜合金	ZAlCu5Mn	ZL201	砂型铸造工作温度为 175～300℃ 的零件，如内燃机汽缸头、活塞等
	ZAlCu10	ZL202	高温下工作不受冲击的零件和要求硬度较高的零件
	ZAlCu3	ZL203	中等载荷、形状比较简单的零件
铝镁合金	ZAlMg10	ZL301	承受冲击载荷、外形不太复杂、在大气或海水中工作的零件，如舰船配件、氨用泵体、内燃机车配件等
	ZAlMg5Si1	ZL303	
铝锌合金	ZAlZn11Si7	ZL401	结构形状复杂的汽车、飞机、仪器仪表零件，也可制造日用品
	ZAlZn6Mg	ZL402	

内燃机 铝活塞 技术条件　　　　　内燃机 活塞环　　　　　铸造铝合金

第 15 部分：薄型铸铁螺旋撑簧油环

汽车车轮用铸造铝合金　　　汽车车轮用铸造镁合金　　　汽车用锌合金、铝合金、铜合金
　　　　　　　　　　　　　　　　　　　　　　　　　压铸件技术条件

8.1.3 铝及铝合金在汽车上的应用

铝具有比强度高、耐腐蚀性优良、适合多种成型方法、较易再生利用等优点，是汽车工业应用较多的金属材料。能源、环境、安全等方面的原因对汽车轻量化的要求越来越迫切，使用轻量化材料是实现汽车轻量化的主要途径。铝是应用得比较成熟的轻量化材料，近 20 年来，铝在汽车上的用量和在汽车材料构成中所占份额都有明显的增加，用铝合金制造的零件已经遍及汽车的发动机、底盘、车身等各个部分。

汽车上应用的铝合金以铸造铝合金为主，主要用于制造活塞、汽缸盖、汽缸体等零件。与铸铁比，铝的导热性能约高三倍，因而适于制造需要散热的热交换器零件。此外铸造铝合金还用于制造离合器壳体、变速箱壳体、后桥壳、转向器壳体、摇臂盖、正时齿轮壳体等壳体类零件，发动机部件，以及保险杠、车轮、发动机框架、转向节液压泵体、制动钳、油缸及制动盘等非发动机结构件，其中发动机部件用铝合金制造轻量化效果最为明显，一般可减重 30% 以上。铝合金在汽车上的应用有进一步扩大的趋势

8.2 铜及铜合金

铜是人类历史上应用最早的金属，也是至今应用最广的有色金属之一。铜及铜合金具有优良的导电性、导热性，较强的抗大气腐蚀性和一定的力学性能，优良的耐磨性以及良好的加工性能，被广泛应用在电气、仪表、汽车、造船及机械制造工业中。据统计，一辆载货汽车需用 20 kg 左右的铜。汽车上使用的铜主要是纯铜、黄铜和青铜。

8.2.1 纯铜

1. 纯铜的特性及应用

工业用纯铜的含铜量高于 99.95%，呈玫瑰红色，当表面生成氧化铜后，呈紫色，故又称紫铜。纯铜的密度为 8.96 g/cm³，熔点为 1083℃，具有优良的导电性和导热性，很高的

化学稳定性，在大气、淡水和冷凝水中有良好的耐腐蚀性，塑性很好($A = 45\% \sim 55\%$)，但强度不高($R_m = 230 \sim 250$ MPa)，硬度很低(40～50 HBS)。经冷塑性变形后，纯铜的抗拉强度R_m可提高到400～500 MPa，但伸长率A急剧下降到2%左右。

由于工业纯铜强度、硬度低，不宜作为受力的结构材料。在汽车上的应用主要是利用其导电性，制作电线、电缆和电气接头等电气元件，利用其导热性制作散热器等导热元件。此外，纯铜还可用于制作汽缸垫、进排气管垫、轴承衬垫和油管等。

2. 纯铜的牌号

工业纯铜按杂质含量分为 T1、T2、T3、T4 四个牌号，其中 T 是"铜"字汉语拼音首字母，数字表示顺序号，数字越大则纯度越低。

8.2.2 铜合金

纯铜因其成本较高，强度低，不适宜制作结构件。若向纯铜中加入合金元素制成铜合金，不仅提高了强度，而且仍保持纯铜优良的物理和化学性能。因此，在机械工业中广泛使用的是铜合金。

铜合金按加入的主要合金元素分为黄铜、青铜、白铜三大类。

1. 黄铜

以锌为主要加入元素的铜合金称黄铜。黄铜又分为普通黄铜和特殊黄铜两类，按生产方式可分为压力加工黄铜及铸造黄铜。

1) 普通黄铜

普通黄铜是铜锌二元合金，具有良好的耐腐蚀性和压力加工性能，以及一定的塑性和强度。普通加工黄铜牌号用"H+数字"表示。H 为"黄"字汉语拼音首字母，数字表示铜的质量分数。例如 H68 表示平均 $w_{Cu} = 68\%$，其余为锌的普通黄铜。H70、H68 等塑性好，适于制作形状复杂、耐腐蚀的冲压件，如弹壳、散热器外壳、导管、雷管等。H62、H59等热加工性能好，适合进行热变形加工，有较高强度，可制作一般机器零件，如铆钉、垫圈、螺钉、螺帽等。H80 等含铜量高的黄铜，色泽金黄，并且具有良好的耐蚀性，可用作装饰品、电镀、散热器管等。

2) 特殊黄铜

在 Cu 与 Zn 的基础上再加入其他元素的铜合金，称为特殊黄铜。合金元素的加入，改善了黄铜的力学性能、耐腐蚀性和某些工艺性能。如加入铝能提高黄铜的强度、硬度和耐磨性；加入硅能提高黄铜的强度、硬度和铸造性能；加入锰能提高黄铜的力学性能和耐腐蚀性；加入锡能提高黄铜的耐腐蚀性，尤其能提高黄铜在海水中的耐腐蚀性；加入铅能改善黄铜的切削加工性能等。

压力加工特殊黄铜牌号用"H+主加合金元素符号+铜的平均质量分数+合金元素平均质量分数"表示。例如 HPb59-1 表示平均 $w_{Cu} = 59\%$、$w_{Pb} = 1\%$，其余为锌的铅黄铜。

3) 铸造黄铜

牌号用"Z+铜和合金元素符号+合金元素平均质量百分数"表示。例如，ZCuZn38 表示平均 $w_{Zn} = 38\%$，其余为铜的铸造普通黄铜；ZCuZn16Si4 表示平均 $w_{Zn} = 16\%$、$w_{Si} = 4\%$，其余为铜的铸造硅黄铜。

常用黄铜的牌号、化学成分、力学性能及用途见表 8-3。

表 8-3　常用普通黄铜、特殊黄铜、铸造黄铜的牌号及用途

组别	牌号	化学成分/%		力学性能		主 要 用 途
		Cu	其他	R_m/MPa	A/%	
普通黄铜	H90	88.0～91.0	Zn	245/395	35/3	双金属片、供水和排水管、证章、艺术品
	H68	67.0～70.0	Zn	294/392	40/13	冷凝管、散热器及导电零件、轴套等
	H62	60.5～63.5	Zn	294/412	40/10	机械、电气零件，铆钉、螺帽、垫圈、散热器及焊接件、冲压件
特殊黄铜	HSn62-1	61.0～63.0	0.7～1.1Sn 余量 Zn	249/392	35/5	与海水和汽油接触的船舶零件
	HMn58-2	57.0～60.0	1.0～2.0Mn 余量 Zn	382/588	30/3	船舶零件及轴承等耐磨零件
	HPb59-1	57.0～60.0	0.8～1.9Pb 余量 Zn	343/441	25/5	热冲压及切削加工零件，如销、螺钉、轴套等
铸造黄铜	ZCuZn38	60.0～63.0	余量 Zn	295/295	30/30	一般结构件，如螺杆、螺母、法兰、阀座、日用五金等
	ZCuZn31Al2	60.0～68.0	2.0～3.0Al 余量 Zn	295/390	12/15	压力铸造件，如电机、仪表等以及造船和机械制造中的耐蚀零件
	ZCuZn40Mn2	57.0～60.0	1.0～2.0Mn 余量 Zn	345/390	20/25	在空气、淡水、海水、蒸汽(<300℃)和各种液体、燃料中工作的零件

注：力学性能中分母的数值，对加工黄铜是指加工硬化状态的数值，对铸造黄铜是指金属型铸造时的数值；分子数值，对加工黄铜为退火状态的数值，对铸造黄铜为砂型铸造时的数值。

铸造铜及铜合金　　　铜及铜合金板材　　　铜及铜合金带材　　　铜及铜合金术语　　　铜及铜合金线材

2. 青铜

除黄铜和白铜(铜镍合金)以外的所有铜合金统称为青铜，根据主要加入元素分别称为锡青铜、铝青铜、硅青铜、铍青铜等。

加工青铜的代号用 Q+主加元素符号及平均含量(质量分数 × 100) ＋ 其他元素的平均含量(质量分数 × 100)表示，例如：QSn4-3 表示含 w_{Sn} = 4%、w_{Zn} = 3%的锡青铜。

铸造青铜的牌号表示方法与铸造黄铜相同，如 ZCuSn5Zn5Pb5 表示含 w_{Sn} = 5%、w_{Zn} = 5%、w_{Pb} = 5%的铸造锡青铜。

1) 锡青铜

以 Sn 为主加元素的铜合金称锡青铜。锡青铜具有耐蚀、耐磨、强度高、弹性好、铸造性能好等特点，特别适合于铸造形状复杂的铸件。

工业上常用锡青铜有 QSn4-3、QSn6.5-0.1、ZCuSn10P1 等，主要用于制作弹性元件、轴承等耐磨零件、抗磁及耐蚀零件。在汽车上常用锡青铜制作发动机摇臂衬套、活塞销衬套等。

2) 铝青铜

以 Ai 为主加元素的铜合金称铝青铜。铝青铜的强度、硬度、耐磨性、耐热性、耐腐蚀性都高于黄铜和锡青铜，但其铸造性能、焊接性能较差。此外，铝青铜具有冲击时不发生火花等特性。常用的铝青铜有 QAi7、QAi9-2 等，主要用于制作机械、化工、造船及汽车工业中的轴套、齿轮、蜗轮、管路配件等零件。

3) 铅青铜

以 Pb 为主加元素的铜合金称为铅青铜。铅青铜减磨性好，疲劳强度高并有良好的热传导性，是一种重要的高速重载滑动轴承合金。常用的铅青铜有 ZCuPb30、ZCuPb10Sn10、ZCuPb15Sn8 等，主要用于制作高压、高速条件下工作的耐磨零件。

4) 铍青铜

以 Be 为主加合金元素的铜合金称铍青铜，铍的含量一般为 1.7%～2.5%。铍青铜具有很高的强度、硬度、疲劳强度和弹性极限，而且耐蚀、耐磨、无磁性，导电和导热性好，铸造性能好，受冲击无火花等。常用的铍青铜有 QBe2、QBe1.5 等，主要用于制作高级精密的弹性元件，如弹簧、膜片、膜盘等，特殊要求的耐磨零件，如钟表的齿轮和发条、压力表游丝，高速、高温、高压下工作的轴承、衬套以及矿山、炼油厂用的冲击不带火花的工具。铍青铜价格较贵，所以应用受到限制。

常用青铜的牌号、性能及用途见表 8-4。

表 8-4 常用青铜的牌号、性能及用途

类别	牌号	化学成分		状态	力学性能			用　途
		主加元素	其他		R_m/MPa	A/%	HBS	
锡青铜	QSn4-3	Sn3.5～4.5	Zn2.7～3.7 Cu 余量	TL	350 550	40 4	60 160	制作弹性元件、化工设备的耐蚀零件、抗磁零件
	QSn7-0.2	Sn6.0～8.0	P0.1～0.25 Cu 余量	TL	360 500	64 15	75 180	制作中等负荷、中等滑动速度下承受摩擦的零件，如轴套、涡轮等
	ZCuSn10P1	Sn9.0～11.0	P0.5～1.0 Cu 余量	SJ	220 250	3 5	79 89	制作高负荷和高滑动速度下工作的耐磨件，如轴瓦等
铝青铜	ZCuAl9Mn2	Al8.5～10.0 Mn1.5～2.5	Cu 余量	SJ	390 440	20 20	83 93	制作耐磨、耐蚀零件，形状简单的大型铸件和要求气密性高的铸件
	QAl7	Al6.0～8.0		L	637	5	157	重要用途是制造弹簧和弹性元件
铅青铜	ZCuPb30	Pb27.0～33.0	Cu 余量	J			25	制作要求高滑动速度双金属轴瓦减磨零件
铍青铜	QBe2	Be1.9～2.2	Ni0.2～0.5 Cu 余量	T L	500 850	40 4	90 250	制作重要的弹簧及弹性元件，耐磨零件及在高速、高压下工作的轴承

注：T 为退火状态，L 为冷变形状态；S 为砂型铸造，J 为金属型铸造。

3. 白铜

白铜是以 Ni 为主要加入元素的铜合金，分普通白铜和特殊白铜。

1) 普通白铜

普通白铜是 Cu-Ni 二元合金，具有较高的耐腐蚀性和抗腐蚀疲劳性能及优良的冷热加工性能。普通白铜牌号用"B+镍的平均百分含量"表示。如 B5，表示含 Ni 含量为 5%的普通白铜。

常用牌号有 B5、B19 等，用于制作在蒸汽和海水环境下工作的精密机械、仪表零件及冷凝器,蒸馏器,热交换器等。

2) 特殊白铜

特殊白铜是在普通白铜基础上添加 Zn、Mn、Al 等元素形成的，分别称锌白铜、锰白铜、铝白铜等，具有耐蚀性、强度和塑性高，成本低的特性。特殊白铜的代号表示形式是"B+第二合金元素符号+镍的含量+第二合金元素含量"，数字之间以"−"隔开，如 BMn3-12 表示含 Ni3%、Mn12%、Cu85%的锰白铜

常用牌号有 BMn40-1.5(康铜)、BMn43-0.5(考铜)，用于制作精密机械、仪表零件及医疗器械等。

8.2.3　铜及铜合金在汽车上的应用

铜和铜合金在汽车上主要用于制作散热器、制动系统管路、液压装置、齿轮、轴承、刹车摩擦片、电器元件、垫圈以及各种接头、配件和饰件等。其中，H68 用于制作散热器夹片、散热器本体主片、暖风散热器主片等，HPb59-1 用于制作化油器配制针、制动阀阀座、曲轴箱通风阀座、储气筒放水阀本体及安全阀座等，ZcuPb30 用于制作曲轴轴瓦、曲轴止推垫圈等，QSn4-4-2.5 用于制作活塞销衬套、发动机摇臂衬套等，ZcuSn5Pb5Zn5 用于制作离心式润滑油滤清器上、下轴承。如图 8-2 所示为汽车散热器。

图 8-2　汽车散热器　　　散热器水室和主片用黄铜带　　　铜合金整体铸造法兰

8.3　滑动轴承合金

轴承是重要的机械零件，有滚动轴承和滑动轴承两类。滑动轴承合金是制作滑动轴承的轴瓦及内衬的材料。汽车发动机中曲轴轴承、连杆轴承、凸轮轴轴承等都采用滑动轴承。常见的轴瓦结构如图 8-3 所示。

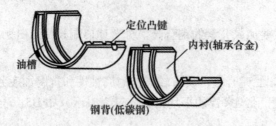

图 8-3　常见的轴瓦结构

8.3.1　滑动轴承合金的特点及分类

1. 滑动轴承合金的特点与要求

当轴在轴承中旋转时，轴承表面不仅承受一定的交变载荷，而且还与轴发生强烈的摩擦。为了减少轴的磨损，保证轴承正常工作，滑动轴承合金应具有以下性能：足够的强度、硬度和耐磨性，足够的塑性和韧性，较小的摩擦系数，高度磨合能力，良好的导热性、抗腐蚀性和低的膨胀系数等。

为了满足以上要求，滑动轴承合金的理想组织应该是软基体上分布硬质点，或者在硬基体上分布软质点。若组织是软基体上分布硬质点，当轴运转时软基体受磨损而凹陷，硬质点将凸出于基体上支撑着轴颈，使轴与轴瓦的接触面积减小，而凹坑能储存润滑油，降低轴和轴瓦之间的摩擦系数，减少轴和轴承的磨损。另外，软基体能承受冲击和振动，使轴和轴瓦能很好地磨合，还能起嵌藏外来硬质点的作用，以保证轴颈不被擦伤。图 8-4 为滑动轴承合金的组织示意图。

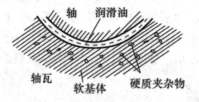

图 8-4　轴承合金的组织示意图

铸造轴承合金锭

2. 滑动轴承合金的分类及牌号

常用的滑动轴承合金有锡基轴承合金、铅基轴承合金、铝基轴承合金、铜基轴承合金等。滑动轴承合金一般在铸态下工作，其牌号以"铸"字汉语拼音首字母 Z 开头，表示方法为"Z+基本元素符号+主加元素符号+主加元素含量+辅加元素符号+辅加元素含量……"。例如 ZSnSb12Pb10Cu4 即表示含 Sb 为 12%、含 Pb 为 10%、含 Cu 为 4%的锡基轴承合金。

8.3.2　常用滑动轴承合金

1. 锡基轴承合金(锡基巴氏合金)

锡基轴承合金也称为锡基巴氏合金，是以锡为基础合金，辅加适量的锑、铜、铅等元素而形成的一种软基体硬质点类型的滑动轴承合金，最常用的牌号是 ZSnSb11Cu6。

　　锡基轴承合金的摩擦系数和膨胀系数小，塑性和导热性好，适用于制作最重要的轴承，如汽轮机、发动机和压气机等大型机器的高速轴瓦。但锡基轴承合金的疲劳强度较低，允许使用工作温度也较低(不高于 150℃)。常用锡基轴承合金的牌号及用途见表 8-5。

表 8-5　常用锡基轴承合金的牌号及用途

牌　　号	用　　途
ZSnSb12Pb10Cu4	一般机械的主轴轴承，但不适于高温工作
ZSnSb11Cu6	2000 马力以上的高速蒸汽机和 500 马力的蜗轮压缩机用的轴承
ZSnSb8Cu4	一般大机器轴承及轴衬，重载、高速汽车发动机、薄壁双金属轴承
ZSnSb4Cu4	蜗轮内燃机高速轴承及轴衬

2. 铅基轴承合金

　　铅基轴承合金也称为铅基巴氏合金，是以 Pb 为基础的合金，辅加锑、铜、锡等元素而形成的一种软基体硬质点类型的滑动轴承合金，常用牌号是 ZPbSb16Cu2。

　　铅基轴承合金的铸造性能和耐磨性较好(但比锡基轴承合金低)，价格较便宜，可用于制作中、低载荷的轴瓦，例如汽车、拖拉机曲轴的轴承等。常用铅基轴承合金的牌号及用途见表 8-6。

表 8-6　常用铅基轴承合金的牌号及用途

牌　　号	用　　途
ZPbSb16Sn16Cu2	工作温度 < 120℃、无显著冲击载荷、重载用高速轴承
ZPbSb15Sn5Cu3Cd2	船舶机械，小于 250 kW 的电动机轴承
ZPbSb15Sn10	中等压力的高温轴承
ZPbSb15Sn5	低速、轻压力条件下工作的机械轴承
ZPbSb10Sn6	重载、耐蚀、耐磨用轴承

3. 铜基轴承合金

　　铜基轴承合金包括铅青铜、锡青铜等，常用合金牌号为 ZCuPb30、ZCuSn10Pb1 等。

　　ZCuPb30 是硬基体 Cu 上分布软质点的轴承合金，润滑性能好，摩擦系数小，耐磨性好。铅青铜具有良好的耐冲击能力和疲劳强度，并能长期工作在较高的温度(250～320℃)下，导热性优异。常用于制作高载荷、高速度的滑动轴承，如航空发动机、高速柴油机轴承等。铅青铜的强度较低，实际使用时也常和铅基巴氏合金一样在钢轴瓦上浇铸成内衬，进一步发挥其特性。

　　ZCuSn10Pb1 是在软基体上分布硬质点的轴承合金，具有高强度，耐磨性好，适宜制作中速及受较大固定载荷的轴承，如电动机、泵、机床用轴瓦，也可用于制作高速柴油机轴承。

4. 铝基轴承合金

　　铝基轴承合金是以铝为基本元素，加入适量的锑、铜、锡等元素组成的合金。铝基轴承合金分为高锡铝基轴承合金、低锡铝基轴承合金和铝镁锑轴承合金等，其中 20 高锡铝基轴承合金是目前汽车上广泛应用的轴承合金，它是以铝为基体，加入 20%的锡和 1%的铜组成的合金，是一种新型的减磨材料，具有较高的承载能力、良好的耐磨性和导热性，价格较低等优点，可以替代锡基轴承合金，用于制作曲轴轴瓦和连杆轴瓦。但它的线膨胀系数大，运行时容易与轴咬合，因此在装配时应留较大的间隙，以防止轴颈被擦伤。

8.4　其他有色金属

8.4.1　钛及钛合金

1. 纯钛

纯钛是银白色金属，密度为 4.5 g/cm^3，熔点高达 1688℃，是一种高熔点的轻金属。钛有两种同素异构体，在 882.5℃以上为体心立方晶格的 β-Ti，882.5℃以下为密排六方晶格的 α-Ti。

纯钛塑性好、强度低，容易加工成形，可制成细丝和薄片。在大气和海水中有优良的耐腐蚀性，在硫酸、盐酸、硝酸、氢氧化钠等介质中都很稳定，钛的抗氧化能力优于大多数奥氏体不锈钢。但钛的性能受杂质的影响很大，少量的杂质就会使钛的强度激增，塑性显著下降。工业纯钛中常存杂质有 N、H、O、Fe、Mg 等，根据杂质含量，工业纯钛有三个等级牌号 TA1、TA2、TA3，"T"为"钛"字汉语拼音首字母，其后顺序数字越大，表示纯度越低。

工业纯钛因其密度小和耐腐蚀性，是航空航天、船舶、化工等工业中常用的结构材料，常用于制作 350℃以下工作、强度要求不高的零件及冲压件，如飞机蒙皮、构架、隔热板、石油化工用热交换器、海水净化装置及船舰零部件。

2. 钛合金

纯钛的强度很低，价格昂贵，为提高其强度，常在钛中加入合金元素制成钛合金。按组织类型的不同，钛合金分为 α 型钛合金、β 型钛合金和 α+β 型钛合金，其代号分别用 TA、TB、TC 加序号表示。

1) α 型钛合金

钛中加入铝、硼等元素获得 α 型钛合金。α 型钛合金的室温强度低于 β 型钛合金和 α+β 型钛合金，但高温(500～600℃)强度高于它们，并且组织稳定，抗氧化性和抗蠕变性好，焊接性能也很好。α 型钛合金不能淬火强化，主要依靠固溶强化，热处理只进行退火(变形后的消除应力退火或消除加工硬化的再结晶退火)。

α 型钛合金的典型的牌号是 TA7，使用温度不超过 500℃，主要用于制作航空发动机压气机叶片和管道，导弹的燃料缸，超音速飞机的涡轮机匣及火箭、飞船的高压低温容器等。

2) β 型钛合金

钛中加入钼、铬、钒、锰等元素得到 β 型钛合金。β 型钛合金有较高的强度、优良的冲压性能，可通过淬火和时效进行强化。

β 型钛合金的典型牌号为 TB1，一般在 350℃以下使用，适用于制作压气机叶片、轴、轮盘等重载的回转件以及飞机构件等。

3) α＋β 型钛合金

α＋β 型钛合金塑性好，高温强度高，耐腐蚀，具有良好的低温工作性能，并可通过淬火和时效进行强化，热处理后其强度可提高 50%～100%。TC4 是典型的 α＋β 型钛合金，由于强度高，塑性好，在 400℃时组织稳定，蠕变强度较高，低温时有良好的韧性，并有良好的抗海水腐蚀及抗热盐腐蚀的能力，适用于制作在 400℃以下长期工作的零件，对高温强度有一定要求的发动机零件，以及在低温下使用的火箭、导弹的液氢燃料箱部件等。

钛合金适用于制作汽车发动机气门弹簧、气门和发动机连杆等(见图 8-5)，在底盘部件主要为弹簧、半轴和紧固件等。用钛合金制作板簧与用抗拉强度达 2100 MPa 的高强度钢相比，可降低自重 20%。

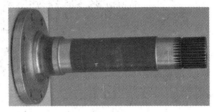

(a) 发动机气门弹簧　　　　　　　　　　(b) 半轴

图 8-5　钛合金制造的汽车零件

钛及钛合金牌号和化学成分　　　　钛及钛合金加工产品化学成分允许偏差

钛和钛合金由于价格高，应用受到一定的限制，降低成本是未来钛合金的研制和生产工艺开发的重点。

8.4.2　镁及镁合金

1. 纯镁

纯镁是银白色金属，密度为 1.74 g/cm^3，相当于铝的 2/3，是工业用金属中密度最小的。纯镁具有很高的化学活性，耐腐蚀性很差，强度和塑性均较低，一般不直接用作结构材料。

2. 镁合金

纯镁的力学性能较低，实际应用时，一般在纯镁中加入一些合金元素，制成镁合金。镁合金中通过加入合金元素，产生固溶强化、时效强化及细晶强化作用，提高了镁合金的力学性能、抗腐蚀性能和耐热性能。镁合金中常加入的合金元素有铝、锌、锰、锆及稀土元素等，其中，铝和锌可起固溶强化作用，锰可改善耐热性和耐蚀性。

镁合金经热处理后(固溶+时效)，强度可达到 300～500 MPa，比强度高于铝合金，减震性好，切削加工性优良。但镁合金耐腐蚀性差，使用时常常需要采取保护措施。

镁合金根据其加工性能可分为变形镁合金和铸造镁合金，其牌号分别以 MB 和 ZM 加数字表示。常用的变形镁合金有 MB1、MB2、MB8、MB15 等，其中应用较多的是 MB15。MB15 具有较高的强度和良好的塑性，且热处理工艺简单，热加工后直接进行时效便可强化，用于制作形状复杂的大型锻件。常用的铸造镁合金有 ZM1、ZM2、ZM5，具有较高的强度和良好的铸造工艺性，适用于制作各类铸件。但耐热性较差，长期使用工作温度不高于 150℃。

目前镁合金一般用于制作汽车上的座椅骨架、仪表盘、转向盘和转向柱、轮圈、发动机汽缸盖、变速器壳、离合器壳等零件(见图 8-6)，其中转向盘和转向柱、轮圈是应用镁合金较多的零件。

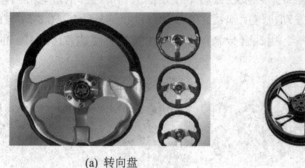

　　　　　　(a) 转向盘　　　　　　　　　　　　　　　　(b) 轮圈

图 8-6　镁合金制造的汽车零件

由于镁合金具有良好的阻尼系数，减震量大于铝合金和铸铁，用于壳体可以降低噪声，用于座椅、轮圈可以减少振动，提高汽车的安全性和舒适性。虽然镁合金有这些优点，但从成本上看仍然偏高于铝合金。尽管如此，镁合金的应用前景仍然看好，随着技术的发展将有更多的零件用镁合金来制造。

镁及镁合金板、带材　　　镁合金热挤压棒材　　　镁合金热挤压型材

铸造镁合金锭　　　　　压铸镁合金　　　镁合金压铸转向盘骨架坯料

镁合金锻件　　　　镁合金汽车车轮铸件　　　汽车车轮用铸造镁合金

8.4.3　锌及锌合金

锌呈蓝白色，密度为 7.14 g/cm^3，室温下较脆。由于锌在常温下表面易生成一层保护

膜，所以锌主要用作钢铁表面的防护性镀层。

锌能和铝、铜、镁等合金元素组成锌合金。锌合金的强度较高，铸造性能好，价格也不高，但塑性较低，耐热性、焊接性较差。锌合金可分为变形锌合金和铸造锌合金。铸造锌合金主要用于制作受力不大、形状复杂的小尺寸结构件或装饰件。目前应用最广的铸造锌合金是 ZZnAl4CulMg。锌合金在汽车上用于制作汽油泵壳、机油泵壳、车门手柄、雨刮器、安全带扣和内饰件等。图 8-7 所示为锌合金的车门手柄和安全带扣。

(a)　车门手柄

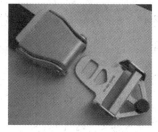
(b)　安全带扣

图 8-7　锌合金制造的汽车零件

钮扣通用技术要求和
检测方法 锌合金类

综 合 训 练 题

一、名词解释

纯铝　铝合金　变形铝合金　铸造铝合金　普通黄铜　特殊黄铜　滑动轴承合金

二、填空题

1. 汽车上应用的铝合金以_____为主，主要用于活塞、汽缸盖、汽缸体等零件。

2. 纯铜牌号用_____加数字表示，数字越大则纯度越_____。

3. H68 表示的材料为_____，68 表示_____的平均含量为68%。HPb59-1 表示特殊黄铜，其中 59 表示_____的含量为59%，1 表示_____的含量为1%。

4. TA、TB、TC 分别代表_____型钛合金、_____型钛合金和_____型钛合金。

5. 镁合金根据其加工性能可分为_____镁合金和_____镁合金，其牌号分别以 MB 和 ZM 加数字表示。

三、简答题

1. 纯铝的性能有何特点？铝合金一般分哪几类？

2. 变形铝合金分哪几类？说明其牌号的表示方法。

3. 铸造铝合金主要有哪几种？说明其代号的表示方法。

4. 铜合金分哪几类？各有何特点？

5. 对滑动轴承合金有哪些性能要求？常用的滑动轴承合金有哪些？

6. 钛的两种同素异构体分别是什么？说明其转变温度。

7. 根据组织形态将钛合金分为哪几种？说明其性能特点。

第9章　汽车用非金属材料

 知识点

常用非金属材料的分类、性能、组成及其在汽车上的应用。

 技能点

(1) 了解汽车常用非金属材料的性能要求。

(2) 熟悉对汽车上使用的非金属材料的识别。

(3) 学会汽车常用零部件选用非金属材料的方法和应用。

金属材料因其力学性能高，热稳定性好，导电、导热性能好等优点，在汽车制造中应用广泛。但金属材料也存在密度大、耐腐蚀性差、电绝缘性差等缺点，无法满足汽车制造的需求。近年来随着非金属材料的迅猛发展和汽车轻量化的要求，越来越多的非金属材料在汽车上得到了应用，非金属材料已成为汽车制造中不可或缺的材料。

非金属材料是指除金属材料以外的其他材料，包括塑料、橡胶、玻璃、陶瓷和复合材料等。

9.1　塑　　料

塑料是目前机械工业中应用最广泛的高分子材料。它是以合成树脂为基本原料，加入一些用来改善使用性能和工艺性能的添加剂，在一定温度和一定压力下制成的高分子材料。

9.1.1　塑料的组成和分类

1. 塑料的组成

塑料是由合成树脂和添加剂两大部分组成。

1) 合成树脂

合成树脂是从煤、石油和天然气中提炼的高分子化合物，是塑料的主要成分，它决定了塑料的基本性能，并起着黏结剂的作用。大多数塑料是以所加合成树脂的名称来命名的，如聚氯乙烯塑料就是以聚氯乙烯树脂为主要成分的塑料。有些合成树脂可以直接用作塑料，如聚乙烯、聚苯乙烯等。在工程塑料中，合成树脂占40%~100%。

2) 添加剂

添加剂主要用于改善塑料的使用性能和工艺性能，常用的添加剂有填充剂、增塑剂、稳定剂、固化剂、润滑剂、阻燃剂等。

填充剂主要起强化作用，也能改善或提高塑料的某些性能。如加入氧化硅可提高塑料的硬度和耐磨性，加入云母、石棉粉可以改善塑料的电绝缘性和耐热性，加入铝粉可提高塑料对光的反射能力及防止塑料老化等。通常塑料中填充剂的用量可达 20%～50%，填充剂的加入可节约树脂用量，降低塑料制品的成本。增塑剂可以提高塑料的可塑性和柔软性，如在聚氯乙烯树脂中加入邻苯二甲酸二丁酯，可使塑料变得柔软而富有弹性。稳定剂可以提高塑料在光和热作用下的稳定性，以延缓塑料的老化。固化剂可以促使塑料在加工过程中硬化。此外，还可加入润滑剂、阻燃剂、着色剂、抗静电剂等，以优化塑料的各种特定性能。

2. 塑料的分类

塑料的品种很多，分类方法也不同，常见的有以下两种分类方法。

1) 按合成树脂的热性能分类

塑料按合成树脂的热性能可分为热塑性塑料和热固性塑料。

(1) 热塑性塑料是指受热时软化，冷却后变硬，再加热又软化，冷却又变硬，可反复多次加热塑制的塑料。这类塑料加工成型方便，力学性能较好，生产周期短，可回收再利用；但耐热性较差，容易变形。热塑性塑料数量很大，约占全部塑料的 80%，常用的有聚乙烯、聚氯乙烯、聚苯乙烯、聚酰胺(尼龙)、ABS 等。

(2) 热固性塑料是指经一次固化后，受热不再软化，只能塑制一次的塑料。这类塑料耐热性能好，受热不易变形，但生产周期短，力学性能不高，且废旧塑料不能回收利用。常用的热固性塑料有酚醛树脂、氨基树脂、环氧树脂、有机硅树脂等。

2) 按使用范围分类

塑料按使用范围可分为通用塑料和工程塑料。

(1) 通用塑料是指产量大、用途广、通用性强、价格低的塑料，主要有聚乙烯、聚丙烯、聚氯乙烯、聚苯乙烯、酚醛塑料和氨基塑料等。这类塑料的产量占塑料总产量的 75% 以上，可以用来制作日常生活用品、包装材料以及一般机械零件。

(2) 工程塑料是指用于制作工程构件和机械零件的塑料。这类塑料力学性能较高，耐热性、耐腐蚀性较好，可用来替代金属材料制作某些结构件。工程塑料主要有聚酰胺(尼龙)、聚碳酸酯、聚甲醇和 ABS 塑料等。

9.1.2　塑料的主要特性

塑料有以下特性：

(1) 质量轻。一般塑料的密度在 0.83～2.2 g/cm³，仅是钢铁的 1/8～1/4。因此用塑料制作汽车零部件，可大幅度减轻汽车的整车装备质量，降低汽车自重，减少油耗。

(2) 化学稳定性好。一般的塑料对酸、碱、盐和有机溶剂都有良好的耐蚀性能，特别是聚四氟乙烯，除了能与熔融的碱金属作用外，其他化学药品包括"王水"也难以腐蚀。因此，在腐蚀介质中工作的零件可采用塑料制作，或采用在表面喷塑的方法提高零件耐腐蚀能力。

(3) 比强度高。尽管塑料的强度要比金属低些，但由于塑料密度小，质量轻，因此以等质量相比，其比强度要高。如用碳素纤维强化的塑料，其比强度要比钢材高 2 倍左右。

(4) 电绝缘性能好。塑料几乎都有良好的电绝缘性，可与陶瓷、橡胶和其他绝缘材料相媲美。因此，汽车电器零件广泛采用塑料作为绝缘体。

(5) 吸振性和消声性良好。塑料具有吸收和减少振动和噪声的性能，因此，用塑料制作汽车保险杠、仪表板和方向盘等，可以增强缓冲作用，提高车辆的安全性和舒适性。

(6) 耐磨性优良。大多数塑料的摩擦系数较小，耐磨性好，能在半干摩擦甚至完全无润滑条件下良好地工作，所以可以用于制作齿轮、密封圈、轴承、衬套等要求耐磨的零件。

(7) 容易加工成型。塑料通常一次注塑成型，可制作复杂形状的异形曲面，如汽车仪表板等，适合批量生产，加工成本低。

塑料除了具有以上优点外，也存在一些缺点：与钢相比其力学性能较低；耐热性较差，一般只能在 100℃以下长期工作；导热性差，其导热系数只有钢的 1/200～1/600。此外，塑料还有易老化、易燃烧、温度变化时尺寸稳定性差等缺点。

9.1.3　塑料在汽车上的应用

塑料在汽车上除了广泛应用于制作各种内装饰件外，目前已替代部分金属材料制作一些结构零件、功能零件和外装饰件。目前塑料在轿车上的用量占全车质量的 8%～12%。塑料在汽车上的广泛应用，既满足了某些汽车零部件特殊性能要求，也是实现汽车轻量化的有效途径。塑料在轿车上的应用实例如图 9-1 所示。常用塑料的主要特性及其在汽车上的应用见表 9-1。

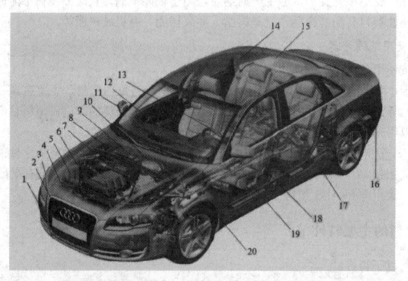

1—前保险杠；2—散热器格栅；3—车灯框；4—散热器固定框；5—空气滤清器壳；6—发动机装饰罩；
7—进气管；8—制动液罐；9—蓄电池壳；10—补偿水箱；11—后视镜壳；12—仪表板；13—转向盘；
14—车门内饰板；15—车厢内饰；16—后保险杠；17—车窗框；18—车门饰条；19—座椅；20—车轮罩

图 9-1　塑料在轿车上的应用实例

表 9-1　常用塑料的主要特性及其在汽车上的应用

种类	化学名称	代号	主要特性	应　用
热塑性塑料	丙烯腈-丁二烯-苯乙烯	ABS	综合力学性能优良，耐热性、尺寸稳定性好，易于加工成型	收音机壳、仪表壳、制冷与采暖系统部件、工具箱、扶手、散热器格栅、内饰车轮罩、变速器壳、车体件、前围板、格栅、车头灯框等
	聚酰胺	PA	强度高，韧性好，耐磨性、耐疲劳性、耐油性等综合性能良好，但吸水性和收缩率大	散热器水室、转向器衬套、各种齿轮、皮带轮、层面零件、顶盖、油箱、油管、进气管、车轮罩、插头、轮胎帘布、安全带、车外装饰板件、风扇叶片、里程表齿轮、衬套等
	聚甲醛	POM	综合力学性能优良，尺寸稳定性好，耐磨性、耐油性、耐老化性好，吸水性小	燃油系统、电气设备系统、车身体系的零部件、线夹、杆塞连接件、支撑元件、半轴齿轮和行星齿轮垫片、汽油泵壳、转向节衬套等
	聚乙烯	PE	强度较高，耐高温、耐磨，耐蚀性和绝缘性好	内护板、地板、燃油箱、行李舱、冲洗水水箱、挡泥板、扶手骨架、刮水器、自润滑耐磨机械零件、内装饰板、车窗框架、手柄、挡泥板等
	聚四氟乙烯	PTFE	化学稳定性优良，耐腐蚀性极高，摩擦系数小，耐高温性、耐寒性和绝缘性好	各种密封圈、垫片
	聚对苯二甲酸乙二醇酯	PET		纺织物、盖、皮带、轮胎帘、气囊、壳体等
	聚对苯二甲酸丁二醇酯	PBT		电子器件外壳、保险杠、车身覆盖件、刮水器杆、齿轮等
	聚苯醚	PPO	抗冲击性能优良，耐磨性、绝缘性、耐热性好，吸水率低，尺寸稳定性好，但耐老化性差	耐冲击格栅、车头灯框、仪表板、装饰件、小齿轮、轴承、水泵零件、嵌板、车轮罩盖等
	聚酰亚胺	PI	耐高温性能好，强度高，综合性能优良，耐磨性和子润性好	正时齿轮、密封垫圈、泵盖等
	聚丙烯	PP	耐热性、耐蚀性较好，成型容易，但收缩率大，低温呈脆性，耐磨性不高	保险杠、蓄电池壳、仪表板、挡泥板、嵌板、采暖及冷却系统部件、发动机罩、空气滤清器、导管、容器、侧遮光板、内饰镶条、内装饰板、散热器固定框、前围板、保险杠等
	聚氯乙烯	PVC	强度较高，化学稳定性、绝缘性较好、耐油性、抗老化性也较好，但耐热性差，成型加工性能较差	电线电缆包衬、防撞系统、涂料、内装饰件、软垫板、电气绝缘体等
	聚碳酸酯	PC	力学性能优良，尺寸稳定性好，耐热性较好，但疲劳强度低，耐磨性不高	保险杠、前轮边防护罩、车门把手、车身覆盖件、挡泥板、前照灯、散光玻璃、格栅、仪表板等
		PMMA		后挡板、灯罩及其他装饰品等

续表

种类	化学名称	代号	主要特性	应　用
热固性塑料	酚醛塑料	PF	强度高，耐热性好，绝缘性、化学稳定性、尺寸稳定性等好，但质地较脆，抗冲击性差	电气绝缘件、摩擦片、化油器等
	环氧树脂	EP	强度较高，韧性较好，收缩率低，绝缘性、化学稳定性、耐腐蚀性好	汽车涂料、胶黏剂、玻璃钢构件等
	聚氨酯泡沫	PU	力学性能优良，吸振缓冲性、绝热性好，较易于成型	坐垫、仪表板垫及罩盖、挡泥板、车内地板、车顶篷、遮阳板、减震器、护板、防撞条、保险杠、软质用于座椅垫、内饰材料；半硬质用于转向盘、仪表板、保险杠、扶手等

塑料 环氧树脂 第1部分：命名　　　　　　塑料术语及其定义

1. 聚氨酯泡沫塑料在汽车上的应用

聚氨酯泡沫塑料具有一系列优异的性能，其原料组分都是液体，生产操作方便，只要简单地改变其原料配方，便可得到极软到极硬范围的泡沫。聚氨酯泡沫塑料与其他软质泡沫塑料相比，还具有下述系列优点：半硬质聚氨酯泡沫塑料可分为普通型和自结皮型两种，其中普通型的制品，其密度可根据需要由 $60 \, \text{kg/m}^3$ 调整到 $150 \, \text{kg/m}^3$，有利于汽车轻量化。半硬质聚氨酯泡沫塑料是开孔的，其制品有良好的回弹性，人接触后感觉舒服，并能吸收 $50\% \sim 70\%$ 的冲击能量。自结皮型半硬质聚氨酯泡沫塑料在发泡时能自行在产品外壁结成 $0.5 \sim 3 \, \text{mm}$ 的表皮，具有较高的拉伸断裂强度和耐磨性，并能注塑发泡成型具有不同花纹和颜色的制品。

汽车工业轻量化推动了聚氨酯泡沫塑料的飞跃发展。20世纪70年代之后，由于整体发泡自结皮技术和聚氨酯反应注射模塑法(PU-PIM)成型技术的开发成功，更扩大了聚氨酯泡沫塑料在汽车上的应用范围。目前聚氨酯塑料制品用于汽车上的情况如表9-2所示。

表9-2　汽车用聚氨酯塑料制品

塑料品种	汽车零件名称
块状软质泡沫塑料切片	遮阳板、顶棚衬里、门板内衬、中心支柱、装饰条、隔音板、三角窗装饰条
软质模压泡沫塑料	坐垫、靠背
半硬质泡沫塑料	仪表板填料、门柱包皮、控制箱、喇叭坐垫、扶手、头枕、遮阳板、保险杠
硬质泡沫塑料	顶棚衬里、门板内衬

塑料品种	汽车零件名称
整体结皮泡沫塑料	扶手、门柱、控制箱、喇叭坐垫、转向盘、空气阻流板
弹性 RIM 制品	保险杠、挡泥板、发动机罩、侧后支柱、车门把手、行李舱盖
刚性 RIM 制品	散热器格栅、暖风壳、前阻流板、挡泥板垫、挡泥板、门板、发动机罩、行李舱盖、小车底板
浇铸型弹性体	防尘密封、滑动轴承套、转向节衬套、钢板弹簧吊耳衬套、锁头零件、门止块、电缆衬套
热塑性弹性体	减震垫块、钢板弹簧隔垫、弹簧线圈护套、齿轮传动装置罩、格栅、顶棚、车身部件
涂料	涂刷在保险杠或其他外装件上
复合结构材料	坐垫套、隔音、吸振片、门内衬、保险杠、覆盖件、顶棚

2. 汽车结构件用通用塑料注射制品

通用塑料具有质量小、成型自由性好、电气绝缘性较好、原材料丰富、价格较便宜等优点，使得汽车上的塑料制品急剧增加。通用塑料既可以制造汽车机能件，又可制造内饰件。汽车轻量化中应用最多的通用塑料有聚丙烯(PP)、聚氯乙烯(PVC)、聚乙烯(PE)和 ABS四大类，主要采用注射成型制作汽车零部件，也有利用其片或膜作面料的。

1) 聚丙烯在汽车上的应用

目前各种类型汽车上的聚丙烯零件品种已超过 70 种，表 9-3 中列出了用聚丙烯制造的主要汽车零件的名称及其质量。

表 9-3　PP 汽车零件

汽车零件名称		质量/kg	数量/件
功能件及壳体	分电器盖	0.092	1
	仪表灯壳	0.021	1
	加速踏板	0.082	1
	后灯壳	0.423	2
	冷却风扇	0.380	1
	暖风壳	2.190	1
	风扇护圈	0.800	1
	刮水器电动机套	0.014	2
	转向盘	0.744	1
	杂物箱盖	0.207	1
	杂物箱	0.669	1
	空气滤清器壳	1.800	1

汽车零件名称	质量/kg	数量/件	汽车零件名称
	后视镜框(外)	0.038	2
	后视镜框(内)	0.059	1
	千斤顶手柄	0.020	1
	安全腰带	0.023	2
	高压线夹	0.010	4
	打火机	0.003	1
配件及其他	室内灯具	0.028	1
	清洗剂水池	0.016	1
	特殊信号灯	0.025	1
	天线柱	0.080	1
	减震器防尘器	0.005	4
	其他灯具	0.012	2
	扶手	0.120	2

塑料 汽车用聚丙烯(PP)专用料 第 1 部分：保险杠　　塑料 汽车用聚丙烯(PP)专用料 第 2 部分：仪表板

改性 PP 保险杠具有成本低、质量小、可循环再利用等优势，其数量已占保险杠总数的 70%。

经过改性的 PP 既可制作汽车内饰件，又可制作结构件，如转向盘、后视镜框、嵌块式车门内饰件、侧面装饰件和转向柱套、发动机和取暖通风系统的有关零件。

2) 聚乙烯(PE)在汽车上的应用

PE 在汽车上的用量占汽车塑料总用量的 5%～6%，次于聚氯乙烯、ABS、聚丙烯、聚氨酯，居第 5 位。聚乙烯主要用于制作各种储罐和空气导管。汽车工业中所用的 PE 基本上属于中、低压聚乙烯，主要用途分内饰件、外装件和底盘件三大类(见表 9-4)。

表 9-4　PE 应用举例

使用部位	使用零件名称	树脂
外装件	挡泥板、衬板、汽油箱、夹钩扣、弹簧衬垫、车轮罩、汽油过滤器套壳	MDPE、LDPE
内装件	空气导管、扶手、覆盖板、承载地板、夹钩扣、柱套、风扇护罩、行李舱格板、备胎夹箍、转向盘遮阳板、行李舱衬里(顶棚与门的减震材料)	HDPE、LDPE
底盘	空气导管、蓄电池、制动液储罐、夹钩扣、清洗液罐	HDPE

塑料燃油箱正在取代金属燃油箱，是由于塑料燃油箱具有形状设计自由性大、轻量化效

果显著、抗介质浸蚀性好、抗冲击性好及燃烧时不易引起爆炸等一系列优点，广泛用于轿车中。HDPE 树脂具有较高抗冲击强度和较好耐应力开裂性能，用于挤出吹塑的汽车燃油箱。

聚氯乙烯具有化学稳定性好、介电性能高、耐油且不易燃烧，同时又有一定的机械强度，价格便宜等优点，广泛应用于化工、建筑、电子、轻工、农业及机械等国民经济各部门中。PVC 主要用于制作汽车内饰件及各种制品的表皮及盖、罩，如坐垫套、车门内衬、顶棚衬里表皮、软饰仪表板表皮、后盖板表皮、操纵杆盖板、转向盘表皮、货箱衬里、备胎罩盖、玻璃升降器盖、地板、地毯及电线包皮等。

3) 聚氯乙烯(PVC)在汽车上的应用

因 PVC 的冲击强度较低，耐热性较差，故限制了其使用范围。而 ABS 树脂不仅具有优异的机械性能和良好的成型加工性能，而且与 PVC 有较好的相容性。研究的 PVC/ABS 合金用作仪表板的表皮材料，其中真空吸塑成型仪表板表皮技术在世界上各种轿车中被普遍采用，在我国中低档轿车的捷达、桑塔纳等车型也均被采用。

4) 改性聚苯乙烯及 ABS 塑料在汽车上的应用

改性聚苯乙烯是指苯乙烯的均聚物及其与其他单体共聚物、合金等一族树脂的总称。ABS 具有良好的性能，并能通过改性获得特殊性能，故广泛用于制作汽车内饰件和外装件。表 9-5 所示为 ABS 在汽车零部件中的应用情况。

表 9-5　苯乙烯类塑料在汽车工业中的应用

零件名称	种类	型号
格栅	ABS	高抗冲(电镀型)
	AAS	高抗冲型
灯壳	ABS、AES	高抗冲型
上通风盖板	ABS、AAS	亚耐热型
车轮罩	ABS	高抗冲型
	MPPO	亚耐热型
支架、百叶窗类	ABS	亚耐热型
标志装饰	AES、AAS	高光泽型
标牌、装饰件	ABS	一般电镀型
后护板	ABS	一般型
缓冲护板	AES	高光泽型
挡泥板、镜框	ABS、AAS、AES	高抗冲型
仪表板	ABS	超耐热抗冲型
	GF 增强 AS、ABS	
装饰件	ABS、(改性 PPO)	超耐热型
仪表罩(仪表类)	ABS	超耐热型
收音机罩	ABS	耐热型
门立柱装饰	ABS	亚耐热型
工具箱	ABS	耐热或亚耐热型

续表

零件名称	种类	型号
导管类	ABS	耐热或亚耐热型
空气排气口	ABS、PC/ABS(MPPO)	耐热抗冲型
控制箱、调节器手柄	ABS	一般型
装饰件类、开关、旋钮、转向柱套、转向盘喇叭盖	ABS	高刚型、耐热抗冲型
仪表板表皮	ABS/PVC 合金	

塑料件表面粗糙度　　汽车塑料制品通用试验方法　　汽车塑料件、橡胶件和热塑性弹性体件的材料标识和标记

9.1.4　塑料的回收与利用

通常以填埋或焚烧的方式处理废旧塑料,而焚烧产生的大量有毒气体会造成二次污染,填埋不仅会占用较大空间,而且塑料自然降解需要百年以上,并且析出的添加剂会污染土壤和地下水等。

目前,废塑料处理技术的发展趋势是回收利用,但现在废塑料的回收和再生利用率低,技术水平还不够完善。废旧塑料的回收方法主要包括以下几种:

(1) 直接燃烧。直接燃烧并回收能量,包括垃圾发电;用于炼铁高炉取代焦炭作还原剂、用作水泥窑的燃料;燃烧后用于各种发电锅炉;一部分油化燃料可用于汽车。

(2) 熔融再生。将废旧塑料熔融再生,即把废旧塑料加热熔融后重新塑化。根据原料性质,可分为简单再生和复合再生两种。

简单再生主要回收树脂厂和塑料制品厂的边角废料以及易于挑选清洗的一次性消费品和塑料零件,如聚酯饮料瓶、食品包装袋、汽车上更换下来的塑料零件等,回收后其性能与新料相差不大。

复合再生将废旧塑料零件热裂解或催化裂解,裂解因最终产品不同分为回收化工原料(如乙烯、丙烯、苯乙烯等)和燃料(汽油、柴油、焦油等)。

废旧塑料在其他方面的用途也非常广泛,如可以用来制造混凝土、水泥、人造沙、填料等。

9.2　橡　　胶

橡胶是一种具有高弹性的高分子材料,具有高弹性,优良的伸缩性、吸振性、耐磨性、隔音性,在汽车制造和维修中广泛用于制作轮胎、风扇皮带、各种皮管、油封、门窗密封胶条、制动皮碗等。

9.2.1　橡胶的组成和分类

1. 橡胶的组成

橡胶是以生胶为主要原料，添加适量的配合剂制成的高分子材料。

1) 生胶

生胶是橡胶制品的主要组成物，其性能决定了橡胶制品的性能。生胶耐热性、耐磨性差，强度低，一般不能直接制作橡胶制品，大多只作为橡胶的原料。

2) 配合剂

配合剂是为了改善和提高橡胶制品的性能而加入的物质，主要有硫化剂、硫化促进剂、填充剂、增塑剂和防老剂等。

硫化剂的作用是改善橡胶分子结构，提高橡胶制品的弹性、强度、耐磨性、耐蚀性和抗老化能力，常用的铝硫化剂是硫磺、氧化硫、硒等。硫化促进剂起加速硫化过程、缩短硫化时间的作用，常用的有氧化锌、氧化铝等。填充剂的作用是提高橡胶制品的强度、硬度，减少生胶用量、降低成本和改善加工工艺性能，常用的有炭黑、滑石粉、氧化硅、氧化锌、陶土、碳酸盐等。增塑剂的作用是提高橡胶制品的塑性，改善黏附力，降低橡胶制品的硬度，提高耐寒性，常用的有硬脂酸、精致蜡、凡士林以及一些油类和脂类。防老剂主要是延缓和防止橡胶老化。

2. 橡胶的分类

按照原料的来源，橡胶分为天然橡胶、合成橡胶和再生橡胶。

1) 天然橡胶

天然橡胶是从橡胶树上采集的胶乳，经凝固、干燥、加压等工序制成的片状生胶。其优点是具有优良的弹性，较高的强度、耐磨性、耐寒性、防水性、绝热性、电绝缘性以及良好的加工性能。缺点是耐老化性和耐候性差，耐油性和耐溶剂性较差，易溶于汽油和苯类溶剂，易受强酸侵蚀，且易自燃。

天然橡胶广泛应用于制作轮胎、胶带、胶管以及胶鞋、医疗卫生制品等。

2) 合成橡胶

合成橡胶是用石油、天然气、煤等为原料，通过化学合成的方法制成的与天然橡胶性能相似的高分子材料。合成橡胶的原料来源丰富、价格低廉，其产量已超过了天然橡胶。

根据性能和用途，合成橡胶可分为通用橡胶和特种橡胶两大类。凡是性能与天然橡胶接近，物理、机械和加工性能较好，可以做轮胎和一般橡胶配件的，称为通用合成橡胶。具有特殊性能，专供耐油、耐热、耐寒、耐化学腐蚀等制品使用的，称为特种合成橡胶。

合成橡胶的弹性和抗拉强度比天然橡胶低，但耐磨性、耐热性优良，用于制作各种轮胎、传动皮带、胶管、衬垫材料等。

3) 再生橡胶

再生橡胶是利用废旧橡胶制品经再加工而成的橡胶材料。再生胶强度较低，但有良好的耐老化性，且加工方便，价格低廉。常用于制作汽车上的橡胶地垫、各种封口胶条等，也可用于制作胶管、胶带、胶鞋的鞋底等。

9.2.2 　橡胶的基本性能

1. 极高的弹性

这是橡胶独特的性能。橡胶的伸长率可达 100%～1 000%。橡胶开始受负荷时变形量很大,随着外力的增加,抵抗变形的力也迅速增加,起到一种缓冲的作用。因此,橡胶可以用于制作减轻碰撞、敲击和吸收振动的零件,如发动机支架软垫等。

2. 良好的热可塑性

橡胶在一定温度下失去弹性,称为热可塑性。橡胶处于热可塑状态时,容易加工成各种形状和尺寸的制品,而且当加工外力去除后,仍能保持该变形下的形状和尺寸。根据这一特性可用橡胶加工制作不同形状的制品。

3. 良好的黏着性

黏着性是指橡胶与其他材料黏成整体而不易分离的能力。橡胶特别容易与毛、棉、尼龙等牢固地黏接在一起,如汽车轮胎就是利用橡胶能与棉、毛、尼龙、钢丝等牢固地黏接在一起而制成的。

4. 良好的绝缘性

橡胶大多数是绝缘体,是制造电线、电缆等导体的绝缘材料。

橡胶还具有良好的耐腐蚀性、密封性和耐寒性等,但橡胶的导热性差,抗拉强度低,尤其容易老化。

橡胶的老化是指橡胶随着时间出现变色、发黏、变硬、变脆和龟裂等现象。为减缓橡胶老化,延长橡胶制品的使用寿命,在橡胶制品使用过程中应避免与酸、碱、油及有机溶剂接触,尽量减少受热、日晒和雨淋等。

9.2.3 　橡胶在汽车上的应用

橡胶是汽车上常用的一种重要材料,其中用量最大的制品是轮胎,目前全世界生产的橡胶约有 80%用于制造轮胎。此外,橡胶还广泛用于制作各种胶带、胶管、减震配件以及耐油配件等。常见汽车橡胶制品如图 9-2 所示。

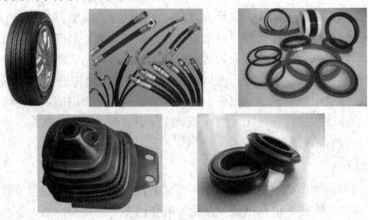

图 9-2 　常见汽车橡胶制品

汽车制动气室橡胶隔膜　　内燃机燃油管路用橡胶软管和纯胶管 规范　　复合橡胶 通用技术规范

第 2 部分：汽油燃料

汽车涡轮增压器用橡胶软管 规范　　天然生胶 子午线轮胎橡胶

1. 轮胎

轮胎安装在轮毂上，支承着全车的重量，行驶时使车轮和路面可靠附着而不会打滑，并能吸收振动和冲击。轮胎由外胎、内胎和垫带组成，内胎中充满空气，外胎用来保护内胎，起承受负荷与路面摩擦的作用。外胎由帘布层、缓冲层、胎面、胎侧和胎圈等部分组成。垫带用来防止轮辋磨损内胎。

随着汽车工业的发展，对汽车用轮胎提出了更高的要求，如需要改善汽车的行驶性能、增加车速、乘坐舒适等，普通结构的轮胎已不能满足目前的使用要求，出现了相对新型结构的轮胎——选择耐磨性好的天然橡胶和合成橡胶构成胎面层，高强度纤维构成不同形式的帘布层等——可制作各种机能的轮胎，以适应各种汽车的应用。新型轮胎(如子午线轮胎)具有行驶性能好、行驶温度低、行驶里程长、耐磨性好、节省燃料、缓冲性能好、乘坐舒适等一系列的优点。

2. 橡胶配件

汽车用橡胶配件主要有各种胶管、传动带、油封及高压密封、减震缓冲胶垫、窗玻璃密封条等。这些橡胶配件应用于汽车各种部位，数量虽不多，但对汽车的质量与性能提高具有重要作用。

汽车用胶管包括水、气、燃油、润滑油、液压油的输送管，其中液压制动胶管、气压制动胶管、其他制动胶管、水箱胶管、动力转向液压胶管、离合器液压胶管等是汽车上重要的机能件。

汽车用的胶带大多是无接头的环形带。汽车偏心轴等传动带多采用齿形三角带，要求传动速度准确、耐高速、噪声低、使用时间长。

橡胶密封件以油封为主，包括密封圈、衬垫等，用于前后轴、曲轴、离合器、变速器、差速器制动系统和排气系统等部位。油封制品虽然体积小，但对整车性能却有十分重要的影响。

另外，汽车门玻璃密封条可防止风雨侵袭，所采用的橡胶原料多为乙丙橡胶，也有将氯丁橡胶或丁苯橡胶并用的，以达到经久耐用的目的。

3. 风扇皮带

风扇皮带是汽车上常用的一种橡胶制品，主要作用是传递曲轴皮带轮与水泵、发电机、压缩机等皮带轮之间的动力。风扇皮带是一种三角皮带，特点是没有接头，传动平稳均匀。

风扇皮带嵌在皮带轮槽里面，靠轮槽两侧面传递动力，不容易滑动，短距离及高速传动时效率高，而且缓冲弹性好，不会影响或损坏传动机件。

汽车常用橡胶的种类、特性及应用见表9-6。

表9-6 汽车常用橡胶的种类、特性及应用

种类	代号	主 要 特 性	应 用
天然橡胶	NR	良好的耐磨性、抗撕裂性，加工性能良好，但耐高温、耐油性较差，易老化	轮胎、胶带、胶管和通用橡胶制品等
丁苯橡胶	SBR	优良的耐磨性、耐老化性能，力学性能与天然橡胶相近，但加工性能特别是黏着性较天然橡胶差	可替代天然橡胶，用于制作轮胎、胶带、胶管和通用橡胶制品等
氯丁橡胶	CR	良好的物理性能和力学性能，耐腐蚀、耐老化、耐油，黏着性好，但耐寒性较差，密度较大，绝缘性能差	胶带、胶管、电线护套、垫圈、密封圈和汽车门窗嵌条等
丁基橡胶	IIR	良好的气密性，吸振能力强，化学稳定性好，耐气候和耐酸性能良好，但耐油性和加工性能较差	轮胎内胎、胶管、电线护套和减震元件等
丁腈橡胶	NBR	优良的耐油、耐老化、耐磨性能，耐热性、气密性好，但耐寒性、绝缘性较差	油封、油管、皮碗和密封圈等耐油元件

9.3 玻 璃

玻璃是由石英砂、纯碱、长石、石灰石等为主要原料，加入某些金属氧化物辅料，在1550~1600℃的高温窑中煅烧至熔融后，经成形、冷却而获得的非金属材料，通常具有透明、隔音、隔热等特性以及良好的化学稳定性。在现代汽车中，玻璃不仅是一种功能性外装饰件，而且还与保障视野、优化乘坐环境、减少行车阻力以及美观等多种要求有关，是汽车的重要组成部分。

9.3.1 玻璃的种类及特点

玻璃的种类繁多，按用途不同可分为建筑玻璃、工业玻璃、光学玻璃、化学玻璃和玻璃纤维等。其中，建筑玻璃又分为平板玻璃、波纹玻璃；工业玻璃又分为钢化玻璃、夹层玻璃、中空玻璃、夹丝玻璃等。常用玻璃有以下几种：

1. 平板玻璃

平板玻璃无色透明，具有良好的透光性，但抗弯强度极低，脆性大，破碎后形成尖锐棱角。主要用于制作建筑物门窗。

2. 磨砂玻璃

磨砂玻璃又叫毛玻璃，是对平板玻璃进行表面磨砂处理而得到的。其主要特点是透光不透明，常用于制作浴室、卫生间门窗等，还可用于制作灯罩、黑板面等。

3. 钢化玻璃

钢化玻璃是普通玻璃经过高温淬火处理的特种玻璃，即将普通玻璃加热到一定温度后，迅速冷却进行特殊钢化处理。其性能特点是具有很高的温度急变抵抗能力，耐冲击性和强度较高。钢化玻璃主要用于制作高层建筑的门窗，厂房的天窗，汽车、火车、船舶的门窗和汽车的风窗等。

4. 夹丝玻璃

夹丝玻璃又称防碎玻璃，是在玻璃中间夹有一层金属网。其特点是强度高，不易破碎，即使破碎，玻璃碎片也会附着在金属网上而不易脱落，具有一定的安全性。适用于建筑中需要采光而对安全性要求又比较高的场合，如厂房天窗、防火门窗、地下采光窗等。

5. 夹层玻璃

夹层玻璃又称安全玻璃，是将两片或两片以上的平板玻璃或钢化玻璃用聚乙烯醇缩丁醛塑料衬片黏合而成。这种玻璃具有较高的强度，在受到破坏时，会产生辐射状或同心圆形裂纹，碎片不易脱落，且不影响透明，不产生折光现象，通常用作汽车前挡风玻璃。

6. 信号玻璃

信号玻璃主要分平板玻璃、凸透镜玻璃、偏光镜玻璃和牛眼形玻璃四种，具有较高的透明度、有选择的透光性、色彩鲜艳均匀等特性，广泛用于铁路、公路、水路、航空等领域制作各种信号机、信号灯。

9.3.2　汽车上常用的玻璃

玻璃是汽车上具有重要功能的外装件，主要用于汽车上的车窗玻璃。根据玻璃在汽车上的安装位置不同分为风窗玻璃、后窗玻璃、前角窗玻璃、前门窗玻璃、后角窗玻璃、后门窗玻璃等，如图 9-3 所示。

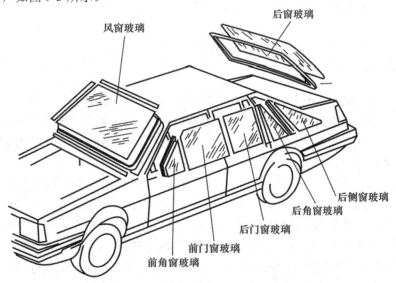

图 9-3　轿车的玻璃

汽车安全玻璃力学性能试验方法　　　　　　　　　　钢化玻璃

　　汽车用玻璃必须是透明性、耐候性、强度及安全性能高的夹层玻璃、局部钢化玻璃或钢化玻璃。

　　钢化玻璃在受到冲击破碎后，碎片小而无棱角，如图 9-4(a)所示，不会对人体造成伤害。但这种玻璃在破碎前会产生很多裂纹，由于光线的漫射作用，玻璃会变得模糊不清。如果用于风窗玻璃，会影响驾驶员视线，容易造成事故。所以钢化玻璃只能用作汽车后窗玻璃和侧窗玻璃。

　　局部钢化玻璃只对玻璃局部进行淬火，当玻璃受到冲击作用时，玻璃局部碎裂为细小的碎块，中部破碎成大块。局部钢化玻璃的这种特性在玻璃临破碎前能保持玻璃有一定的透明度，使驾驶员即使在受到较小的伤害下，还能利用短暂的时间进行应急处理。同样，局部钢化玻璃也是用作汽车后窗玻璃和侧窗玻璃，如图 9-4(b)所示。

　　夹层玻璃具有良好的安全性、较高的强度，受到破坏时，碎片不易脱落，不影响透明，不产生折光现象等。各国已制定有关法规，规定轿车的前挡风窗必须使用夹层玻璃，如图9-4(c)所示。

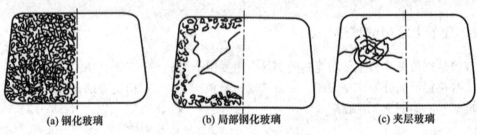

(a) 钢化玻璃　　　　　　　(b) 局部钢化玻璃　　　　　　(c) 夹层玻璃

图 9-4　性能不同的汽车车窗玻璃

9.3.3　玻璃的回收与利用

　　国内外的许多研究机构和企业已经对废玻璃的回收利用做了大量的研究。废玻璃经粉碎、预成形、加热焙烧后，可做成各种建筑材料，如玻璃马赛克、玻璃饰面砖、玻璃质人造石材、泡沫玻璃、微晶玻璃、玻璃器皿、人造彩砂、玻璃微珠、彩色玻璃球、玻璃陶瓷制品、高温黏合剂等。

　　回收玻璃的转型利用是指将回收的玻璃直接加工，将其转为其他有用材料的利用方法。利用方法分为两类，一种是非加热型利用，另一种是加热型利用。非加热型利用也称机械型利用，具体方法是根据使用情况直接粉碎，或先将回收的破旧玻璃经过清洗、分类、干燥等预处理，再采用机械的方法粉碎成小颗粒，或研磨加工成小玻璃球待用。加热型利用是将废玻璃捣碎后，用高温熔化炉进行熔化后，再用快速拉丝的方法制得玻璃纤维。这种玻璃纤维可广泛用于制造石棉瓦、玻璃缸及各种建材与日常用品。

9.4　陶　　瓷

传统意义上的陶瓷是陶器和瓷器的总称。现代陶瓷的概念是指以天然硅酸盐或人工合成化合物为原料，经过制粉、配料、成形和高温烧结而制成的无机非金属材料。

9.4.1　陶瓷的基本性能

1. 力学性能

陶瓷最突出的性能特点是高硬度(一般为 1000～5000 HV，而淬火钢的硬度只有 500～800 HV)、高耐磨性、极高的红硬性(可达 1000℃)和高抗压强度，但抗拉强度和韧性都很低，脆性很大。

2. 热性能

陶瓷的熔点很高(一般在 2000℃左右)，有很好的高温强度，而且高温抗蠕变能力强，1000℃以上也不会氧化，故可用作耐高温材料；热膨胀系数低，导热性小，是优良的高温绝缘材料。但陶瓷抗热震性差，温度剧烈变化时易破裂，不能急热骤冷。

3. 电性能

大多数陶瓷都具有较好的电绝缘性能，可直接作为传统的绝缘材料使用，尤其在高温、高电压工作条件下，陶瓷是唯一的绝缘材料。

4. 化学性能

陶瓷的化学稳定性高，对酸、碱、盐具有良好的耐腐蚀性，无老化现象。

9.4.2　陶瓷的分类

按原料不同陶瓷分为普通陶瓷和特种陶瓷两大类。

1. 普通陶瓷

普通陶瓷是以黏土($Al_2O_3 \cdot 2SiO_2 \cdot 2H_2O$)、石英($SiO_2$)、长石($K_2O \cdot Al_2O_3 \cdot 6SiO_2$)等天然硅酸盐为原料，经粉碎、成型、烧制而成的产品。其特点是坚硬而脆，绝缘性和耐蚀性极好，制造工艺简单，成本低廉，主要用于制作日用、建筑、卫生陶瓷制品以及工业上应用的高低压电瓷、耐酸及过滤陶瓷等。

2. 特种陶瓷

特种陶瓷是采用纯度较高的金属氧化物、氮化物、碳化物和硼化物等化工原料，沿用普通陶瓷的成形方法烧制而成的陶瓷制品。特种陶瓷具有一些独特的力学性能、物理性能及化学性能。特种陶瓷包括氧化铝陶瓷、氮化硅陶瓷、碳化硅陶瓷、硼化物陶瓷。

1) 氧化铝陶瓷

氧化铝陶瓷是应用最广的工程陶瓷，其主要成分是 Al_2O_3，又称为刚玉瓷。它具有高硬度(1500℃时为 80 HRA，仅次于金刚石等材料而居第五位)，高强度(比普通陶瓷的强度高 2～3 倍)，良好的耐磨性、绝缘性和化学稳定性，是理想的耐高温材料，但抗热震性能差，不能承受温度的突变以及冲击载荷。主要用于制造刀具、坩埚、热电偶的绝缘套等，在汽车上常用于制作火花塞绝缘体、汽车排气净化器、发动机活塞、汽缸套、凸轮轴、柴油机喷嘴等零件。

2) 氮化硅陶瓷

氮化硅陶瓷具有极高的化学稳定性，除氢氟酸外，能耐各种酸碱腐蚀，也可抵抗熔融金属的侵蚀，同时具有优异的电绝缘性以及很高的硬度和耐磨性。常用于制作在腐蚀介质下工作的机械零件，如耐蚀水泵密封环、高温轴承、冶金容器和管道、炼钢生产上的铁液流量计等。

3) 碳化硅陶瓷

碳化硅陶瓷是目前高温强度最高的陶瓷，在 1400℃时抗弯强度仍能达到 500～600 MPa，其热稳定性、耐蚀性和耐磨性很好。主要用于制作热电偶套管、火箭尾喷嘴以及高温轴承、高温热交换器、密封圈，还是核燃料的包封材料等。

4) 硼化物陶瓷

硼化物陶瓷具有高硬度和较好的耐化学侵蚀能力。硼化物陶瓷熔点范围为 1800～2500℃，与碳化物陶瓷相比，硼化物陶瓷具有较高的抗高温氧化能力，使用温度达 1400℃。主要用于制作高温轴承、内燃机喷嘴和各种高温器件等。

9.4.3　陶瓷在汽车上的应用

陶瓷应用于汽车上，可以有效地降低车辆重量，提高发动机的热效率，降低油耗，减少排气污染，提高易损件寿命，完善汽车智能性功能。用氮化硅陶瓷材料制成的陶瓷纤维活塞，耐磨性好，可以有效地防止铝合金活塞由于热膨胀系数大而产生的"冷敲热拉"现象。所谓"冷敲"即冷车时，活塞与汽缸壁配合间隙过大，活塞换向时引起敲击；"热拉"即热车时，因二者配合间隙过小，拉伤汽缸。特种陶瓷用于制作陶瓷凸轮轴、气门、气门座、摇臂等零件，可以充分发挥其优良的耐热性和耐磨性。日本五十铃公司研究开发的发动机用氮化硅材料制成气门，三菱公司采用陶瓷制成发动机摇臂，使用效果良好。特种陶瓷在高温下有良好的热稳定性，被广泛用作汽油发动机点火系火花塞的基体。日本五十铃汽车公司研制的陶瓷发动机采用陶瓷制作进、排气管，可以承受 800～900℃的高温，不仅取消了隔热板，减少了发动机体积，而且使排气净化效果提高 2 倍。

目前，陶瓷在汽车上的应用正在逐步扩大，国外已经开发了陶瓷复合发动机，将燃烧室内的汽缸套、活塞气门等近 40%的零件采用陶瓷制作，并取消了冷却和散热装置，功率提高了 10%，油耗降低了 30%。由此可见，陶瓷在汽车上的应用前景十分广阔。

9.5　复 合 材 料

复合材料是由两种或两种以上性质不同的材料通过人工组合而成的固体材料，它不仅综合了各组成材料的优点，而且还具有单一材料无法达到的优越的综合性能。因此，复合材料在各个领域都得到了广泛应用。例如钢筋混凝土是钢筋、水泥和沙石组成的人工复合材料；现代汽车中的玻璃纤维挡泥板，是脆性的玻璃和韧性的聚合物相复合而成。

9.5.1　复合材料的性能特点

1. 比强度和比模量高

比强度(强度/密度)和比模量(弹性/密度)是衡量汽车材料承载能力的重要指标。复合材料的比强度和比模量比金属材料高得多，如碳纤维-环氧树脂复合材料的比强度是钢的 7 倍，比模量是钢的 5.6 倍。因此，将复合材料用于制作要求强度高、重量轻的动力设备可大大提高动力设备的效率。由复合材料制造的汽车比使用钢材制造的汽车的质量要轻 1/3～1/2，这对提高整车动力性能、降低油耗、增加负载非常有益。

2. 抗疲劳性能好

多数金属的疲劳极限是抗拉强度的 40%～50%，而碳纤维增强复合材料则可达 70%～80%。这是由于纤维复合材料特别是纤维树脂复合材料对缺口、应力集中敏感性小，而且纤维和基体能够阻止和改变裂纹扩展方向，因此复合材料具有较高的抗疲劳性能。

3. 耐高温性能好

由于复合材料增强纤维的熔点均很高，一般都在 2000℃以上，而且在高温条件下仍然可保持较高的高温强度，故用增强纤维增强的复合材料具有较高的高温强度和弹性模量，特别是金属基复合材料更突显其优越性。例如一般铝合金在 400℃时，弹性模量接近于零，强度值也从 500 MPa 降至 30～50 MPa；而经碳纤维或硼纤维增强的铝材，在 400℃时强度和弹性模量可保持接近室温的水平。

4. 减震性能好

许多机器和设备(如汽车、动力机械等)的振动问题十分突出，而复合材料的减震性能好。原因是纤维增强复合材料的比模量大，则自振频率高，可避免产生共振而引起的早期破坏。另外，纤维与界面吸震能力强，故振动阻尼性好，即使发生振动也会很快被衰减。

另外，许多复合材料都有良好的断裂安全性、化学稳定性、抗磨性、隔热性以及良好的成型工艺等性能。

复合材料也有其不足之处，比如伸长率较小，抗冲击性低，横向拉伸和层间抗剪强度较低，尤其是生产成本比其他工程材料高得多。但是，由于复合材料的优越特性，在航空航天等国民经济及尖端科学技术上都有较广泛的应用。

9.5.2　常用的复合材料

复合材料一般由基体相和增强相组成。基体相有形成几何形状和黏结的作用，有金属基体和非金属基体两大类；增强相有提高强度和韧性的作用。按增强相的物理形态分为纤维增强复合材料、层叠复合材料和颗粒复合材料。

1. 纤维增强复合材料

纤维增强复合材料中承受载荷的主要是增强相纤维，而增强相纤维处于基体之中，彼此隔离，其表面受到基体的保护，因而不易遭受损伤。塑性和韧性较好的基体能阻止裂纹的扩展，并对纤维起到黏结作用，复合材料的强度因而得到很大的提高。纤维种类很多，用于现代复合材料的纤维主要是指高强度、高模量的玻璃纤维、碳纤维、石墨纤维及硼纤维等。

2. 层叠复合材料

层叠复合材料是以两层或两层以上不同的板材经热压胶合而成。根据复合形式有夹层结构的复合材料、双层金属复合材料、塑料-金属多层复合材料。夹层复合材料已广泛用于制作飞机机翼、船舶、火车车厢、运输容器、安全帽、滑雪板等；由两种膨胀系数不同的金属板制成的双层金属复合材料可用于制作测量和控制温度的简易恒温器。

3. 颗粒复合材料

颗粒增强复合材料是由一种或多种颗粒均匀分布在基体材料内所组成的复合材料。一般颗粒的尺寸越小，增强效果越明显，颗粒的直径小于 $0.01\sim0.1\ \mu m$ 的称为弥散强化材料。不同颗粒起着不同的作用，如加入银粉、铜粉可提高导电、导热性能，加入 Fe_3O_4 磁粉可提高导磁性，加入 MoS_2 可提高抗磨性。陶瓷颗粒增强的金属基复合材料具有高的强度、硬度、耐磨性、耐蚀性和小的膨胀系数，可用于制作高速切削刀具、重载轴承及火焰喷嘴等高温工作零件。

9.5.3　复合材料在汽车上的应用

目前，汽车上常用的复合材料主要有纤维增强复合材料、金属基复合材料、陶瓷基复合材料等。

1. 纤维增强复合材料及其在汽车中的应用

纤维增强塑料基复合材料(FRP)是指玻璃纤维和热固性树脂的复合材料。除增强用的纤维除玻璃纤维外，还有碳纤维和高强度纤维，基体树脂则根据使用要求采用环氧树脂、酚醛树脂、不饱和聚酯等。FRP 具有强度高、质量小、耐腐蚀、加工性好等优点，可用于制作 A 级表面汽车外覆盖件，已被广泛用于制作汽车车身部件。FRP 是今后取代金属材料制造汽车主要覆盖件及受力构件的最有前途的轻量化材料。目前，北美汽车制造业用 FRP 制造汽车零部件的用量已达 120 kg。

1) SMC 在车身部件中的应用

SMC 是玻璃纤维增强不饱和聚酯片状模压塑料基复合材料(Sheet Molding Compound, SMC)，是一种新型的制造车身件的复合材料。它是在不饱和聚酯树脂中加入引发剂、增稠剂、低收缩剂、填料及染料等成分，经过充分混合成树脂糊，在 SMC 机组中树脂糊充分浸渍切短的玻璃纤维，经辊压而成的片状复合材料。它属于热固性塑料增强复合材料，能在一定的温度和压力下，交联固化而成型。

利用 SMC 设计产品时具有较高的灵活性与自由度，强度较高，可实现零部件整体化，而且尺寸稳定，外观漂亮，易于涂装，电绝缘性好，冲击性能好；能在 −40℃温度下使用，热变形温度和耐老化性能均高于普通热塑性材料，使用寿命高于 15 年，较适合用于制造车身部件。

SMC 材料在加热的模具中可以流动，便于制作带有筋板或局部凸起的不等厚的大型车身覆盖件。另外，高强度的 SMC 和普通的 SMC 还可以混合使用，例如用 SMC 材料成型制造的添置车门，外表层用光洁性好的 SMCR-30，中间层用高强度型 SMCC30/R20，内层用美观的着色低收缩型 SMC 等 3 种 SMC 材料层叠热压成型为一体。

2) 能冲压成型的 FRP 材料

由于 SMC 材料成型车身及其他汽车零部件的速度慢，为了使塑料基的复合材料的成型速度既接近金属材料的冲压加工，又能利用现成的金属冲压设备，以适应大批量生产的汽车工业，于是，能冲压的 FRP 塑料基板材(Stampable Sheet)应运而生。

能冲压成型的 FRP 材料又称为 GMT，是一种冲压成型的玻璃纤维毡增强的热塑性塑料片材，相当于热固性的 SMC 热塑性片材。其典型代表是美国 PPG 公司生产的 Azdel 和 STX 两种冲压成型片材，前者是用玻璃纤维毡增强的 PP 塑料复合材料，后者是一种用玻璃纤维增强的尼龙(PA)塑料复合材料。

GMT 片材中的玻璃纤维均匀地分布在片材中，树脂含量容易控制，并可通过选择增强材料与在混合料中加入各种不同的添加剂，使产品具有更高的刚度与硬度、更好的机械性能，以符合汽车所要求的表面外观、阻燃性或静电屏蔽性。为了提高片材的纵向强度，选择单向纤维毡，使其纵向强度比横向强度高 25%～50%，用于制作保险杠或平板构件。用湿法生产的 GMT，片材在加热后，纤维的流动性好，还可以模压出带金属嵌件或者是密度不同的构件。GMT 片材适宜制作汽车车门。

2. 金属基复合材料(MMC)

金属基复合材料通常是由低强度、高韧性的基体和高强度、高弹性模量的纤维组成。金属基复合材料的基体大多采用铝、铜、铝合金、铜合金、镁合金和镍合金，增强材料一般为纤维状、颗粒状和晶须状的碳化硅、碳化硼、氧化铝和碳纤维，要求具有高的强度和弹性模量(抵抗变形及断裂)、高抗磨性(防止表面损伤)与高化学稳定性(防止与空气和基体发生化学反应)。

1) 纤维增强金属基复合材料(FRM)

FRM 是利用纤维的特性制造的质轻的结构材料，其优点为比强度高、比刚性高，制作的同等强度的零件重量下降，而且耐磨性和耐热性能好，热传导和电导性优良，用于制作汽车用活塞环、连杆、汽缸体、活塞销等。

2) 颗粒及晶须增强金属基复合材料

颗粒及晶须增强金属基复合材料是目前应用最广、开发前景最大的一种金属基复合材料。这类材料的金属基大多采用密度较低的铝、镁和铜合金，以提高复合材料的比强度和比模量，其中较为成熟、应用较广的是铝基复合材料。这类复合材料采用的增强材料为碳化硅、碳化硼、氧化铝颗粒或晶须，其中以碳化硅为主。汽车工业上应用的碳化硅颗粒铝合金基复合材料发展最快，它的强度比中碳钢好，与钛合金相近而又比铝合金略高，其耐磨性也比铝合金、钛合金好，密度却只有钢的 1/3，与铝相近，用于制作汽车发动机活塞、喷油嘴部件、制动装置等。

3) 陶瓷基复合材料

陶瓷具有耐高温、抗氧化、高弹性模量和高抗压强度等优点，但由于脆性大都经不起冲击，限制了陶瓷的使用。20 世纪 80 年代以来，通过在陶瓷材料中加入颗粒、晶须及纤维等得到的陶瓷基复合材料，使陶瓷的韧性大大提高。

陶瓷基复合材料具有高强度、高弹性模量、低密度、耐高温、高的耐磨性和良好的韧性，目前已用于制作高速切削工具和内燃机部件。汽车工业的研究重点是用陶瓷替代金属制作发动机的零部件甚至整机，因为用陶瓷材料可以提高热效率、无需水冷，而且比硬质合金的重量轻得多。例如，采用氮化硅陶瓷复合材料制造发动机的涡轮增压器，比镍基热合金涡轮增压器的重量减轻 34%，使得启动到 104 r/min 所需的时间缩短了 36%。

9.6 汽车用摩擦材料

汽车用摩擦材料是汽车上的消耗材料之一，主要起到传递动力、制动减速、停车制动等作用。采用摩擦材料制作的汽车零部件主要包括汽车制动摩擦片、汽车离合器摩擦片以及手制动摩擦片等。汽车摩擦材料对于汽车的安全性、使用性能及操纵稳定性起着十分重要的作用。

9.6.1 汽车用摩擦材料的性能要求

汽车制动摩擦片、汽车离合器摩擦片的主要功能是将动能转变成热量，然后将热量吸收或散发，同时通过摩擦减低摩擦材料和被它贴合的部件之间的相对运动。为了达到这些目地，对汽车用摩擦材料提出以下性能要求。

1. 高且稳定的摩擦系数

摩擦系数是摩擦材料的一个最为主要的技术指标，通常不是一个常数，它受温度、压力、速度或者表面状态、摩擦环境等影响而变化。理想的摩擦系数，应该是受这些因素影响变化较小。

2. 良好的耐磨性

这是衡量摩擦材料使用寿命的一个重要指标，良好的耐磨性能使摩擦对偶的磨损降低。

3. 较好的物理、力学性能

摩擦材料应具有较好的物理、力学性能，除能满足摩擦材料在加工过程中的要求之外，还要满足在使用中的强度要求，以保持良好的使用性能。通常表示摩擦材料物理、力学性能的指标是冲击韧度、抗压强度、抗剪强度、导热系数、耐热性等。

4. 不产生过大的噪声

汽车制动噪声的产生，因素很复杂，就摩擦材料而言，低模量、低摩擦系数则不易产生过大的噪声。

9.6.2 汽车用摩擦材料的组成

汽车摩擦材料主要由增强材料、填充材料及黏结材料等组成。

1. 增强材料

增强材料是摩擦材料一个重要的骨架组成部分，纤维的选用对摩擦材料的摩擦、磨损性能有着重要的影响。增强材料主要有以下几种：

1) 石棉

石棉作为一种天然矿物纤维，具有质轻、价廉、分散性好、增强效果好等优点，在摩擦材料中得到了广泛的应用。从 20 世纪 20—80 年代，石棉增强摩擦材料几乎是一统天下，基本能满足当时汽车及工程机械的需要。从 1972 年国际肿瘤医学会确认石棉及其高温挥发物属于致癌物质后，国际上开始禁止使用石棉摩擦材料。此外，随着汽车科技的进步，汽车的车速更高，而制动器更小以及盘式制动器的出现，对摩擦材料的要求更高，使用条件也更为严酷。现今，高速轿车在紧急制动时前轮盘式制动器温度可达 300～800℃，而石棉在 400℃左右失去结晶水，石棉脱水后导致摩擦性能不稳定、出现制动噪声等。因此，石棉摩擦材料明显不能适应汽车工业和现代社会需求，正逐渐被其他材料取代。

2) 钢纤维

钢纤维摩擦材料为半金属摩擦材料，是以钢纤维代替石棉纤维增强材料而制成的摩擦材料。使用低碳钢及采取超声波切削生产的钢纤维含油量低，表面活性好，价格便宜，因此在半金属摩擦材料中得到广泛应用。钢纤维的一个显著特点就是导热性好，能使局部表面热量迅速扩散至内部，从而降低摩擦面温度，避免表面温度过高，防止树脂基体因热分解而导致材料磨损，缩短零件使用寿命。与石棉摩擦材料相比，钢纤维摩擦材料有平稳的摩擦系数，300～500℃时摩擦系数减少衰退，而且其高温磨损小，可压缩性低。但钢化纤维相对密度较大，易锈蚀，易产生刺耳的制动噪声。

3) 玻璃纤维

玻璃纤维属于无机硅酸盐纤维，热稳定性较好。玻璃纤维发展历史较长，产品质量稳定，产量较大，价格也较低，在汽车摩擦材料中得到了应用。但玻璃纤维硬度高，磨损比石棉增强材料大一倍以上，工作温度高时形成玻璃珠，摩擦系数不稳定。

降低玻璃纤维硬度及采用改性树脂基体可以改善上述缺陷，如国外采用 E 玻璃纤维制成的离合器片，具有良好的耐磨性，使用平稳，噪声小，无振动。

4) 碳纤维

碳纤维具有比强度高、比模量高、耐热、耐磨、耐腐蚀及热膨胀系数较适宜等一系列优点。碳纤维增强碳基体的复合摩擦材料在航空航天工业中已得到了广泛应用。目前碳纤维作为汽车摩擦材料的增强纤维使用时主要存在两大障碍：一是原材料价格偏高，产量有限；二是碳纤维表面活性低，与基体树脂相容性差。此外，现有碳纤维一般为长纤维，难以达到汽车摩擦材料的短纤维使用要求。

碳纤维增强材料比玻璃纤维增强材料有更高的摩擦系数和低的磨损率。

5) 有机纤维

有机纤维摩擦材料有芳纶(KEVLAR)聚丙烯纤维、聚乙烯醇纤维、聚酯纤维等，具有燃点高，高温热分解不明显等特点。有机纤维单独作为增强纤维使用时，一般都须经过表面处理，通常是把天然或合成的有机纤维放在非电解的处理液中，使纤维表面镀上薄薄一层金属。进行过表面处理的有机纤维，既具有金属纤维的优点，如导热性好、耐磨等，又有非金属纤维的特点，如相对密度小、韧性好。有机纤维可以提高摩擦材料的稳定性，降低磨损量，对降低制动噪声也有明显作用。有机纤维摩擦材料以芳纶摩擦材料为最佳，但目前在降低价格和提高工艺方面有待进一步努力。

6) 混杂纤维

混杂纤维是采用两种或两种以上纤维进行混杂增强，不仅可以降低成本，还可充分发挥每一种纤维的优点，弥补相互的缺陷，使性能更加完善，更加优异。

采用混杂纤维为增强纤维将是一个主要方向。目前，国内外已进行了碳纤维/钢纤维、玻璃纤维/有机纤维、钢纤维/芳纶混杂的研究，并取得了良好的效果。

2. 填充材料

填料是摩擦材料中不可缺少的部分，主要起改善材料的物理与力学性能，调节摩擦性能及降低成本的作用，可分为有机、无机和金属三种材料。

目前，填料常用重晶石、硅灰石、氧化铝、铬铁矿粉、氧化铁及铜、铅等的粉末。

3. 黏结材料

汽车摩擦材料用黏结材料多以酚醛树脂为主，也有相当一部分使用了含橡胶、腰果油、聚乙烯醇或其他高分子材料成分的改性酚醛树脂。

9.7　汽车美容材料

随着我国汽车工业的迅速发展和汽车的社会保有量的不断增加，一个新兴的行业——汽车美容业悄然兴起，并已遍及全国。根据汽车行业专家的预测，随着我国经济的持续高速发展和人们消费理念的改变，中国将成为世界轿车的最大消费国之一，汽车的平时清洁护理和定期美容保养，必然成为汽车消费者日常的消费内容。

9.7.1　汽车车身美容护理材料

车身是一部车最重要、最显眼的部位，必须时时注意保持整洁的外表。汽车车身美容护理最常用的材料就是清洁剂。

1. 清洁剂

1) 万用清洁剂

(1) 特性：除去各种玻璃、漆面及金属制品的污垢，不伤害漆面、塑胶及橡胶，是一种泡沫清洁剂，无滴流的困扰。

(2) 使用方法：喷涂在不洁器具的表面，让泡沫停留一分钟，再用干净棉布擦拭。

(3) 适用范围：适用于汽车挡风玻璃、车身表面、座椅等的清洗。

(4) 注意事项：不要等泡沫全部干后才进行擦拭。

2) 制动清洁剂

(1) 特性：迅速清除污垢，避免产生碾轧的噪声，不含有毒物质，不会造成污染。

(2) 使用方法：喷涂在不洁零件的表面，让污垢滴尽，以干布擦拭。

(3) 适用范围：鼓式及盘式制动器、制动蹄片、制动组片、离合器压盘、风扇皮带、受压力的组件，以及其他离合器零件。

(4) 注意事项：制动清洁剂为易燃物，不得置于易燃处。

3) 车内仪表板清洁剂

(1) 特性：保持车内人造皮革和真皮的光泽，灰尘无法玷污，有柠檬香味，不含硅力康，不会破坏漆面。

(2) 使用方法：喷涂在物体表面，以软布擦拭。

(3) 适用范围：主要适用于车门、仪表盘、其他车内合成橡胶、塑胶物质、真皮制品，如真皮座椅等。

(4) 注意事项：本剂也称车内合成橡胶塑胶光亮剂，为易燃物，不可置于易燃处。

4) 发动机外表清洁剂

(1) 特性：除去较重的油污；呈碱性，含有缓冲剂成分；能快速乳化去除油污，且不腐蚀机体及其部件；水溶性好，可完全生物溶解，易用水冲洗，不留残物。

(2) 使用方法：用水稀释后喷洒在部件外表及油污处，用适量水冲洗后，用软布擦净。

(3) 适用范围：适用于发动机外表及底盘等部件。

(4) 注意事项：本清洁剂呈碱性，必须用水稀释后使用。

5) 发动机清洁剂

(1) 特性：可除去油脂污垢、废油及无用的酸碱性合成物。

(2) 使用方法：发动机停转，喷涂在发动机及其周围，完全渗透，两分钟后，再用自来水清洗；全部干燥后，再喷涂“发动机漆面保护剂”来清洗；洗毕后，如发动机因受潮而无法启动，则使用“超级六号”来处理。

6) 气门及化油器清洁剂

(1) 特性：可除去积存在化油器、气门、气门座的积炭及污垢；增进发动机进气畅顺，避免无谓功率消耗；恢复汽缸原有的压缩比；降低 CO 的产生。

(2) 使用方法：加油前添加本剂，添加比例为 1%。

(3) 适用范围：所有汽车发动机及化油器式内燃机。

(4) 注意事项：本剂为易燃物，但不含有机化合物(CHC)、铅、镉、多氯联苯、酒精及其他有害化合物，不会污染环境。

7) 水箱除锈清洁剂

(1) 特性：除去积垢、锈渍、泥巴的沉积，达到除锈、清洁的效果。一罐 250 mL 除锈清洁剂可稀释 12 L 水。

(2) 使用方法：使用前，排尽水箱内的水，同时注入水及本剂，使发动机在不踩油门的情况下运转 20 分钟；排除水箱内的水及本剂，再用清洁的水冲洗水箱内部；在水箱中注入清水，同时将水箱除锈清洁剂添加到水箱内部；将水箱注入清水，同时添加水箱恒温防漏剂。

(3) 适用范围：汽车冷却系统。

8) 轮毂清洁剂

(1) 特性：能有效去除轮毂上的油渍、氧化色斑，并清洁上光。本剂呈弱酸性，但对轮毂及轮胎无腐蚀作用。

(2) 使用方法：把清洁剂喷涂在汽车轮毂上，用软布擦拭。

(3) 适用范围：所有汽车轮毂。

9) 多功能清洁柔顺剂

(1) 特性：能对汽车内室及后备厢各部位进行清洗翻新；去污力强，尤其对丝绒及地毯表面可起到清洁、柔顺、还原着色、杀菌等功效；低泡清洁剂适用于喷抽机使用(因高泡会损坏真空泵)，也可手工使用。

(2) 使用方法：用喷抽机或手工喷洒适量清洗剂至需要清洗部位，用软布轻轻擦拭，用干布擦干净清洗部位。

(3) 注意事项：高泡清洗剂不能利用喷抽机喷洒。

10) 全能泡沫清洗剂

(1) 特性：泡沫丰富，去污能力强；能迅速分解油污，快速清除油渍污物。

(2) 使用方法：用手清洗、擦拭。

(3) 适用范围：适用于内室皮革、绒毛表面、仪表台、方向盘、车内侧等。

11) 重油清洗剂

(1) 特性：是一种强力的、可乳化的溶剂型重油清洗剂，能有效地去除汽车发动机零部件、底盘和设备上的重油污。重油清洗剂所含的特别成分能使污垢卷缩成胶束，胶束颗粒以快速分离的形式很容易用水冲洗干净，不会产生二次污染；可吸收其容积六倍的油污，可重复使用，对车体各部位无腐蚀作用。

(2) 使用方法：喷涂于油污处，再将所形成的胶束用水冲掉，最后用干净布擦干。

(3) 适用范围：主要用于汽车发动机零部件、底盘和设备。

2. 美容的基本程序

(1) 车身清洗并擦洗干净。

(2) 再将去污蜡抹在车身上。

(3) 用海绵将去污蜡抹在车身上并采用圆弧方法进行打磨。

(4) 不要将蜡涂抹到车身饰条上。

(5) 在保险杠上涂蜡。

(6) 使用干净棉球将抹过污蜡的部位磨光。

(7) 在打蜡时用右方的海绵垫，磨蜡时用左方的棉球，用划圆弧的方法推打。

(8) 在反光小灯处及其四周打蜡。

(9) 在上、下扰流板处打蜡清洁。

(10) 打蜡时勿穿有皮带扣或纽扣的衣裤，以免刮伤车身。

(11) 在车上再涂抹细蜡，用清洁棉球将细蜡擦拭均匀。

(12) 如上完一层，车身上仍有少许污垢，再进一步上蜡，重复打蜡。

(13) 检查车身部分，每一地方须仔细、彻底美容。

(14) 再使用美容蜡，将车身全部擦洗一次。

(15) 用清洁棉球将美容蜡打光。

(16) 最后均匀喷洒亮光蜡在后视镜上，使之光亮。

(17) 在整理挡风玻璃及翼子板时用报纸将玻璃及雨刷遮住，以免受损。

(18) 汽车全车检查。

另外，在车身美容中应注意：

(1) 使用电动打磨机时，如非专业人员，千万不可用力过大，否则会将原漆打起来。

(2) 要使用海绵推打后视镜背，因此处常因会车而擦伤，所以要加以保养。

(3) 如果车身被轻微刮伤或划伤，可使用烤漆蜡处理。

(4) 可以在不美观处贴上用来美化的贴纸加以掩饰。

9.7.2　汽车涂装材料

涂料是一种涂覆在物体(被保护和被装饰对象)表面并能形成牢固附着的连续薄膜的配套性工程材料，是起保护、装饰作用的一类精细化工业产品。汽车涂料是指各种类型汽车在制造过程中涂装线上使用的涂料及汽车维修时使用的修补材料。汽车涂料品种多，用量大，由于涂层性能要求高，涂装工艺特殊，已经发展成为一种专用涂料。

1. 汽车涂料的分类

汽车涂料的分类方法很多，常见的有以下几种：

(1) 按涂装对象不同，可分为新车原装涂料、汽车修补涂料。

(2) 按功能，可分为汽车用底漆、汽车用中间层涂料、汽车用面漆、防腐蚀涂料。

(3) 按涂装方式，可分为汽车用电泳漆、汽车用液体喷漆、汽车用粉末涂料、汽车用高固体分涂料、涂装后处理材料(防锈蜡、保护蜡等)。

2. 汽车涂料的组成

1) 底漆

涂料由成膜物质、颜料、溶剂和助剂组成。汽车表面的涂层大致可以分为三层，即底漆层、中间涂层和面漆层，各涂层使用的涂料有各自的特点。

底层涂料由颜料、黏合剂、溶剂及一些添加剂组成，它们在油漆中起着不同的作用。正确的底漆层和中间涂层是构成车身涂层的基础部分，如果底漆层和中间涂层不正确或涂层涂料的组合配比不正确，面漆就会受到影响，甚至出现开裂或剥落现象。底漆是直接喷涂在经过预处理的车身表面上的第一道漆，其主要功能是牢固附着于车身表面，为整个漆膜提供牢固的基础，使漆膜与车身结合成为一体，当底漆直接喷涂在金属表面时还可以增强金属的耐腐蚀能力。在汽车修补漆作业中，底漆既可以喷涂在裸露的金属和塑料表面，也可以用于覆盖旧漆面。

常用的底漆有双组分环氧树脂底漆、富锌底漆、清洗型底漆及抗碎裂底漆等。

(1) 环氧树脂底漆，由底漆和催化剂组成，非常适用于大面积填充的情况，例如可以用堆起的环氧树脂底漆与经过打磨的裸露车身结合，在填充后得到光滑的表面。环氧树脂底漆使用方便，可以为严重损坏的车身提供良好的防腐蚀保护。大多数环氧树脂底漆中混合有无铅的灰氧化铁或红氧化铁，所以在底漆喷涂 1 h 后，如果表面足够光滑就可以直接喷涂面漆而不必打磨。

(2) 富锌底漆，可以保护焊接处不受腐蚀。富锌底漆中的锌可以防止焊接区域发生电化腐蚀，缺点是与其他面层材料的黏结性不好。

(3) 清洗型底漆，也称之为乙烯树脂清洗型底漆。如果要追求非常好的抗腐蚀性，就要在腻子或封闭底漆下面涂清洗型底漆，它对碱、油及盐等物质具有很高的抗腐蚀作用。清洗型底漆的还原剂中含有磷酸，可以浸入车身表面，对钢、铝、塑料及其他金属产生强大的黏结力。在裸露的金属表面喷涂这种涂料后，如果不进行机械磨削就很难除去涂层。

(4) 抗碎裂底漆，是特别为车身下部配置的，在行驶中车身的下部很容易受到来自路面石块的冲击而造成损伤。这种涂料可以抵抗石块、砂砾等路面碎粒的撞击，有助于减小敲击噪声，并可以改进车身的抗腐蚀性。

2) 中间层涂料

如果车身只是喷涂底漆，就不能填平砂纸磨痕或其他表面缺陷，所以需要使用中间涂层。中间涂层是介于底漆层和面漆层之间的涂层，其主要功能是改善车身表面和底漆的平整度，消除缺陷和封固被涂装表面，为面漆层提供良好的基础，还能提高面漆涂层的亮度和丰满度，提高漆膜整体的抗外力冲击性。

常见中间涂层涂料的种类和特点：

(1) 中涂漆。中涂漆也称为二道浆底漆，通常用在汽车底漆和面漆或底色漆之间，主要作用是填平被涂表面的微小刮痕。中涂漆中颜料和填料的含量比底漆多，比腻子少，它既能牢固地附着在底漆表面上，又容易与上面的面漆涂层结合，起着承上启下的重要作用。中涂漆还具有良好的流动性和良好的刮痕填平性，能消除喷涂表面的洞眼和纹路等，在喷涂面漆后能得到平整的涂层，提高了整个漆膜的亮度和丰满度。中涂漆一般呈灰色，具有良好的湿打磨性，打磨后能得到非常光滑的表面。为了节省面漆涂料和简化涂装工艺，中涂漆有与面漆同色化的趋势。为了减轻打磨的工作量，流动性更好、与面漆黏合性更好的免打磨中涂漆也将出现。

(2) 腻子。腻子是一种含颜料较多的涂料，专用于填平被涂装表面的缺陷，一般采用刮涂，也可喷涂和刷涂。腻子层干燥后进行打磨，可以获得平滑的涂装表面。腻子可以刮涂在底漆上，也可以直接刮涂在金属表面。刮腻子可以获得良好的填平效果，但是要求操作人员具有较高的技巧。常见的油性灰腻子、环氧树脂腻子和水性腻子，在使用时每道工序的干燥时间和层间晾干时间均应仔细控制，否则会产生表干里不干的结果，延长总体干燥时间。双组分聚酯腻子(原子灰)是靠化学反应固化，可快速形成厚膜，使用起来很方便。

刮腻子的作用一般是提高喷涂表面的平整度和装饰性。腻子涂层容易老化开裂，加之手工刮涂和打磨腻子的劳动强度大，汽车制造厂通过提高模具的精度和加工技术来确保车身表面的平整度。目前在汽车生产流水线上已经不再使用腻子，腻子主要用于汽车修理厂中的车漆修补作业。

(3) 封闭底漆。中间涂层中的底漆涂料由颜料、黏合剂、溶剂及一些添加剂组成。封闭底漆是涂面漆前的最后一道中间层涂料，涂膜呈光亮或半光亮，主要功能是封闭底涂层，并具有一定的填平和增强面漆光亮功能。封闭底漆的光泽比中涂漆高，与面漆接近，因此还能显现出被涂装面的缺陷，便于操作人员消除。封闭底漆通常用于装饰性要求较高的轿车涂层中。

(4) 防渗封闭底漆。为了防止涂装表面的旧漆涂层的颜色渗出封闭底漆涂层，尤其是旧漆涂层是有机颜料时，需要使用防渗封闭底漆。涂装防渗封闭底漆后需要喷涂具有填平作用的中涂层涂料后才能进行打磨。

3) 面漆

面漆和底漆一样也是由颜料、黏合剂、溶剂及一些添加剂组成，传统的汽车涂装工艺均采用溶剂型中涂漆＋面漆(底色漆＋罩光清漆)。近年来，由于溶剂性涂料的挥发性有机化合物 VOC(一种污染物)排放量较高，各国都在从事减少环境污染的水性涂料、粉末涂料和高固体分涂料的研究开发。

(1) 水性涂料。由于水和溶剂在性能上有较大差别，水性涂料在涂装时漆膜易产生以下弊病：水的表面张力大、颜料分散性差，难以获得高装饰性和耐蚀性好的涂膜性能；水的腐蚀性大，需改造或新建喷涂线；水的比热大、难挥发，要求涂装环境的温度和湿度严格控制在规定范围内。欧美各国经多年攻关研究，汽车用水性涂料的涂膜和施工性能都得到了根本的改善。水性涂料的特点是施工固体分高，烘烤温度低，漆膜性能与传统溶剂型中涂漆相当，抗石击性能优于溶剂型中涂漆膜。

(2) 粉末涂料。粉末涂料由于低污染、节能、高效和低成本等优势，成为一般金属表面涂装的首选材料，但粉末涂料的抗紫外线能力和耐候性较差，在汽车涂装，尤其是整车涂装方面的应用较晚。随着技术的日臻完善和粉末涂料性能的提高，现已完全能满足轿车涂装的各项要求，如外观装饰性、耐候性、耐化学性、抗划伤性、抗紫外线性等。

(3) 高固体分涂料。高固体分涂料多采用低黏度的聚酯、丙烯酸树脂及高固体分的氨基树脂。由于高固体分涂料采用低黏度树脂，易产生流挂，施工不便。既要保证漆膜厚度，又要防止产生流挂，必须采用各种助剂来改变涂料的流平性，获得优异的抗流挂性能和漆膜外观。所采用的助剂有有机膨润土、氢化蓖麻油，以及流挂控制剂(SCA)、凝胶粉(MICRO-GFL)等。另一方面，由于高固体分氨基树脂醚化度高，聚合度低，交联活性低，自聚反应少，固化过程不易控制，会影响漆膜性能。因此，固化过程控制和流挂控制是高固体分涂料的两大关键技术。

3. 汽车涂料的发展趋势

以环氧树脂为主要基材的涂料需求越来越大，已成为粉末涂料业发展最快的品种。从20 世纪 70 年代开始，发达国家对汽车生产有机溶剂的排放制定了严格的控制指标。为减轻挥发性有机物 VOC 的排放量，20 世纪 80 年代末开始采用水性涂料，20 世纪 90 年代开始使用粉末涂料。以环氧树脂为代表的粉末涂料研发历史已有大约 30 年，为了追求汽车涂料的高耐候性、高耐蚀性、高耐磨性，以及耐热、保光、保色等性能，并需要具有卓越的装饰性，开发研究有相当的难度。粉末涂料开始仅用于汽车零部件、汽车底漆、抗石击穿底漆等，直到 20 世纪 90 年代末才批量用于轿车面漆和罩光面漆，成为汽车用的粉末涂料。

目前汽车车身采用干粉态或浆液态粉末涂料涂装已获成功。粉末涂料或作为底漆、单层涂料，或作为罩光面漆，目前主要有环氧聚酯混合型、聚酯型、聚氯酯型和丙烯酸型等。

9.7.3　汽车车身漆面修补材料

随着中国汽车保有量的不断增多，汽车喷涂及划痕修补工作也日益重要。在汽车划痕修复美容中，除了要应付汽车制造厂日新月异的技术革新与改造外，还要满足客户对修补质量不断提高的要求。

1. 汽车涂料成膜机理

涂料由液态或粉末变成固态，在被涂物表面上形成均匀的薄膜，这一过程称为涂装。汽车涂装分为电泳涂装、静电喷涂和压缩空气喷涂等几种类型。新车通常在全自动生产线上完成底漆的电泳涂装工序。为了达到厚度均匀、趋于完美的涂装效果，新车面漆通常采用静电喷涂，而汽车修补涂装，则使用压缩空气进行喷涂，涂膜的质量很大程度上取决于操作者的熟练程度和技术水平。

液态涂料靠溶剂挥发、氧化、聚合等物理或化学作用成膜；粉末涂料靠熔融、缩合、聚合等物理或化学作用成膜。

根据涂料成膜过程的不同，汽车常用涂料可分为热塑性涂料和热固性涂料两大类。

1) **热塑性涂料的成膜过程**

液态溶剂型涂料是靠溶剂挥发来实现涂膜干燥的，故又称为挥发型涂料；无溶剂型或粉末热塑性涂料是靠加热熔融，所形成的涂膜能被溶剂再溶解或受热再融化，其成膜过程是物理作用，无化学变化。这一类型的汽车用涂料通常有硝基漆、过氧乙烯漆、改性热塑性丙烯酸树脂涂料及 PVC 型车底涂料等。

2) **热固性涂料的成膜过程**

热固性涂料除了溶剂挥发和熔融等物理作用外，主要靠缩合聚合和氧化聚合等化学作用，使低分子树脂产生交联固化反应，形成网状结构的高分子化合物，所形成的涂膜不能再被溶剂溶解，受热也不能再融化。热固性涂料的代表是热固性丙烯酸树脂涂料，还有环氧树脂涂料、氨基醇酸树脂涂料、聚酯涂料、电泳涂料、水性涂料及热固性粉末涂料等。

目前汽车修补涂料多数是双组分(又称二液型)的热固性丙烯酸树脂涂料，其主剂(涂料)与固化剂必须严格按厂家规定标准配兑，并需根据环境温度选用不同挥发速度的稀释剂。

2. 汽车车身漆面的类型和鉴别方法

1) **车身漆面的类型**

(1) 根据车身漆面的形成条件划分为原厂漆面和修补漆面。

① 原厂漆面，新车涂膜经过 120℃ 高温烘烤，在涂膜干燥过程中经过熔融和二次流平，涂膜干固后具有镜面光泽，且膜质坚硬的特点。此外，由于新车在全自动化生产线上完成涂装，环境洁净无粉尘污染，亦保证了新车漆面洁净无瑕疵。

② 修补漆面，汽车原产漆面因意外碰撞受损坏后，为了恢复其外貌和装饰效果，采用

压缩空气喷涂方法进行修补。因修补部位、修补面积、修补涂料的选用以及技工操作水平的不同，修补漆面的质量存在诸多变数，漆面质量或多或少存在瑕疵，只要认真观察，就可以发现修补漆面纹理不均一、有压塑空气喷涂时漆雾落点留下的痕迹(严重者呈橘纹状)，以及局部漆面可能存在尘粒等。

(2) 根据车身漆面劣化程度划分为新车漆面、轻微损伤漆面、擦伤漆面、划花漆面、碰撞伤漆面、劣质老化漆面。

① 新车漆面，新车下线前必须进行漆面保护，即在车身漆面上易受磨损部位贴上塑料薄膜，然后全车涂上一层较厚、黏性较大的保护蜡。所以目前汽车销售商将汽车卖出、交给客户之前，要进行"新车整备"。"新车整备"一个最主要的工作，是进行"开蜡"，即将原来涂在新车漆面上黏糊糊的保护蜡，用专用开蜡水洗除，然后再用抛光方法进行处理。通常来说，新车漆面一经"开蜡"处理投入使用，就必须按期进行汽车美容专业护理，而不规范、非专业的洗车和打蜡不但省不了钱，反而会加速车身漆面的老化或者造成漆面意外伤害。

② 轻微损伤漆面，只要汽车在使用、在行走，就免不了"沦落风尘"，受到外界的伤害，在漆面表层形成氧化层或哑光、老化。这些轻微损伤包括紫外线对汽车漆面的伤害、有害气体对汽车漆面的伤害、酸雨以及盐碱气候对汽车漆面的伤害、制动盘与蹄片磨损产生的粉末以及马路粉尘对汽车漆面的伤害，等等。这些有害因素对汽车漆面的早期损伤是轻微的，通过专业的美容护理，可以有效去除哑光老化、氧化层，恢复汽车洁亮如新的效果。

③ 擦伤漆面，指对汽车漆面造成损伤，但这种损伤仅仅伤及漆面的外观，而车身钣金面未变形、漆面亦无划刮花痕。被擦伤的漆面经修饰研磨或用砂蜡研磨后，再进行抛光处理可恢复原貌。

④ 划花漆面，指漆面不但被外物擦伤，而且划刮的划痕深入漆膜。划花的漆面可采用点修补或笔修补的方法先修补，然后再抛光。划痕深且长，或大面积的划痕，则应采用修补方法进行处理。

⑤ 碰撞伤漆面，指钣金面受损变形，需先进行钣金维修，然后做修补涂装。

⑥ 劣质老化漆面，指漆面因材质等原因，经日晒雨淋而严重老化，出现发白、褪色或龟裂。这种漆面必须先清除，然后进行重新涂装。

(3) 根据车身面漆漆膜构成划分为单膜漆面、双膜或三膜漆面以及局部修补的驳口处漆面。

① 单膜漆面。与新车涂装和修补涂装的涂膜构成相似，由里及外分为底涂、中涂和面漆三部分。单模漆面是指面漆只有一种材质的涂料，按工艺规范分 2～3 次涂布，然后进行干燥处理而获得的涂膜。通常素色(又称实色)，即黑、白、红、黄、奶白、浅黄等不掺合闪光材料(如铝粉、云母等)的各色涂料，多采用单膜喷涂技法。

② 双膜或三膜漆面。金属底色面漆及珍珠幻彩面漆涂装成膜后，涂膜表面没有洁亮的光泽感，必须另外涂装透明清漆罩光，才能显出其幻彩的颜色效果，故称"双膜"。有的珍珠底色漆由于遮盖力差，在喷涂之前，必须先喷涂材质相同、颜色相称而且遮盖力好的素色漆，故称"三膜"。这类漆面的最外层是透明层，有如彩色相片烫压了一层透明塑料薄膜，既能保持色彩鲜艳持久，又能耐磨不变花，即保色保光亮性能明显优于单膜漆面，其

美容作业的操作性和效果较佳。

③ 局部修补的驳口处漆面。车身漆面进行局部修补时，为了减小新旧涂膜颜色的差异，均需采用驳口渐淡喷涂技法。因此，驳口区域修补喷涂获得的新涂膜通过渐变稀薄过渡到旧涂膜区域，在进行美容护理时应特别仔细辨认，格外小心护理，以免意外造成漆面破损。

2) 汽车漆面鉴别

使用的材质不同，导致不同的汽车漆面性能迥异。新车采用高温烘烤，其漆膜光亮、坚硬，性能最佳，其次是双组分低温烤漆，最差的是挥发性单组分涂料，其漆面短则一周(如硝基漆)，长则不过一个月就要抛光一次。

不同汽车漆面对其日常接触的物质，如汽油、有机溶剂、硅油、机油等的敏感度亦有所不同。

总之，漆面性能影响到车身抛光效果，涉及抛光用材的取舍。因此，汽车美容工作者必需掌握鉴别漆面的方法。

在进行修补涂装时，首先要知道旧漆膜所用的涂料是什么类型，其劣化的状态如何等，这是进行美容作业的一个重要环节。

正确区分旧漆膜，挑选适当的涂料，以及正确安排作业计划进行汽车美容作业，有助于在美容作业中顺利施工，避免交车后客户投诉事件发生。

通常采用以下方法鉴别漆面：

(1) 溶剂法。取白碎布蘸满喷漆用的稀释剂后，擦拭漆膜，检视布团是否沾上溶解后的颜色。有时外观上辨认出是烤漆涂膜，但由于烘干不良也会出现颜色溶解现象，最好确认一下。

(2) 加热法。用1000～1500号砂纸将旧漆膜抛光，去除漆面光泽，然后加热到80℃以上观察漆膜是否会软化(呈现光泽)。

(3) 漆膜硬度法。用铅笔推压漆膜，一旦漆膜破损时，涂膜硬度就降一级。

(4) 硝化棉检定液法。用JIS规格的硝化棉检定液(二苯胺1 g+浓硫酸100 mL)滴1滴在旧漆膜上，观察是否会变色。检定液含有硫酸，具有危险性，市面上没有销售，自行配制应特别小心。

旧漆膜的辨别方法，见表9-7。

表9-7　旧漆膜的辨别方法

旧漆膜	外观法	溶剂法	加热法	漆膜硬度法	硝化棉检定液法
氨基醇酸系	桔皮面	不溶	无变化	H-2H	无变化
聚丙烯酸酯系	桔皮面	不溶	变化	H-2H	无变化
喷漆系	抛光后的表面状态	溶	稍微软化	F-H	变青紫色
NC变性丙烯酸酯喷漆系	抛光后的表面状态	溶	稍微软化	F-H	变青紫色
CAB变性丙烯酸酯喷漆系	抛光后的表面状态	溶	软化	F-H	无变化
双组分丙烯酸酯漆系	抛光后的表面状态	难溶	无变化	H-2H	稍微变青紫色
丙烯酸氨基甲酸酯系	桔皮面	不溶	无变化	H-2H	无变化

3) 旧漆膜与修补用涂料的适应性

根据旧漆膜的辨别法可知，修补用涂料的性质有所不同，如果选错修补用涂料，有可能产生收缩及破损等漆膜缺陷，因此应使用适宜的涂料。

3. 车身漆面修补涂装技术

1) 汽车面漆的种类

按面漆的类型分类，目前汽车常用的修补用漆有以下三种：

(1) 挥发性面漆类。主要有硝基外用磁漆和改性热塑性丙烯酸树脂漆类二种，后者性能较佳。

(2) 双组分低温烤漆。常用的是双组分丙烯酸树脂漆，还有氨基类双组分低温烘烤型涂料。

(3) 底色漆类。目前常用的底色漆的基料(主要成膜物质)是丙烯酸树脂，这类漆涂膜不具光泽，其表面还必须罩以清烘漆(亦属双组分涂料)后才能获得良好的效果。

底色漆是目前使用最广的面漆涂料，其涂装方法又分双膜(金属漆)和三膜(珍珠漆和玛瑙漆等)两种类型。

2) 按涂料颜色分类

按涂料颜色分类有以下三种：

(1) 实色漆。目前汽车修补涂料的实色漆有两种，即挥发型和双组分型。基于涂装效果和效率等方面综合考虑，目前绝大部分都选择使用双组分低温烘烤类，因为挥发型修补涂料虽然节省了固化剂(一般用量为面漆料分量的一半)，但喷涂时需多喷涂 1～2 单层，并且漆面光亮度较差，还需经常打蜡抛光。

(2) 底色漆。底色漆容易操作，是目前使用最广泛的修补面漆。底色漆喷涂后"指触干燥"时间很短，一般在喷涂后静置 10～20 min，即可对漆膜做重新填补砂眼(用漆灰)和打磨等处理，以及套色(如在车身上喷涂彩色饰条)时的放线和贴防涂胶纸带等工作。目前绝大部分轿车都是金属漆面，进行修补时，只能采用底色漆来处理。此外，目前不少实色漆面轿车制造时就采用了底色漆双膜涂装技术，而且绝大部分涂料生产厂家如新劲、ICI、杜邦、鹦鹉、施必快、银箭、保利来等涂料生产厂商，都开发出实色漆采用底色双膜涂装的配方技术，极大地提高了实色漆轿车的漆面亮丽效果。用一种通俗的比喻，就如彩色像片再封塑，既好看又耐用。至于珍珠色、玛瑙色的面漆，需采用打底色→珍珠或玛瑙漆→清烘漆这种"三膜"涂装技术，不仅工序复杂，而且漆膜最后展现的是一种颜色效果，尤其是此类漆面的高级轿车进行修补时，难于操作。

(3) 清烘漆。清烘漆自身不具色彩，是一种透明的罩光用面漆涂料。其喷涂方法与双组分实色面漆相同。

9.7.4 汽车内饰美容护理材料

1. 汽车形象设计

随着汽车逐步进入家庭，汽车的形象设计也开始流行起来。汽车形象设计也称汽车改装，目前国内一些大城市的汽车装饰店或专业改装店(即汽车形象设计店)，已经开展了汽车外形改装业务，以满足现代车主追求个性的需求。

1）汽车改装材料

汽车改装所用的材料一般有两种：玻璃钢和碳纤维。由于碳纤维的成本较高，而玻璃钢具有质量轻、抗撞性好、价格低廉等优点，所以汽车改装时使用较多的是玻璃钢。

2）汽车改装分类

一般来说，汽车改装分为外观设计型、普通安装型和参赛改装型三类。

(1) 外观设计型是对整个车身进行重新设计。为了外形设计需要，必要时还会更换车轮和对车内的一些附加设备的位置进行重新调整，车身各部件都是根据原有车体进行"量体裁衣"式定做。外观设计多是对过时车型的外观进行改造，或是对有特殊要求的玩车族。

(2) 普通安装型又称"大包围"，是比较常见的改装方法。普通安装型使用的各个车身组件是由专门从事汽车改装的厂家批量生产的，改装时只需要进行相应的安装即可，对改装人员的技术要求较低，只要有相应的部件，一般的维修厂都能进行相应的安装。普通安装的具体内容有：加装前头唇、裙脚、后尾唇、高位扰流板，改装前脸等。前头唇和后尾唇是分别加装在前、后保险杠上的，能起到压流、稳定车身的作用；裙脚是在车身左右两侧的底部加装导流板，具有降低风阻系数的作用。"大包围"除了能改善车身的外观，还具增强汽车的行驶(特别是高速行驶时)稳定性等实用价值，因此特别受到普通有车族的欢迎。

(3) 参赛改装型是为了满足参赛的需要而进行的改装。它除了对车身进行改装外，还需要对发动机、轮胎等与汽车动力性能有关的部件进行改进或更换。由于参赛具备高强度的竞争性，因而对车进行改装时其安全性、速度性及防撞性等方面的要求相当高，一般需要在专业性较强的改装厂施工，以满足参赛改装的性能要求和安全保障。

2. 汽车太阳膜装饰

1）太阳膜的选择

太阳膜的隔热性是评价太阳膜质量的一个很重要的关键因素，但光凭眼睛和手是无法判定太阳膜质量高低的。如果有条件，可以做以下试验来比较选择：在一个碘钨灯上放一块贴着好膜的玻璃，用手只感到一丝热，而换上另一块贴着次膜的玻璃，立即会感到手热。另外，如果太阳膜有中国质检中心的证明，一般来说这种膜在隔热性等方面都是不错的。

在挑选膜的颜色时，不要在太阳光底下看颜色的深浅，而是应将膜放在车窗上，并把车门关好，才能挑选出你想要的颜色，因为在阳光下单看一种膜的颜色都很浅。

2）太阳膜的粘贴

贴太阳膜除了能降低车内的温度、减轻空调的负担外，还能起装饰的作用。若太阳膜的颜色能与车型和车身的颜色搭配得当，将产生意想不到的效果。所以要贴好太阳膜，关键是要颜色协调。如果不考虑车型和颜色，都用流行色贴膜，效果自然就大打折扣了。

对于浅色的车型(如白色富康车)最好使用色彩明快的色膜，透光率很高，也不会影响隔热效果。纯白色的太阳膜，有很强的隔热性，透过明亮的车窗，整车让人看起来特别干净，但车内也一览无余，没有私密性，而且也不安全；蓝色、绿色和灰色的太阳膜如果非常浅的话，适合贴在任何车上。总之，车膜的颜色是越浅越好。

3. 轿车真皮座椅装饰

1) 轿车真皮座椅的优缺点

(1) 真皮座椅的优点：

① 提高汽车配置档次，在视觉上、触觉上甚至在味觉上都有一个好的心理感受，使汽车增色。

② 不像绒皮座椅那么容易藏污纳垢，灰尘不会堆积在座椅的较深处而不宜清理。

③ 散热性比绒布座椅要好，在炎热的夏日，真皮坐椅只会表面较热，轻拍几下，热气会很快消散。所以，长时间坐在皮椅上时，也会将体热散去。

(2) 真皮坐椅的缺点：

① 使用起来必须小心，以免碰到尖锐的物品而使真皮表面损伤。

② 受热后会出现老化现象，如果不理会，易过早失去光泽。

③ 在乘坐上比绒布座椅滑，虽然厂家在座椅表面做了皱折或反皮处理，以降低滑感，但与绒布比，同一椅型真皮坐椅的乘坐感还是要滑一些。

2) 轿车真皮坐椅的识别

分辨皮椅的真假，用按压法是比较有效的。伸出食指，压住座椅表面(不要放手)，若有许多细微的线条向手指按压的圆心伸展而去，那么这就是真皮椅；如果皮椅表面并没有细微纹路出现，则表示是假冒的。

在装饰店等换装真皮坐椅时，换前最好通过检查皮样来鉴别所用皮子的真假。首先要看韧性，即延展度。拿一小块皮样，使劲拉一拉，如果延展性不错，就说明是人造皮，即所谓的假皮。因为真皮的延展性不佳；其次，看皮子的抗火性。人造皮含有塑胶成分，容易燃烧，而真正的牛皮是很难烧着的；再者，可以找皮样的纤维，把皮样翻过来，看看它的底部，如果皮子底部有自然纤维存在，毛毛的，这张皮是真皮，如果反面没有纤维，很光滑或有一层绒布粘贴在上面，那么很可能就是假皮。

3) 轿车真皮座椅的选择

(1) 选择传统式皮椅。传统式是指在换装真皮椅前需将原有的绒布座椅拆掉，然后重新缝制一层真皮。其优点是店家可以按照原来的椅型及椅面上的缝隙，重新制作一张符合座椅造型的真皮，不仅可以保持原设计的线条，还可确保长久使用椅面也不易变形或易位。

(2) 选择椅套式皮椅。椅套式是指一种店家已经制好的皮椅套，只需套在椅子上，拆装自如、相对便宜是椅套式的最大优点，但长时间使用，容易变形、易位。现在已有更好的改进方法：将椅套固定在绒布椅上，即通过类似固定胶条的东西，将椅套牢牢地粘住，甚至连皱褶和沟纹都能再现。

(3) 作为不必要的装饰。有些车主喜欢在真皮的座椅外部再套上一层椅套，如把头枕部分加套一个针织物，以求美观和保持真皮座椅的清洁。从清洁方面说，再加一个套有害无益，因为时间一长，灰尘、杂物等细屑不仅会堆积在织物表面，还会透过织物套堆积在真皮座椅的表面，反而造成清理上的困难。

4. 汽车内装饰的清洗

汽车内饰件除了用吸尘法处理外，还应和外观一样，经常进行美容，营造一个清新的车内环境。

1) 汽车内饰污垢种类及成因

(1) 污垢的种类：

① 水溶性污垢有糖浆、果汁中的有机酸、盐、血液及黏附性的液体等。

② 非水溶性固体污垢有泥、沙、金属粉末、铁锈或霉菌及虱虫等。

③ 油渍性污垢有润滑油、漆类产品、油彩、沥青及食物油等。

(2) 污垢的形成过程：

① 黏附。污垢会在重力作用下停落或黏附在物体表面，在压力或摩擦力作用下，污垢渗透物件的表层，变得难以去除，如汽车玻璃及仪表台上的灰尘。

② 渗透。饮料或污水会渗透物件的表面，被物件所吸收，以致很难清除，如车门内饰板、后挡台、脚垫上的饮料或血渍等。

③ 凝结。黏性污垢变干凝固后，会紧紧粘贴在物件表面，如汽车内饰丝绒脚垫或地毯表面的轻油类污垢。

2) 去除污垢的方法

要想有效的清除污渍，需要在以下 4 个方面相互配合，才能得到最佳的清洁效果。

(1) 高温蒸汽。高温蒸汽的目的是清除极难去除的污垢。在清洗之前采用高温蒸汽将污渍软化，为手工清洁内饰部件上的污渍做好准备。

(2) 水。用水可去除水溶性污垢，但不能去除油脂性污垢，而且难以清洁触及不到的内饰部件上的水溶性污垢。

(3) 清洁剂。用清洁剂能去除轻油脂及重油脂类污垢，帮助水分渗入内饰丝绒化纤制品。

(4) 动力。清洗内饰部件时，拍打、刷洗、挤压等皆有助于去除污垢。

3) 清洁汽车内饰时注意事项

(1) 使用适当的清洁剂。清洁不同材质的内饰部件时，最好使用专用或最相称的清洁剂。例如用玻璃清洁剂清洗门窗、镜子，用化纤制品清洁剂清洗丝绒纤维制成的座套、地毯等。

(2) 不能随意混合或加温使用内饰清洁用品。不同的内饰清洁用品混合后，可能产生有害物质，而某些化学成分混合后，可能会释放有毒气体。例如将清洁剂加温，或放入蒸汽清洗机内使用，也会产生有害气体。因此，除非产品包装上注明特别的混合比例或配合机械的使用方法，否则切勿随意混合或加温使用内饰清洁用品，以免发生化学反应，产生有害物质。

(3) 使用不熟悉的产品应先测试。对于首次使用的清洁剂，应先在待清洗部件的不显眼处进行测试。如使用皮革清洁剂清洗内饰皮革时，先在不显眼的地方小面积使用，如座椅底部或背面等，以防褪色或有其他损坏。

(4) 正确保存清洁用品。注意正确保存清洁剂，既能保证产品充分发挥效能，还有助于防止产品过早变质。有关事项如下：

① 正确开启产品包装；

② 使用后注意封好包装，避免产品泄露或因挥发而失去效力；

③ 任何清洁剂均应储存于阴凉、干燥处，并注意放在儿童不易触及的地方。

9.7.5　汽车底盘防锈防撞涂料

底盘防锈防撞又称底盘装甲或底盘封塑，是一种常见的美容作业项目。它是将专业的防锈防撞涂料喷涂于汽车底盘表面，就像是为汽车底盘添加一层防护铠甲一样，起到防锈、防撞击、降低噪声的作用。

1. 防锈防撞涂料的特性

1) 防锈性

俗话说"车烂先烂底"，砂石路上飞石的撞击、地表的烘烤、酸雨的侵袭，甚至是冬季雪道上除雪剂的腐蚀，即使原车已做防锈处理，也不能长久有效。防锈防撞涂料最基本的特性就是能在底盘表面形成一层保护膜，防止底盘被锈蚀。

2) 耐冲击性

汽车行驶过程中，会溅起小砂石敲击底盘钢板，其力度与行驶车速成正比。据测试，10 g 的小砂石在时速达 80 km 时，冲击力可达到小砂石重量的 100 倍，足以击破 30 μm 以下的防护漆膜，锈蚀便从疵点开始并向钢板内部逐渐扩大。而喷涂防锈防撞涂料后，因其本身具有的弹性和柔韧性，可以很大限度地缓冲砂石的敲击力，更好地保护底盘，并在一定程度上降低砂石敲击产生的噪声。

3) 附着性

防锈防撞涂料在喷涂成膜后应具有很好的附着性，而且能经受砂石敲击及其他硬物的刮擦。汽车工作环境复杂多变，有时会经受砂石敲击或频繁地刮擦，如果涂料附着性差，将大幅缩短其使用寿命。

4) 稳定性

汽车行驶环境复杂多变，防锈防撞涂层还要经得起严寒酷暑的考验。酷热的夏天膜层不可太软太黏，那样不仅会失去防护能力，还可能黏附大量灰尘难以清洗；严寒时节，膜层又不允许变得太硬、太脆，甚至本身被砂石敲击造成破坏。同时，防锈防撞涂层还应具有适应底盘热胀冷缩的性能，以提高环境适应性。

此外，防锈防撞涂层位于底盘部位，虽说几乎不受紫外线的侵蚀，但会承受来自底盘热传递、废气排放带来的热量侵袭，因此防锈防撞涂料还应具备一定的耐老化性能。

2. 防锈防撞涂料的分类

根据成膜材质的不同，可以将汽车底盘的防锈防撞涂料分为以下几类：

1) 沥青基涂料

沥青基产品是从沥青重防腐涂料衍生出来的，合格的沥青基涂料可以有效抑制底盘锈蚀，而且具有一定柔韧性，可以降低底盘噪声。但是沥青本身的特性决定了在严冬季节，膜层将变硬、变脆，附着力减弱，难以抵御砂石敲击，甚至因其本身热胀冷缩系数与金属基材相差太大而出现裂纹和脱落；在酷暑季节，涂层则变软、变黏，甚至出现流淌现象。

目前市场上有些改性沥青产品可以在一定程度上克服以上缺点，但膜层的强度仍不理想。

2) 树脂基涂料

市场上的树脂类产品是由塑料涂料衍生过来的，基本克服了沥青基涂料冬硬夏黏的不足，也避免了沥青产品在生产、施工过程中对工作人员的致癌危险。但是这类树脂基涂料对金属附着力较差，性能随温度变化也较大，应用受到一定限制。

3) 合成橡胶基涂料

合成橡胶基涂料是目前综合性能较为全面的汽车底盘防护涂料，具有良好的附着性、优异的涂膜断裂强度、剪切强度和耐擦伤性能，同时还兼备理想的柔韧性和弹性、稳定的高低温性能。

4) 水基涂料

水基涂料是一种符合环保要求和社会发展趋势的产品，但含有微量溶解氧和有腐蚀作用的微量电解质，使得金属基材生锈。目前，虽然已有部分厂家较完美地解决了这个问题，但该技术仍属于一种发展趋势，并未获得广泛应用。

此外，水基涂料干燥速度慢，对有油膜金属基材附着性能不理想，而且在仓储过程中，若遇冷热交替季节会发生凝固溶解现象。因此，水基涂料尚未能成为市场主流产品。

3. 防锈防撞涂料的选用

目前，底盘防锈防撞涂料大多是外国品牌，其中又以美国的 3M、德国的汉高(Teroson)和伍尔特(Wuerth)的产品较为普及。这三个品牌的部分主流产品见表 9-8。

表 9-8　部分防锈防撞涂料产品

品牌	产品名称与型号	特　性
3M	PN08881 防锈防撞底漆	黑色，喷罐，喷涂于底盘、轮弧、车架滑轨和挡泥板等部位，保护金属部件，防止生锈和磨损，同时可作为隔音底涂层 具有良好的覆盖性且不会产生流挂，不会堵塞喷枪喷嘴。施工后表面平整，呈黑色纹理，快干，表面可喷涂油漆。可用于修补涂层漏洞
	PN8883 防锈防撞底漆	黑色，喷罐，橡胶基涂料，喷涂于挡泥板、后侧围板、门板、修复的部位以及焊接点、引擎盖和踏板等部位。防腐蚀，降低噪声 具有良好的覆盖效果，不会堵塞喷枪喷嘴，有多种纹理供选用。20 min 内即能干透，15 min 内可达到不黏干燥。可用于修补涂层漏洞
	PN08820 底盘装甲	无毒、快速干燥后形成一层牢固的弹性保护层，具有良好的耐磨损性，高温不流淌，以及优异的防锈和防腐蚀性 保护层可防止小砂石直接敲击底盘，优良的降噪性，并可密封车体缝隙
汉高	TEROSON 2000HS	用于底盘的保护喷涂，成分中含橡胶材料，具有优异的降噪吸声效果
	TERSON 3000	用于汽车裙边(车身的油漆下端向底盘过渡的部分)保护和修补。膜层有坚硬感，有极好的耐磨性。成分中不含橡胶材料，隔音效果稍差

品牌	产品名称与型号	特　　性
伍尔特	底盘防撞胶 (UBS Underbody Sealant) 893 075(黑色) 893 075 1(灰色)	用于汽车底盘全方位保护。防飞石撞击，保护底盘免受雨雪侵蚀。专用喷枪喷涂，干燥后可喷漆
	环保型底盘防撞胶 (SKS Underbody Sealant) 890 030(黑色) 890 031(灰色) 890 032(乳白色)	水基环保型防撞胶，无毒不污染环境。喷涂在车身裙边和底盘上，减少飞石撞击底盘产生的噪声，保护底盘免受腐蚀。专用喷枪喷涂

9.8　汽车用其他非金属材料

汽车常用的其他非金属材料有纸板、石棉、毛毡、黏结剂等，主要起密封、保温、装饰、黏结、修复等作用。

9.8.1　纸板制品

纸板制品在汽车上主要用于制作各种衬垫，常用的有以下几种。

1. 钢纸板

分软钢纸板和硬钢纸板两大类。

软钢纸板是由纸类经甘油、蓖麻油及氧化锌处理而成的软性纤维纸板，强度高、韧性好，且具有耐油、耐水和耐热及对金属无腐蚀作用等优点，主要用于制作汽车发动机和总成密封连接处的垫片，如机油泵盖衬垫等。

硬钢纸板是纸类经氧化锌处理而成的硬性纤维板，具有抗张力强、绝缘性好等优点，可制作发电机、调节器等部件上的绝缘衬垫等。

2. 滤芯纸板

滤芯纸板是具有过滤性能的纸板，具有较强的抗张力能力。滤芯纸板分薄滤芯纸板和厚滤芯纸板两种，薄滤芯纸板适用于制作滤清器的内滤片，厚滤芯纸板则常用于制作内滤片的垫架。

3. 防水纸板

防水纸板分为沥青防水纸板和普通防水纸板两类，具有伸缩率小、吸水率低和韧性较好等优点，常用于制作车身包皮或与水接触部件的衬垫。

4. 浸渍衬垫纸板

浸渍衬垫纸板是在纸浆中加入胶料，制成成品后再经甘油水溶液浸渍而成的纸板，具有弹性好、吸水和吸油性小等优点，一般用于制作汽车发动机、变速箱与汽油、润滑油或水接触的衬垫。

5. 软木纸

软木纸是由颗粒状软木和骨胶、干酪素等物质黏合后压制而成的。软木纸质轻、柔软，有弹性和一定的韧性，主要用于制作各种密封衬垫，如气阀室盖衬垫、水套孔盖板衬垫、水泵衬垫、机油盘衬垫等。

9.8.2　石棉制品

石棉具有良好的柔软性，本身不会燃烧，而且有较好的防腐蚀性和吸附能力，但导热、导电性差。石棉在汽车上主要用于制作密封、隔热、保温绝缘和制动等零件。常用的石棉制品有以下几种。

1. 石棉盘根

石棉盘根分橡胶石棉盘根和浸油石棉盘根两种。

橡胶石棉盘根是由石棉布或石棉线以橡胶为结合剂卷制或纺织后压成方形、扁形，外涂高碳石墨密封材料而制成。

浸油石棉盘根是用经润滑油和石墨浸渍过的石棉线(或铜丝石棉线)纺织或扭制而成。

石棉盘根可作为转轴、阀门杆的密封材料，常用作发动机最后一道主轴承的密封。

2. 石棉板

石棉板是用石棉、填料和黏结材料制成的，分耐油橡胶石棉板、衬垫石棉板、高压橡胶石棉板三种，通常用于制造有高温要求的密封衬垫及垫片内衬物，如汽缸床、排气管接口垫圈内衬等。

3. 石棉摩擦片

石棉摩擦片由石棉、辅助材料和黏结剂经混合加热后压制而成，具有硬度高、摩擦系数大、耐高温、耐冲击和耐磨损等优点，主要用于制作汽车的动力传递和制动零件，如离合器和制动器的摩擦片等。石棉是致癌物质，作为制动材料将趋于淘汰。

9.8.3　毛毡

毛毡是由羊毛或合成纤维，加入黏结剂制成的，常用的有细毛毡、半粗毛毡、粗毛毡三类。毛毡具有储存润滑油、防止水和灰尘侵入及减轻冲击等作用，主要用于制造油封、衬垫及滤芯等。

9.8.4　黏结剂

黏结剂又称黏合剂，是将两种材料黏结在一起，作为填补零件裂纹、孔洞等缺陷的材料。黏结剂具有较高的黏结强度和良好的耐水、耐油、耐腐蚀、电绝缘等性能，用于修复零件具有工艺简单、连接可靠、成本低、不会使零件变形和引起组织变化等优点，在汽车制造和维修中得到广泛应用。

1. 黏结剂的组成

黏结剂除天然黏结剂比较简单之外，合成黏结剂大多由多种成分混合配置而成。这些组分按其作用不同，一般分为基料、固化剂与硫化剂、增塑剂与增韧剂、稀释剂与溶剂等，有的还加入其他附加剂。

2. 黏结剂的分类

按使用性能和用途分类，见表 9-9。

表 9-9　黏结剂按使用性能和用途分类

种　类	使用性能	举　例
结构胶	用于结构件的胶接，具有良好的抗剪强度，可承受较大负荷	环氧、酚醛、无机胶黏剂
非(半)结构胶	胶接强度仅次于结构胶，用于非主要受力的胶接部位、定位、紧固	聚氨酯胶。丙烯酸酯胶，有机硅胶，聚酯胶，丁腈胶，氯丁胶
密封胶	涂抹于密封面，能受压力而不泄露，起密封作用	聚氨酸、酚醛、环氧胶黏剂，硅橡胶，丁腈橡胶，厌氧胶，热熔胶
浸透胶	良好的浸透性，能渗入铸件裂缝和多孔材料，提高其表面质量，改善切削性能	硅酸盐、厌氧、聚酯浸透胶
功能胶	具有特殊功能和特殊固化反应	导电胶，导磁胶，导热胶，耐热胶，耐低温胶，厌氧胶，热熔胶，光敏胶，吸水胶

9.8.5　胶黏剂和密封剂在汽车上的应用

胶黏剂和密封剂在防止汽车"三漏"方面起着重要作用。为解决车身密封、发动机漏油、液体和气体管路系统的漏水与漏气问题，在汽车生产中必须使用各种胶黏剂和密封剂。

1. 胶黏剂的种类与特点

胶黏剂的种类繁多，按其材料组分可分为：

(1) 天然胶黏剂。主要是动物胶和植物胶，多用于黏结木材与织物。

(2) 热固性树脂胶黏剂。如环氧树脂与酚醛树脂胶黏剂，其黏结强度高，但耐冲击性差。

(3) 热塑性树脂胶黏剂。如聚乙烯醇与丙烯酸酯，其耐冲击性好，但黏结强度低。

(4) 橡胶类胶黏剂。富有柔软性，但耐热性较差。

(5) 混合型胶黏剂。如酚醛–丁腈等。

2. 环氧树脂胶黏剂

环氧树脂胶黏剂由环氧树脂、固化剂、增塑剂、填料和稀释剂构成。

(1) 环氧树脂。目前，世界各国常用的液态环氧树脂的规格与型号，见表 9-10。

表 9-10　液态环氧树脂的型号和规格

国　家	型　号	黏度/(Pa·s)	平均分子量	环氧值/(当量/100g)
中国	E-51(原 618)	—	350～400	<0.48
	E-44(原 6101)	软化点 12～20℃	350～450	0.40～0.47
	E-42(原 634)	软化点 21～27℃	350～600	0.38～0.45
	E-35(原 637)	软化点 20～35℃	550～700	0.30～0.40
苏联	ЗД-5			>0.47
	ЗД-6			0.33～0.42
	ЗД-7			0.26～0.40
美国 (壳牌化学公司)	Epon562	0.15～0.21	300	0.60～0.71
	Epon815	0.50～0.90	340～400	0.48～0.57
	Epon820	4.0～10.0	350～400	0.48～0.57
	Epon828	5.0～15.0	350～400	0.48～0.57
	Epon834	—	450	0.34～0.44
日本 (日本雪立化学公司)	环氧 812	0.001～0.002	306	
	环氧 815	0.008～0.011	330	
	环氧 819	0.002～0.005	—	
	环氧 827	0.09～0.11	—	
	环氧 828	0.12～0.15	380	
	环氧 832	0.13～0.16	—	
	环氧 871	0.004～0.009	—	

(2) 固化剂。加固化剂是为了使某些线型高分子交联成体型结构。环氧树脂固化剂种类繁多，应按使用目的和作业条件进行选择。

(3) 添加剂。添加剂的作用是减少树脂固化后的收缩性和热膨胀，改善热传导性和固化产物的机械性能，降低产品价格。一般轻质添加剂如石棉、轻体二氧化硅等，用量为 25 份以下，中等重添加剂如滑石粉、铝粉，用量可达 200 份，重质添加剂如铁粉、铜粉，用量可达 300 份。

(4) 增韧剂和稀释剂。增韧剂的作用是增加韧性，提高抗弯、抗冲击强度。增韧剂有苯二甲酸醋类、磷酸醋类、氯化联苯类，用量为 5～15 份。为了便于操作并有良好的浸透性，用稀释剂来降低茹度。常用稀释剂有丙酮、甲苯、二甲苯、环氧丙烷等。其用量一般为 5～15 份。

我国市场上常见的工业用环氧树脂胶黏剂牌号有 914、JW-1、SL-4 多用途结构胶黏剂等。其中，914 胶由 A、B 二种组分组成，具有使用简便、固化速度快，黏结强度高的特点，并能在室温下快速固化，可在 ±60℃ 下将金属和一些非金属部件小面积快速黏结。SL-4 胶是多用途结构胶黏剂，对钢、铝、铸铁、铜、巴氏合金、玻璃钢、陶瓷、工程塑料等均有极好的黏结强度。

3. 酚醛树脂胶黏剂

汽车生产中常用的酚醛树脂胶黏剂，见表 9-11。

表 9-11　酚醛树脂类胶黏剂

牌　号	类　型	备　注
FS-2 FS-4 FN-301 FN-302	酚醛-聚乙烯缩丁醛	用于黏结金属、塑料、玻璃等，但不能用于黏结橡胶，使用温度不能高于 60～80℃
FSC-1	酚醛-聚乙烯醇缩甲醛型	用于黏结金属、非金属材料，具有良好的耐老化性能
J-01 J-02 J-03 J-04	酚醛-丁腈胶黏剂	用于黏结金属及非金属；J-04 可用于黏结制动片与离合器片等
JX-8	酚醛-丁腈胶黏剂	高弹性高剥离的钣金胶黏剂，黏结金属、玻璃钢、工程塑料、陶瓷等
JX-10		高强度耐高温结构胶黏剂，可在 200℃下长期使用，250℃下短期使用，黏结范围同 JX-8，可用于蜂窝结构黏结
FN-303(仿苏 88号胶)801 强力胶	酚醛-氯丁胶	用于黏结金属和橡胶，如车门密封条 801 强力胶黏结效果更佳
J-08	酚醛-缩醛-有机硅	耐热结构黏结剂，耐热温度可达 350℃，在 200℃下仍有较好的持久强度，但弹性不够高

4. 聚丙烯酸酯胶黏剂与密封胶

聚丙烯酸酯胶黏剂的优点是室温固化、无溶剂、单组分、使用方便。除了聚乙烯、聚丙烯、氟塑料和有机硅树脂外，几乎能黏结各种同类或异种材料，并且具有良好的黏结性能。目前，国内汽车工业常用的此类胶黏剂有厌氧胶、501 胶、502 胶。

1) 厌氧胶

国产厌氧胶品种与性能见表 9-12。

表 9-12　国产厌氧胶品种与性能

项　目			Y-150	XQ-1	铁锚 300	铁锚 350
外观			茶色液体	茶色液体	无色透明液	深棕色透明液体
黏度/(Pa·s)			0.15～0.30	0.20～0.30	0.01～0.015	0.70～1.0
固化速度 (25℃)	开始固化 时间/min	无促进剂	数十分钟	—	—	—
		有促进剂	数分钟	数分钟	60	15
	完成固化 时间/min	无促进剂	24～72	72～168	—	—
		有促进剂	1～2	1～2	8	24
胶接强度	破坏扭矩/(N·m)		30～37	—	>29	25
	拆卸扭矩/(N·m)		30～37	20	>29	>20

续表

项 目	Y-150	XQ-1	铁锚300	铁锚350
使用温度/℃ 最大允许间隙/mm	<150 0.3	<100 0.3	−30~120 <0.1	−30~120 <0.1
主要用途	管接头、接合面的耐压密封防漏，各种螺纹件防松及密封，轴承和其他零件的装配固定及密封，不同材料间的黏结及密封		细牙螺纹密封及防松	粗细牙螺纹密封及防松

Y-150 厌氧胶是以甲基丙烯酸酯为主体的胶液，将其注入连接螺纹间隙或结合面的缝隙中。由于隔绝空气，胶液在室温下即聚合硬化，达到密封和紧固的目的。这种胶是单组分，不必现配，使用方便，又能在室温下固化，并具有不含有机溶剂、浸润性好、毒性小等优点。

Y-150 厌氧胶主要用于在震动冲击条件下工作的机器中，如不经常拆卸的螺钉、螺母及双头螺栓的紧固防松和防漏，亦可用于管路的螺纹连接、凸缘结合面的紧固与耐压密封、固定轴承、填充与堵塞漏缝和裂纹等，防松紧固和防漏。在使用厌氧胶时，应先用丙酮或汽油除去零件上的油垢后涂上胶液再拧上零件，使胶液充满全部间隙，需在室温固化 24 h 以上。

2) 501 胶和 502 胶

501 胶和 502 胶也属于丙烯酸酯类胶黏剂，其性能、用途，见表 9-13。

表 9-13　501 胶和 502 胶的性能、用途

项目	501 胶	502 胶
用途	黏结金属、非金属，如仪器仪表的密封	黏结各种金属、玻璃和一般橡胶(除 PVC，氟塑料等)
性能	使用温度−50~70℃，室温抗剪强度>19.6 MPa，抗拉强度>24.5 MPa，性能较脆，耐碱和耐水性差	使用温度−40~70℃，黏结后 24 h 达最高强度，碳钢剪切>14.7 MPa，拉伸>29.4 MPa
固化条件	在室温下几秒到几分钟就固化	在室温下几秒到几分钟就固化
主要成分	α-氨基丙烯酸酯	α-氨基丙烯酸酯

使用这两种胶时，先将被粘对象表面用细砂纸打磨去除氧化物，再用丙酮浸蘸脱脂棉擦洗，以去除油污。涂液要均匀而薄地涂布在两面并在空气中暴露几秒至一分钟后，将黏结件对准并施加接触压力(0.1~0.2 MPa)，经半分钟到几分钟内即可粘牢。除去压力，室温放置 24 h 即可使用。

5. 聚氨酯胶黏剂

聚氨酯胶黏剂是由异氰酸酯为主体加入固化剂和助固剂缩合而成，可以室温固化，起始黏结力高，有较好的抗冲击性能、剪切强度和剥离强度，能耐冷水、耐油、耐稀酸，价格较便宜。但是，聚氨酯胶黏剂耐热性差。多用于非金属之间、金属之间、金属与非金属

之间(非结构件)的黏结。它由两个组分(A 组分即主体，B 组分即固化剂)组成，使用时需进行调配。常用的聚氨酯胶，见表 9-14。

表 9-14　聚氨酯胶黏剂

牌　号	固化条件与用途
乌利当胶黏剂(聚氨酯 101 胶黏剂) 聚氨酯 404 胶黏剂	甲、乙二组分，室温固化，适用于纸张、织物、木材、皮革和塑料的黏结，也可用于金属与非金属材料的黏结
熊猫牌 202 胶黏剂	双组分，室温固化，可在-20～170℃范围使用，主要用于皮革、橡胶、织物、地毯、软泡沫塑料、PVC 等非金属黏结

6. 聚硫橡胶密封胶

聚硫橡胶密封胶亦称作液态聚硫化物。此类橡胶密封胶在分子主链上都含有硫原子，其最大特点是在常温或低温(-10℃)下也能够硫化，硫化产品收缩率很小。硫化后耐油性很突出，对醇类也稳定。液态聚硫化物可在-54～150℃温度范围中使用，耐大气老化性优异，一般可用 25 年左右。

在汽车工业中，聚硫橡胶密封胶多用于汽车风挡玻璃的密封。我国生产的聚硫橡胶密封胶的牌号与性能见表 9-15。

表 9-15　国产聚硫橡胶密封胶的牌号与性能

性　能	XM-1	XM-15	XM-16	XM-18	XM-22	XM-22-1
拉伸强度/MPa	≥2.9	≥2.9	≥2.5	≥2.9	≥2.9	≥2.0
相对伸长率/%	≥300	≥300	≥250	≥550	≥450	≥350
永久变形/%	≤10	≤10	≤10	≤15	≤10	≤10
脆性温度/℃	<-40	≤-40	≤-40	≤-40	≤-40	≤-40
使用温度/℃	-60～130	-55～130 (在燃油厢中)	-60～130 (在空气中)	-60～150	-50～130 (在燃油厢中)	

7. 液体密封胶

液体密封胶是一种液体状态的密封材料，亦称为液体垫圈或液体密封垫料。在常温下是黏稠液体，涂在连接面上，干燥一定时间后便形成一种具有黏性、黏弹性或可剥性的膜，通过这种膜的填充作用将连接部位密封。目前，液体密封胶既可代替垫片用于各种平面的连接，也可代替铅油缠麻用于螺纹连接，已成为一种不可缺少的理想密封材料。

按涂布后的成膜形态，液体密封胶可分为不干性黏着型密封胶和干性黏着型及干性可剥型密封胶。

(1) 不干性黏着型密封胶。这种密封胶有含有溶剂(呈液态)的也有不含溶剂(呈膏状)的，成膜后长期不硬化，并保持黏性，当其受到机械振动和冲击时，涂膜不发生龟裂和脱落现象，而且易于从连接面上去除，连接点也容易拆卸。非溶剂型不干胶不需干燥，涂布后就可以连接，适合于流水线组装或紧急修配场合。

国产不干性黏着型密封胶的性能，见表 9-16。

表 9-16　国产不干性黏着型密封胶的种类与性能

性能		7302	W-1	W-4	G-1	MF-1
外观		棕黄色黏稠液	蓝色黏稠液	绿色黏稠液	灰色黏稠液	灰红色黏稠液
黏度/(Pa·s)		$(2.3\sim2.8)\times10^2$	$(4\sim4.2)\times10^2$	$(5.5\sim6.0)\times10^2$	$(2.5\sim3)\times10^2$	$(2\sim2.4)\times10^2$
黏结力/MPa		0.09	0.05	0.06	0.06	0.07
流动性/(cm/min)		9.7	0	0	0	0.05
热分解温度/℃		318	220	241	520	230
密封性能	温度/℃	120	160	160	300	200
	泄漏压力/MPa	1.I	1.3	1.3	1.65	1.4
使用温度/℃		−40～200	−40～140	180	300	200
耐介质性能		各种油、水、酸	润滑油、汽油、机油	润滑油、汽油、机油	润滑油、汽油、机油	汽油、机油、植物油、润滑油
涂布性能		较好	较好	较好	较好	好
可拆性		容易	容易	容易	容易	较易
储存期		长期	1 年	1 年	1 年	1 年

(2) 干性黏着型及干性可剥型密封胶。干性黏着型密封胶是涂布后溶剂挥发后，干膜牢固地粘在连接面上，可拆性、耐振动性和冲击性差，但耐热性好，即在高温条件下具有良好的防漏效果。另一种是干性可剥离性密封胶，在涂布后溶剂挥发后并形成具有橡胶那样的柔软而有弹性的膜，这种薄膜耐振动、黏着严密，具有良好的可剥离性。

国产干性液体密封胶的种类与性能，见表 9-17。

表 9-17　国产干性黏着型密封胶的种类与性能

性能		干性黏着型	干性可剥型		
		机床密封垫料	尼龙密封垫料	铁锚 609	4 号
外观		浅灰色黏液	乳白色黏液	灰色黏液	灰色黏液
黏度/(Pa·s)		2.6～2.8	1.5～1.6	3.0～7.9	5～7
黏结力/MPa		0.31	0.12	0.19	0.35
流动性/(cm/min)		9.1	60.0	7.7	20.0
热分解温度/℃		219	317	370	291
密封性能	温度/℃	140	220	140	140
	泄漏压力/MPa	1.2	1.5	1.5	1.2
使用温度/℃		140	−50～250	250	180
耐介质性能		各种油	各种油、液化气、芳香烃、水	各种油、水	各种油
涂布性能		好	好	稍差	好
可拆性		较困难	较易	较易	较易
储存期		—	1 年	1 年	—

8. 胶黏剂在汽车上的应用技术

在了解胶黏剂的种类、特点及适用范围的基础上，在使用胶黏剂时应分析黏结部位工作时所承受的负荷大小、方向及速度，才能设计接缝状态，掌握黏结部位将遇到的环境条件(如温度、介质等)，以正确地选择胶黏剂。此外，还应考虑所用胶黏剂的形态(粉状、液状、膏状)、涂布方式及用量、加热固化时间、压紧力与压紧时间等，使黏结工序适于汽车生产线的装配与速度要求。

汽车生产中常用胶黏剂的种类与性能见表 9-18，耐高温胶黏剂的种类与性能见表 9-19，低温用胶黏剂的种类与性能见表 9-20。

表 9-18　常用胶黏剂的种类与性能

| 组　分 | 名　称 | 制造公司 | 形　态 | 黏结条件 | | 剪切强度/MPa |
				温度/℃	时间/min	
乙烯缩醛	Redux775	CIBA	L、P、F	155	30	33
酚醛	FM-47	ACC	L、F	177	120	34
橡胶/酚醛	Narmtapel02	Whittaker	F	160	60	13
尼龙	FM-1000	ACC	F	177	60	13
尼龙/环氧	MB-406	Whittaker	F	—	—	
尼龙/环氧	FS-175	东亚合成	F、P、S	180	10	34
环氧	AT-1	CIBA	P	180	60	28
环氧	FM-54	ACC	F	107	90	29
环氧	AP-500	东亚合成	P	180	5	39
NBR/环氧	EC-2214	3M	L	121	440	33
NBR/环氧	FM-132-2	ACC	F	107	90	33
聚酰亚胺	MB-840	Whittaker	F	260	120	19

注：L—液态；P—粉末；F—带状；S—溶液状。

表 9-19　耐高温胶黏剂的种类与性能

| 胶黏剂种类 | | 使用温度/℃ | | 优　点 | 缺　点 | 状　态 |
		短时间	连续			
聚芳烃	PBI	538	232	高温强度优异	需要特殊夹具，在高温下长时间硬化，硬化中产生挥发物，价格高	预浸
	PI	482	288	耐热性、耐氧化性好。149℃下开始硬化，不用夹具进行后硬化	高温下保持 7.0 MPa 以上压力有困难，价格高	预浸溶液带
硅树脂		482	232	硬化中不产生挥发物	强度低，高温硬化时间长，价格高	预浸石棉
环氧酚醛		482	177	硬化到一定程度后，可得到较好的性能，价廉	硬化过程中产生挥发物，黏结时需要加压。在高温下曝露 200 h 以上则老化	薄膜或膏剂
改性酚醛		177	121	丁腈-酚醛树脂具有良好的耐老化性及剥离强度	在转变温度内，具有一定的剪切强度	溶液涂敷在压延薄膜上
环氧树脂		260	149	应用较为普遍，硬化周期、物理形态多样，硬化中无副产物	不适用于比转变温度显著高的条件下	粉末液状膏状预浸

表 9-20　低温用胶黏剂的种类与性能

胶黏剂	使用温度/℃	优　　点	缺　　点	形态
聚氨酯	−253～127	剪切剥离强度大，能黏结多种材料，室温固化，价廉	只能在 127℃ 以下使用，不耐潮湿的侵蚀	双组分膏状
环氧-尼龙	−253～82	在很低温度下强度高	剥离强度中等，高温下不能使用，价格高	薄膜
环氧-酚醛	−253～260	性能均一，价格适宜	剥离强度和耐冲击性能差，需特殊表面处理	带有支撑薄膜
橡胶-酚醛	−73～93	不能在过低温度下使用	使用温度范围小，极低温度下剥离强度小	压延薄膜
乙烯缩醛-酚醛	−253～129	在极低温度下具有较好的性能，易于操作，价廉	极低温度下剥离强度小，硬化过程中需用夹具	薄膜溶液+粉末
环氧-聚酰胺	−253～82	室温固化，易于操作，价廉	剥离强度小，高温下不能使用	双组分
有填料环氧树脂	−253～177	能黏结各种材料，易于操作	剥离强度极低	双组分

胶黏剂和密封剂在汽车上的应用实例较多，详见表 9-21、表 9-22。

表 9-21　胶黏剂在汽车上的应用实例

分　类	零部件名称	被黏结物件	胶黏剂种类	使用方法
结构用胶黏剂	制动蹄片	摩擦蹄片-钢板	丁腈/酚醛	加热、加压
	离合器摩擦片	摩擦片-钢板	丁腈/酚醛	加热、加压
	盘式制动摩擦片	摩擦衬片-钢	丁腈/酚醛	加热、加压
	变速器摩擦带	摩擦带-钢	丁腈/酚醛	加热、加压
	电机磁铁	磁体-镀锌表面	环氧	加热
准结构用胶黏剂	前罩	钢板-钢板	PVC 系和橡胶	自动涂敷
	行李舱盖	钢板-钢板	PVC 系和橡胶	自动涂敷
	顶棚	钢板-钢板	PVC 系和橡胶	自动涂敷
	门板	钢板-钢板	PVC 系和橡胶	自动涂敷
	门玻璃	玻璃-不锈钢板	环氧树脂	高频热压
	后视镜	玻璃-锌	乙烯丁缩醛	热压
	半圆部	钢板-钢板	环氧系	自动涂敷
	风窗玻璃层合	玻璃-玻璃	乙烯基丁缩醛	热压
	风窗玻璃安装	玻璃-涂漆钢板	聚氨酯系或聚硫橡胶	涂敷
	尾灯(组)	丙烯系-聚丙烯	环氧系	热压

续表

分　类	零部件名称	被黏结物件	胶黏剂种类	使用方法
非结构用胶黏剂	风窗窗条	橡胶-玻璃、涂漆钢板	聚氨酯系	涂敷
	人造革顶棚	皮革-涂漆板	丁腈橡胶系	喷涂(压敏)
	树脂嵌条	ABS 树脂-不锈钢	丙烯酸酯/酚醛	热压
	侧保护条	PVC 系-涂漆板	丙烯酸酯	压敏
	侧装饰条	乙烯基板-涂漆板	丙烯酸酯	压敏
	行李舱盖密封条	橡胶-涂漆板	氯丁橡胶	喷枪
	门玻璃密封条	PVC-尼龙束	聚氨酯系	静电移植
	仪表板	发泡聚氨酯-ABS 树脂	氯丁橡胶	毛刷
	控制箱	乙烯基板-ABS 树脂	丙烯酸酯系	压敏
	车顶棚衬里	皮革-涂漆板	丙烯酸酯	压敏
	成型顶棚衬里	瓦菱-发泡 PUR	尼龙系	热熔
	成型顶棚衬里	PVC 表皮-发泡 PUR	聚氨酯系	滚子
	门辅助装置孔罩盖	PVC 薄膜-涂漆板	丁基胶系	黏结
	坐垫织物	绒布-织布	丁苯胶	滚子
	坐垫	发泡 PUR-绒布	丁苯胶	喷涂
	车顶棚隔音板	再生棉-涂漆板	氯丁胶	喷涂
	门柱衬里	发泡 PUR-涂漆板	丙烯酸酯	压敏
	成型地毯	地毯-再生布	聚乙烯系	热压
	三角窗装饰	PVC 片-发泡 PE	醋酸乙烯	热滚压
	行李舱装饰	PVC 薄膜-涂漆板	丙烯酸酯	压敏
	手套箱	发泡乙烯基板-柱	丙烯酸酯	静电

表 9-22　密封剂在汽车上的应用实例

种　类	基本材料	形状	使用实例
点焊密封胶	异丁橡胶	糊状	护围板点焊部位
	丁苯橡胶	糊状	护围板点焊部位
	乙烯基塑料溶胶	糊状	护围板点焊部位
	烷基系树脂	糊状	护围板点焊部位
车身密封胶	PVC 塑胶	糊状	车身接缝密封
	丁苯橡胶	糊状	车身接缝密封
	沥青质	糊状	车身接缝密封
	乙烯塑料溶液	糊状	车身接缝密封
窗玻璃密封胶	聚异戊二烯	糊状	窗玻璃密封垫
	再生胶	糊状	窗玻璃密封垫
	聚硫橡胶	糊状	窗玻璃密封垫
	聚氨酯	糊状	窗玻璃密封垫
	丁基橡胶	胶带	窗玻璃密封胶带

综合训练题

一、名词解释

塑料　橡胶　玻璃　陶瓷　复合材料

二、填空题

1. 塑料是由_____和_____两大部分组成。

2. 橡胶是以_____为主要原料，并添加适量的配合剂制成的高分子材料。

3. 普通陶瓷是以_____、_____、_____等天然硅酸盐为原料，经粉碎、成型、烧制而成的产品。

4. 复合材料一般由_____相和_____相组成。

5. 玻璃钢是以_____为基体，以_____增强的复合材料。

三、判断题

1. 尼龙是一种工程塑料。　　　　　　　　　　　　　　　　　　　（　　）

2. 钢化玻璃在受到冲击破碎后，碎片小而无棱角，可用于制造风窗玻璃。　（　　）

3. 夹层玻璃受到破坏时，碎片不易脱落，不影响透明，不产生折光现象，可用于制造轿车的前挡风窗。　　　　　　　　　　　　　　　　　　　（　　）

4. 天然橡胶是从橡胶树上采集的胶乳制成，因而不适宜制造汽车轮胎。　（　　）

5. 大多数陶瓷都具有较好的电绝缘性能，可直接作为传统的绝缘材料使用。（　　）

四、简答题

1. 汽车上主要应用塑料的部件有哪些？

2. 轮胎、密封条、胶管、胶带减震元件及耐油元件是由哪种橡胶制成的？

3. 汽车前挡风玻璃用钢化玻璃是否合适，为什么？

4. 汽车上有哪些部件可用陶瓷制造？

5. 汽车上常用的复合材料主要有哪些？

附　录

附表 1　压痕平均直径与布氏硬度对照表

压痕平均直径 d/mm	HBW $D = 10$ mm $F = 29.42$ kN	压痕平均直径 d/mm	HBW $D = 10$ mm $F = 29.42$ kN	压痕平均直径 d/mm	HBW $D = 10$ mm $F = 29.42$ kN
2.40	653	2.98	420	3.56	292
2.42	643	3.00	415	3.58	288
2.44	632	3.02	406	3.60	285
2.46	621	3.04	404	3.62	282
2.48	611	3.06	398	3.64	278
2.50	601	3.08	393	3.66	275
2.52	592	3.10	388	3.68	272
2.54	582	3.12	383	3.70	269
2.56	573	3.14	378	3.72	266
2.58	564	3.16	373	3.74	263
2.60	555	3.18	368	3.76	260
2.62	547	3.20	363	3.78	257
2.64	538	3.22	359	3.80	255
2.66	530	3.24	354	3.82	252
2.68	522	3.26	350	3.84	249
2.70	514	3.28	345	3.86	246
2.72	507	3.30	341	3.88	244
2.74	499	3.32	337	3.90	241
2.76	492	3.34	333	3.92	239
2.78	485	3.36	329	3.94	236
2.80	477	3.38	325	3.96	234
2.82	471	3.40	321	3.98	231
2.84	464	3.42	317	4.00	229
2.86	457	3.44	313	4.02	226
2.88	451	3.46	309	4.04	224
2.90	444	3.48	306	4.06	222
2.92	438	3.50	302	4.08	219
2.94	432	3.52	298	4.10	217
2.96	426	3.54	295	4.12	215

续表

压痕平均 直径 d/mm	HBW D = 10 mm F = 29.42 kN	压痕平均 直径 d/mm	HBW D = 10 mm F = 29.42 kN	压痕平均 直径 d/mm	HBW D = 10 mm F = 29.42 kN
4.14	213	4.78	157	5.42	120
4.16	211	4.80	156	5.44	119
4.18	209	4.82	154	5.46	118
4.20	207	4.84	153	5.48	117
4.22	204	4.86	152	5.50	116
4.24	202	4.88	150	5.52	115
4.26	200	4.90	149	5.54	114
4.28	198	4.92	148	5.56	113
4.30	197	4.94	146	5.58	112
4.32	195	4.96	145	5.60	111
4.34	193	4.98	144	5.62	110
4.36	191	5.00	143	5.64	110
4.38	189	5.02	141	5.66	109
4.40	187	5.04	140	5.68	108
4.42	185	5.06	139	5.70	107
4.44	184	5.08	138	5.72	106
4.46	182	5.10	137	5.74	105
4.48	180	5.12	135	5.76	105
4.50	179	5.14	134	5.78	104
4.52	177	5.16	133	5.80	103
4.54	175	5.18	132	5.82	102
4.56	175	5.20	131	5.84	101
4.58	172	5.22	130	5.86	101
4.60	170	5.24	129	5.88	99.9
4.62	169	5.26	128	5.90	99.2
4.64	167	5.28	127	5.92	98.4
4.66	166	5.30	126	5.94	97.7
4.68	164	5.32	125	5.96	96.9
4.70	163	5.34	124	5.98	96.2
4.72	161	5.36	123	6.00	95.5
4.74	160	5.38	122		
4.76	158	5.40	121		

附表2　常用钢的临界温度

编号	临界温度/℃					
	A_{c1}	$A_{c3}(A_{ccm})$	A_{r1}	A_{r3}	MS	Mf
15	735	865	685	840	450	
30	732	815	677	796	380	
40	724	790	680	760	340	
45	724	780	682	751	345~350	
50	725	760	690	720	290~320	
55	727	774	690	755	190~320	
65	727	752	696	730	285	
30Mn	734	812	675	796	355~375	
65Mn	726	765	689	741	270	
20Cr	766	838	702	799	390	
30Cr	740	815	670	—	350~360	
40Cr	743	782	693	730	325~330	
20CrMnTi	740	825	650	730	360	
30CrMnTi	765	790	660	740	—	
35CrMo	755	800	695	750	271	
25MnTiBRE	708	817	610	710	—	
40MnB	730	780	650	700	—	
55Si2Mn	775	840	—	—	—	
60Si2Mn	755	810	700	770	305	
50CrMn	750	775	—	—	250	
50CrVA	752	788	688	746	270	
GCrl5	745	900	700	—	240	
GCr15SiMn	770	872	708	—	200	
T7	730	770	700	—	220~230	−70
T8	730	—	700	—	220~230	−80
T10	730	800	700	—	200	—
9Mn2V	736	765	652	125	—	—
9SiCr	770	870	730	—	170~180	—
CrWMn	750	940	710	—	200~210	−80
Cr12MoV	810	1200	760	—	150~200	—
5CrMnMo	710	770	680	—	220~230	−100
3Cr2W8V	820	1100	790	—	380~420	—
W18Cr4V	820	1330	760	—	180~220	

附表 3　普通碳素结构钢的牌号和化学成分(摘自 GB / T 700—2006)

牌号	统一数字代号[a]	等级	厚度(或直径)/mm	脱氧方法	化学成分(质量分数)/%，不大于				
					C	Si	Mn	P	S
Q195	U11952	—	—	F、Z	0.12	0.30	0.50	0.035	0.040
Q215	U12152	A	—	F、Z	0.15	0.35	1.20	0.045	0.050
	U12155	B							0.045
Q23	U12352	A	—	F、Z	0.22	0.35	1.40	0.045	0.050
	U12355	B			0.20[b]				0.045
	U12358	C		Z	0.17			0.040	0.040
	U12359	D		TZ				0.035	0.035
Q275	U12752	A	—	F、Z	0.24	0.35	1.50	0.045	0.050
	U12755	B	≤40	Z	0.21			0.045	0.045
			>40		0.22				
	U12758	C	—	Z	0.20			0.040	0.040
	U12759	D		TZ				0.035	0.035

注：a 表中为镇静钢、特殊镇静钢牌号的统一数字，沸腾钢牌号的统一数字代号如下：

　　Q195F——U11950；

　　Q215AF——U12150，Q215BF——U12153；

　　Q235AF——U12350，Q235BF——U12353；

　　Q275AF——U12750。

b 经需方同意，Q235B 的碳含量可不大于 0.22%。

碳素结构钢

附表 4　普通碳素结构钢的机械性能(摘自 GB/T 700—2006)

牌号	等级	屈服点 a R_{eH}/(N/mm²), 不小于 厚度或直径/mm						抗拉强度 b R_m/(N/mm²)	断后伸长率 A/%, 不小于 厚度或直径/mm					冲击试验(V形缺口)	
		≤16	>16~40	>40~60	>60~100	>100~150	>150~200		≤40	>40~60	>60~100	>100~150	>150~200	温度/℃	冲击吸收功(纵向)/J 不小于
Q195	—	195	185	—	—	—	—	315~430	33	—	—	—	—	—	—
Q215	A	215	205	195	185	175	165	335~450	31	30	29	27	26	—	—
	B	215	205	195	185	175	165	335~450	31	30	29	27	26	+20	27
Q235	A	235	225	215	215	195	185	370~500	26	25	24	22	21	—	—
	B	235	225	215	215	195	185	370~500	26	25	24	22	21	+20	27
	C	235	225	215	215	195	185	370~500	26	25	24	22	21	0	27
	D	235	225	215	215	195	185	370~500	26	25	24	22	21	−20	27
Q275	A	275	265	255	245	225	215	410~540	22	21	20	18	17	—	—
	B	275	265	255	245	225	215	410~540	22	21	20	18	17	+20	27
	C	275	265	255	245	225	215	410~540	22	21	20	18	17	0	27
	D	275	265	255	245	225	215	410~540	22	21	20	18	17	−20	27

注：a Q195 的屈服强度值仅供参考，不作交货条件。

b 厚度大于 100 mm 的钢材，抗拉强度下限允许降低 20 N/mm²。宽带钢(包括剪钢板)抗拉强度上限不作交货条件。

c 厚度小于 25 mm 的 Q235B 级钢材，如供方能保证冲击吸收功值合格，经需方同意，可不做检验。

附表5　常用普通碳素结构钢在汽车上的应用

牌　号	应　　用
Q235-A	传动轴中间轴承支架、发动机支架、后视镜支架、发动机油底壳加强板等
Q235-A·F	机油滤清器法兰、发电机连接板、前钢板弹簧夹箍、后视镜支架等
Q235-B	同步器锥盘、差速器螺栓锁片、驻车制动器操纵杆棘爪和齿板等
Q235-B·F	消声器后支架、放水龙头手柄夹持架、百叶窗叶片等

附表6　优质碳素钢的化学成分

钢　号	化学成分(质量分数)/%				
	C	Mn	Si	S	P
08F	0.05～0.11	0.25～0.50	≤0.03	<0.040	<0.04
10	0.07～0.13	0.35～0.65	0.17～0.37	<0.040	<0.04
20	0.17～0.23	0.35～0.65	0.17～0.37	<0.040	<0.04
35	0.32～0.39	0.50～0.80	0.17～0.37	0.040	<0.04
40	0.37～0.44	0.50～0.80	0.17～0.37	0.040	<0.04
45	0.42～0.50	0.50～0.80	0.17～0.37	0.040	<0.04
50	0.47～0.55	0.50～0.80	0.17～0.37	0.040	<0.04
60	0.57～0.65	0.50～0.80	0.17～0.37	0.040	<0.04
65	0.62～0.70	0.50～0.80	0.17～0.37	0.040	<0.04

附表7　常用优质碳素钢在汽车上的应用

牌　号	应　　用
08	乘员舱外壳、发动机油底壳、油箱、离合器盖等
15	轮胎螺栓与螺母、发动机气门罩、离合器调整螺栓、曲轴箱调整螺栓等
20	离合器分离杠杆、风扇叶片、驻车制动杆等
35	曲轴齿轮、半轴螺栓锥形套、机油泵齿轮、连杆螺母、气缸盖定位销等
45	气门推杆、同步器锁销、变速杆、凸轮轴、曲轴、离合器踏板轴及分离叉等
50	离合器从动盘等
65Mn	气门弹簧、转向纵拉杆弹簧、离合器压盘弹簧、活塞销卡簧等

附表 8　碳素工具钢的化学成分

序　号	牌　号	化学成分(质量分数)/%				
		C	Mn	Si	S	P
1	T7	0.65～074	≤0.40			
2	T8	0.74～0.84				
3	T8Mn	0.80～0.90	0.40～0.61	≤0.35	≤0.030	≤0.035
4	T9	0.85～0.94	≤0.40			
5	T10	0.95～1.04				
6	T11	1.05～1.14				
7	T12	1.15～1.24				
8	T13	1.25～1.35				

附表 9　碳素工具钢的牌号、硬度及用途

钢号	硬度		用　途
	供应态 HBS	淬火后 HRC≥	
T7	187	62	硬度适当，韧性较好耐冲击的工具，如扁铲、手钳、大锤、改锥、木工工具
T8	187	62	承受冲击，要求较高硬度的工具，如冲头、压缩空气工具、木工工具
T9	192	62	韧性中等，硬度较高的工具，如冲头、木工工具、凿岩工具
T10	197	62	无剧烈冲击，要求高硬度耐磨的工具，如车刀、刨刀、丝锥、钻头、手锯条
T11	207	62	
T12	207	62	不受冲击，要求高硬度高耐磨的工具，如锉刀、刮刀、精车刀、丝锥、量具
T13	217	62	不受冲击，要求更耐磨的工具如刮刀、剃刀

注：淬火后硬度是指碳素工具钢材料淬火后的最低硬度。

附表 10　碳素铸钢的成分、机械性能

钢　号	化学成分/%(上限值)			力学性能				
	C	Mn	Si	δ_a/MPa	δ_b/MPa	δ_s/%	ψ/%	a_k/(kJ·m^{-2})
ZG200-400	0.20	0.80	0.50	200	400	25	40	600
ZG230-450	0.30	0.90	0.50	230	450	22	32	450
ZG270-500	0.40	0.90	0.50	270	500	18	25	350
ZG310-570	0.50	0.90	0.60	310	570	15	21	300
ZG340-640	0.60	0.90	0.60	340	640	10	18	200

附表 11　常用碳素铸钢在汽车上的应用

牌　号	应　用
ZG270-500	机油管法兰、化油器活接头、车门限制器的限制块等
ZG310-570	进排气歧管压板、风扇过渡法兰、前减震器下支架、变速叉、启动爪等
ZG340-640	齿轮、棘轮等

附表 12　常用合金调质钢在汽车上的应用

牌　号	应　用
40Cr	发动机支架固定螺栓、水泵轴、连杆、汽缸盖螺栓等
40MnB	变速器轴、半轴、转向节、转向节臂、万向节叉等
45Mn2	进气门、半轴套管、板簧U形螺栓等
50Mn2	离合器从动盘、减震盘等

附表 13　常用合金渗碳钢在汽车上的应用

牌　号	应　用
15Cr	活塞销、挺杆、气门弹簧座等
20CrMnTi	变速器齿轮、变速器齿套、变速器轴、半轴齿轮、万向节和差速器十字轴等
15MnVB	变速器轴、变速器齿轮、变速器齿套、板簧中心螺栓等
20MnVB	减速器齿轮、万向节十字轴、差速器十字轴等

附表 14　常用合金弹簧钢在汽车上的应用

牌　号	应　用
65Mn	气门弹簧、离合器弹簧、转向纵拉杆弹簧、活塞销卡簧等小型弹簧
55Si2Mn	汽车叠板弹簧等
60Si2Mn	

附表 15　常用低合金高强度结构钢的钢号、成分、性能及用途

钢号	化学成分(质量分数)/%							σ_1/MPa	δ_b/MPa	δ_s/%	A_K/J	应用举例
	C	Mn	Si	V	Nb	Ti	其他					
Q345	≤0.20	≤1.70	≤0.50	≤0.15	≤0.07	≤0.20	Cr≤0.30 Ni≤0.50	≥345	470~630	21~22	34	桥梁、车辆、船舶、压力容器、建筑结构
Q390	≤0.20	≤1.70	≤0.50	≤0.20	≤0.07	≤0.20	Cr≤0.30 Ni≤0.50	≥390	490~650	19~20	34	桥梁、船舶起重设备、压力容器
Q420	≤0.20	≤1.70	≤0.50	≤0.20	≤0.07	≤0.20	Cr≤0.30 Ni≤0.80	≥420	520~680	18~19	34	桥梁、高压容器、大型船舶、电站设备、管道
Q460	≤0.20	≤1.80	≤0.60	≤0.20	≤0.11	≤0.20	Cr≤0.30 Ni≤0.80	≥460	550~720	17	34	中温高压容器(<120℃)、锅炉、化工、石油高壁厚压容器(<100℃)

附表 16　常用低合金高强度结构钢在汽车上的应用

牌　号	应　用
Q345	车架纵梁、车架横梁、油箱托架、车架角撑、蓄电池固定框后板等
Q390	车架前横梁、车架中横梁、前保险杠、车架角撑等

附表 17　灰铸铁的牌号、组织及应用

分类	牌号	显微组织		应用举例
		基体	石墨	
普通灰口铸铁	HT100	F+P(少)	粗片	—
	HT150	F+P	较粗片	端盖、汽轮泵体、轴承座、阀壳、进排气歧管及管路附件；一般机床底座、床身、滑座、工作台、手轮等
	HT200	P	中等片	凸轮轴正时齿轮、汽缸体、汽缸盖、气门导管、制动蹄、底架、机件、飞轮、齿条、衬筒；一般机床床身及中等压力液压筒、液压泵和阀的壳体等
孕育铸铁	HT250	细珠光体	较细片	阀壳、油缸、汽缸体、飞轮、曲轴带轮、联轴器、机体、齿轮、齿轮箱外壳、飞轮、衬筒、凸轮、轴承座等
	HT300	索氏体或屈氏体	细小片	齿轮、凸轮、车床卡盘、剪床、压力机的机身；导板、自动车床及其他重荷载机床的床身；高压液压筒、液压泵和滑阀的体壳等
	HT350			
	HT400			

附表 18　球墨铸铁的牌号、机械性能及应用

牌号	基体	力学性能				应用举例
		δ_b/Mba	$\delta_{0.2}$/MPa	δ_s/%	HB	
QT400-18	铁素体	400	250	18	130～180	汽车、拖拉机底盘零件；16～64 大气压阀门的阀体、阀盖、轮毂、转向器壳、制动蹄、牵引钩前支架承座、辅助钢板弹簧支架
QT400-15	铁素体	400	250	15	130～180	
QT450-10	铁素体	450	310	10	160～210	
QT500-7	铁素体+珠光体	500	320	7	170～230	机油泵齿轮
QT600-3	珠光体+铁素体	600	370	3	190～270	柴油机、汽油机曲轴、发动机摇臂、牵引钩支承座、板簧侧垫板及滑块；磨床、铣床、车床的主轴；空压机、冷冻机缸体、缸套
QT700-2	珠光体	700	420	2	225～305	
QTS00-2	珠光体	800	480	2	245～335	
QT900-2	下贝氏体	900	600	2	280～360	汽车、拖拉机传动齿轮

附表 19　可锻铸铁的牌号、力学性能及应用

分类	牌号	铸铁壁厚/mm	试棒直径/mm	抗拉强度 σ_b/MPa	延伸率 δ/%	硬度/HB	应用举例
铁素体基	KT300-6	>12	16	300	6	120~163	弯头、三通等管件
	KT330-8	>12	16	330	8	120~163	螺丝扳手等，犁刀、犁柱、车轮壳等
	KT350-10	>12	16	350	10	120~163	汽车拖拉机前后轮壳、轮毂、减速器壳、差速器壳、转向节壳、板簧吊架、制动器等
	KT370-12	>12	16	370	12	120~163	
珠光体基	KTZ450-5		16	450	5	152~219	曲轴、凸轮轴、连杆、齿轮、活塞环、发动机摇臂、轴套、万向接头、棘轮、扳手、传动链条
	KTZ500-4		16	500	4	179~241	
	KTZ600-3		16	600	3	201~269	
	KTZ700-2		16	700	2	240~270	

附表 20　蠕墨铸铁的牌号、力学性能及应用

牌号	σ_b/MPa	$\sigma_{0.2}$/MPa	δ/%	HB	组织	用途举例
	不小于					
RuT420	420	335	0.75	200~280	珠光体+石墨	活塞环、制动器、柴油机缸盖、气缸套、排气管、汽车底盘零件、增压器零件、机座、电机壳、钢锭模、液压阀等零件
RuT380	380	300	0.75	193~274	珠光体+石墨	
RuT340	340	270	1.0	170~249	珠光体+铁素体+石墨	
RuT300	300	240	1.5	140~217	铁素体+珠光体+石墨	
RuT260	260	195	3	121~197	铁素体+石墨	

附表 21　常用硬质合金的牌号、力学性能及应用

类别	牌号	化学成分(质量分数)/%				物理、力学性能		
		WC	TiC	TaC	Co	密度/(g·cm⁻³)	硬度 HRA (不小于)	抗弯强度/MPa (不小于)
钨钴类	YG3X	96.5	—	<0.5	3	15.0~15.3	91.5	1100
	YG6	94	—	—	6	14.6~15.0	89.5	1450
	YG6X	93.5	—	<0.5	6	14.6~15.0	91	1400
	YG8	92	—	—	8	14.5~14.9	88	1750
	YGSC	92	—	—	8	14.5~14.9	88	1750
	YG11C	89	—	—	11	14.0~14.4	86.5	2100
	YG15	85	—	—	15	13.9~14.2	87	2100
	YG20C	80	—	—	20	13.4~13.8	82~84	2200
	YG6A	91	—	3	6	14.6~15.0	91.5	1400
	YG8A	91	—	<1.0	8	14.5~14.9	89.5	1500
钨钴钛类	YT5	85	5	—	10	12.5~13.2	89	1400
	YT15	79	15	—	6	11.0~11.7	91	1150
	YT30	66	30	—	4	9.3~9.7	92.5	900
通用类	YWI	84	6	4	6	12.8~13.3	91.5	1200
	YW	82	6	4	8	12.6~13.0	90.5	1300

注：牌号中的"X"代表该合金是细颗粒合金，"C"代表粗颗粒合金，不加字的为一般颗粒合金，"A"代表含有少量 TaC 的合金。

附表 22 国内各主要汽车生产厂家品牌车发动机采用铝缸体情况

品牌	型 号	发动机参数	排放标准
一汽大众	奥迪 A63.0 V6	—	欧 4
	奥迪 A64.2 V8	—	欧 4
一汽马自达	Mazda6 2.3 技术型	2.3 L 120 kW(162hp) L4	欧 3
海南马自达	普利马 G15 手动标准型	1.8 L 91kW(122hp) L4	欧 2
	福来美 1.6GLs	1.6 L 71.6 kW (96hp) L4	欧 2
一汽丰田	花冠 1.8MT	1.8 L 101.4 kW (136hp) L4	欧 3
上海大众	波罗两厢 1.4MT 舒适型	1.4 L 55.9 kW (75hp) L4	欧 2
北京现代	伊兰特 1.6 手动标准型	1.6 L 83.5 kW (112hp) L4	欧 2
	索纳塔 2.0 手动标准型	2.0 L 102.2 kW (137hp) L4	欧 2
昌河铃木	北斗星 1.0L 经济型	1.0 L 34.3 kW (46hp) L4	欧 2
长安铃木	奥拓标准型	0.8 L 26.8 kW (36hp) L3	欧 2
	雨燕舒适型	1.3 L 64.1 kW (86hp) L4	欧 2
	羚羊 OK 标准型	0.8 L 26.8 kW (36hp) L4	欧 2
长安福特	嘉年华 1.6 手动舒适型	1.6 L 68.6 kW (92hp) L4	欧 2
	蒙迪欧 2.0 经典型	2.0 L 106.6 kW (143hp) L4	欧 3
南京菲亚特	西耶那 1.5 EX	1.5 L 63.4 kW (85hp) L4	欧 2
	周末风 1.5HL	1.5 L 63.4 kW (85hp) L4	欧 2
	派力奥 1.3 EX	1.3 L 44.7 kW (60hp) L4	欧 2
华晨中华	尊驰 2.0MT 标准型	2.0 L 96.2 kW (129hp) L4	欧 2

附表 23 常用铝合金在汽车上的应用

牌 号	应 用
变形铝合金	车身、车门、发动机罩、行李舱罩、地板、翼板、车轮、油箱、油管、热交换器、铆钉和装饰件等
铸造铝合金	发动机风扇、离合器壳体、前盖及主动板等
	汽缸盖罩、挺杆室盖板、机油滤清器底座、转子及外罩等
	发动机活塞等

附表 24　部分青铜的牌号、成分、力学性能及用途

组别	代号	化学成分 w%(Cu余量)		力学机能				用　途
		主加元素	其他元素	状态	σ_b/MPa	δ/%	硬度	
锡青铜	QSn6.5-0.1	Sn6.0~7.0	P0.1~0.25	软	400	65	80 HBS	精密仪器中耐磨元件和抗磁元件、弹簧
				硬	600	10	180 HBS	
	QSn4-4-2.5	Sn3.0~5.0	Zn3.0~5.0 Pb1.5~3.5	软				飞机、拖拉机、汽车轴承和轴套衬垫
				硬	600	4	180 HBS	
	QSn4-3	Sn3.5~4.5	Zn2.7~3.3	软	350	40	60 HBS	弹簧、化工机械耐磨零件和抗磁零件
				硬	550	4	160 HBS	
铝青铜	QAl10-3-1.5	Al8.5~10.0	Fe2.0~4.0 Mn1.0~2.0	退火	600~700	20~30	125~140 HBS	飞机、船舶用高强度、高耐磨性抗蚀零件、齿轮、轴承
				冷加工	700~900	9~12	160~200 HBS	
	QAl9-4	Al8.0~10.0	Fe2.0~4.0 Zn1.0	退火	500~600	40	110 HBS	船舶及电气零件、耐磨零件
				冷加工	800~1000	5	160~200 HBS	
	QAl7	Al6.0~8.0		退火	470	70	70 HBS	重要的弹簧及弹性元件
				冷加工	980	3	154 HBS	
铍青铜	QBe2	Be1.8~2.1	Ni0.2~0.5	淬火	500	35	100 HV	重要的弹簧及弹性元件、耐磨零件、高压高速高温轴承、钟表齿轮、罗盘零件
				时效	1250	2~4	330 HV	
	QBe1.9	Be1.85~2.1	Ni0.2~0.4 Ti0.1~0.25	淬火	450	40	90 HV	
				时效	1250	2.5	380 HV	
	QBe1.7	Be1.6~1.85	Ni0.2~0.4 Ti0.1~0.25	淬火	440	50	85 HV	
				时效	1150	3.5	360 HV	
硅青铜	QSi3-1	Si2.70~3.50	Mn1.0~1.5					弹簧、耐蚀零件、涡轮、涡杆齿轮

附表 25　部分普通黄铜的牌号、成分、力学性能及用途(摘自 GB 5232—1985)

代号	化学成分 w/% (Zn 余量)		力学性能			用途
	Cu	加工状态	σ_b/MPa	δ/%	HB	
H96	95.0～97.0	软硬	250 400	35		冷凝管、热交换器、散热器及导电零件、空调器、冷冻机部件、计算机接插件、引线框架
H80	79.0～81.0	软硬	270	50	145	薄壁管、装饰品
H70	68.5～71.5	软硬	660	3	150	弹壳、机械及电气零件
H68	67.0～70.0	软硬	300 400	40 15	150	形状复杂的深冲零件、散热器外壳
H62	60.5～63.5	软硬	300 420	40 10	164	机械、电气零件、铆钉、螺帽、垫圈、散热器及焊接件、冲压件
H59	57.0～60.0	软硬	300 420	25 5	10 3	机械、电气零件、铆钉、螺帽、垫圈、散热器及焊接件、冲压件

加工黄铜——化学成分和产品形状

附表 26　特殊黄铜的牌号、性能及主要用途

组别	代号	化学成分 w/%(Zn 余量)		力学性能(硬)			用　途
		Cu	其他	σ_b/MPa	δ/%	HB	
铅黄铜	HPb63-3	62.0～65.0	Pb2.4～3.0	600	5		钟表零件、汽车、拖拉机及一般机器零件
	HPb60-1	59.0～61.0	Pb0.6～1.0	610	4		一般机器结构零件
锡黄铜	HSn90-1	88.0～91.0	Sn0.25～0.75	520	5	148	汽车、拖拉机弹性套管
	HSn62-1	61.0～63.0	Sn0.7～1.1	700	4		船舶零件
铝黄铜	HAl77-2	76.0～79.0	Al1.8～2.6 As、Be 微量	650	12	170	海船冷凝器管及耐蚀零件
	HAl60-1-1	58.0～61.0	Al0.70～1.5 F30.70～1.5 Mn0.1～0.6	750	8	180	缸套、齿轮、涡轮、轴及耐蚀零件
铝黄铜	HAl59-3-2	57.0～60.0	Al2.5～3.5 Ni2.0～3.0 Fe0.50	650	15	150	船舶、电机、化工机械等常温下工作的高强度耐蚀零件
硅黄铜	HSi80-3	79.0～81.0	Si2.5～4.0	600	8	160	耐磨锡青铜的代用材料,船舶及化工机械零件
锰黄铜	HMn58-2	57.0～60.0	Mn1.0～2.0	700	10	175	船舶零件及轴承等耐磨零件
铁黄铜	HFe59-1-1	57.0～60.0	Fe0.6～1.2 Mn0.5～0.8 Sn0.3～0.7	700	10	160	摩擦及海水腐蚀下工作的零件
镍黄铜	HNi65～5	64.0～67.0	Ni5.0～6.5	700	4		船舶用冷凝管、电机零件

附表 27　常用铜合金在汽车上的应用

类别	牌号(代号)	应　用
黄铜	H62	水箱进出水管、水箱盖、水箱加水口支座、散热器进出水管等
	H68	水箱储水室、水箱本体主片、散热器主片等
	H90	排气管热密封圈外壳、水箱本体、散热器散热管及冷却管等
	HPb59-1	汽油滤清器滤芯、化油器零件、制动阀阀座、储气筒放水阀本体及安全阀阀座等
	HSn90-1	转向节衬套、行星齿轮及半轴齿轮支承垫圈等
青铜	QSn4-4-2.5	活塞销衬套、发动机摇臂衬套等
	QSn3-1	水箱出水阀弹簧、车门铰链衬套等
	ZCuSn5 Pb5Zn5	机油滤清器上、下轴承等
	ZCuPb30	曲轴轴瓦、曲轴止推垫圈等

附表28　常用车用合成橡胶的名称、代号、主要原料和特性

名　称	代号	主要原料	性 能 特 点
丁苯橡胶	SBR	丁二烯 苯乙烯	较高的耐磨性、耐候性、耐热性、耐老化、耐油性、弹性、耐寒性、加工性能差
顺丁橡胶	BR	丁二烯	很高的弹性，良好的耐低温性，优异的耐磨耗、耐热、耐老化性，生产成本低，但抗拉强度、抗撕裂性差，加工性能差
氯丁橡胶	CR	2-氯-1 3-丁二烯	抗拉强度较高，耐老化性、耐候性、耐热性、耐油性良好，不易燃烧，气密性好；储存稳定、电绝缘性、耐寒性较差，加工时对温度敏感
异戊橡胶	IR	异戊二烯	综合性能最好，各种物理性能、力学性能、电绝缘性、耐水性、耐老化性均优于天然橡胶；强度、硬度略差，成本较高
丁基橡胶	IIR	异丁烯 异戊二烯	气密性非常好，化学稳定性很高，极好的耐热性、耐老化性、耐候性、绝缘性、减震性、耐化学药品；加工性能不好，耐油、耐溶剂性差
丁腈橡胶	NBR	丁二烯 丙烯烃	优异的耐油性，良好的耐磨性、耐老化性、气密性、耐热性等；耐寒性、电绝缘性较差
乙丙橡胶	ERM EPDM	乙烯 丙烯	耐老化性、耐热性、耐蚀性优异，很好的弹性；加工性能差
丙烯酸酯橡胶	ACM ANM	丙烯酸酯	很高的稳定性，优异的耐热性、耐老化性、耐油性；耐寒、耐水性差，弹性和耐磨性不够好
氯醇橡胶	ECO	环氧氯丙烷	具有优良的耐臭氧性、耐热、耐老化性，耐寒性、耐油性，密度较大
聚氯酯橡胶	AUEU	聚酯、聚醚 二异氰酸酯	强度高，耐磨耗性好，优异的弹性、耐老化性，气密性、耐油性、耐溶剂性；耐水性差
硅橡胶	MVQ	硅氧烷	优越的耐高低温性，能在100～300℃保持弹性，耐臭氧老化、耐热氧化、耐气候老化、绝缘、稳定性好；强度、耐磨性较低，价格昂贵
氟橡胶	FKM	含氟单体	耐热、耐老化性能极好，耐高温、耐化学腐蚀、耐油性能优异；耐寒性、加工性能差，价格昂贵

附表 29　常用车用橡胶制品的性能特点

名称	代号	抗拉强度	伸长率/%	使用温度/°C	回弹性	耐磨性	耐浓碱	耐油性	耐老化性	用途
天然橡胶	NR	25~30	650~900	−50~120	好	中	中	差	差	轮胎、密封条、通用制品
丁苯橡胶	SBR	25~20	500~600	−50~140	中	好	中	差	好	轮胎、胶板、密封条、通用制品
顺丁橡胶	BR	18~25	450~800	−50~120	好	好	好	差	中	轮胎、耐寒运输带
丁腈橡胶	NBR	15~30	300~800	−35~175	中	优	中	好	中	输油管、耐油密封图
氯丁橡胶	CR	25~27	800~1000	−35~130	中	中	好	好	好	胶管、胶带、电线包皮
丁基橡胶	IIR	15~20	650~800	−30~150	差	好	好	差	好	内胎、胶带、绝缘体、耐热布
聚氨酯橡胶	AVEU	20~35	300~800	80	优	好	差	好	好	胶管、密封条耐磨制品
三元乙丙橡胶	EPDM	10~15	400~800	150	中	中	好	差	好	密封条、散热管、绝缘体
氟橡胶	FKM	20~22	100~500	−50~300	中	中	中	好	好	高级密封件、高级真空耐蚀件
硅橡胶	MVQ	4~10	50~500	−70~275	差	差	好	差	好	耐高低温零件、绝缘体
聚硫橡胶	T	9~15	100~700	80~135	差	差	好	好	好	密封腻子、油库覆好盖层

附表 30　常用车辆用油牌号推荐表

车　型	压　缩　比	推荐汽油牌号
一汽红旗明仕 1.8	9.0	93
一汽红旗世纪星 2.0/2.4	9.5	不低于 93
一汽马自达 2.3	10.6	93～97
一汽夏利 7101/7131/2000	9.3～9.5	不低于 93
一汽威姿 1.0/1.3	10.0/9.3	不低于 93
一汽一大众捷达普通/CI/CT/AT	8.5～9.0	93
一汽一大众宝来 1.6/1.8/1.8T	9.3～10.3	93～97
一汽一大众高尔夫 1.6/2.0	10.5	93～97
一汽一大众奥迪 A4/A6	10.0/10.5	93～97
上海大众桑塔纳普通/2000	9.0/9.5	不低于 93
上海大众帕萨特 1.8/1.8T	10.3/9.3	93～97
上海大众帕萨特 2.0/2.8	10.3/10.1	93～97
上海大众 POLO1.4/1.6	10.4/10.3	93～97
上海大众高尔 1.6	9.5	不低于 93
上海别克赛欧 1.6	9.4	不低于 93
上海别克君威 2.0/2.5/3.0	9.5	不低于 93
东风蓝鸟 2.0/阳光 2.0	9.5/9.8	不低于 93
东风毕加索 1.6/2.0	10.5	93～97
东风爱丽舍 1.6/爱丽舍 VTS1.6	9.6/10.5	93～97
东风塞纳 2.0	10.8	93～97
东风千里马 1.6	9.8	不低于 93
神龙富康 1.4/1.6	9.3/9.6	93
上海奇瑞 1.6	9.5	不低于 93
天津丰田威驰 1.3/1.5	9.3/9.8	不低于 93
北京吉普 2500	8.5	93
现代索娜塔 2.0/2.7	10.1/10.0	93～97

续表

车　型	压缩比	推荐汽油牌号
长安福特嘉年华 1.3/1.6	10.2/9.5	93～97
菲亚特西耶那 1.3 16 V/1.5	10.6/10.0	不低于 93
菲亚特派力奥 1.3 16 V/1.5	10.6/10.0	不低于 93
菲亚特周末风 1.3 16 V/1.5	10.6/10.0	不低于 93
广州本田 98 款雅阁 2.0/2.3/3.0	9.1/8.9/9.4	93
广州本田 03 款雅阁 2.0/2.4/3.0	9.8/9.7/10.0	不低于 93
广州本田奥德赛 2.3	9.5	不低于 93
吉利美日 1.3/优利欧＞1.3	9.3	93
长安铃木奥拓 0.8/羚羊 1.0/1.3	9.4/9.0/9.0	93
昌河铃木北斗星 CH6350B	9.3	93
华晨中华 2.0/2.4	9.5/9.5	不低于 93
哈飞赛马 1.3	9.5	不低于 93
海南马自达普利马/323/福美来	9.1/9.3/9.1	不低于 93
宝马 3、5、7 系列	10.8/10.8/10.5	97
大宇 王子 2.0/蓝龙 1.5	8.8/9.5	93～97
本田 思域 1.6/里程 3.5	9.4/9.6	93～97
日产 风度 2.0/3.0	9.5/10	93～97
丰田 凌志 IS200/GS300/LS430	10/10.5/10.5	97
丰田 世纪/皇冠	8.6/10.0	93～97
丰田 花冠 1.6/佳美 2.2GL/2.4	10.5/9.8	93～97
奔驰 E280/E320	10.0	97
沃尔沃 S40	9.3	不低于 93
福特 WINDSTAR V6/TAURUS V6	9.0/9.3	93～97
林肯 大陆 V8/马克 V8	9.0/9.8	93～97
欧宝 1.8	10.5	97

附表 31　车用汽油(Ⅲ)技术要求和试验方法(摘自 GB 17930—2013)

项　目		质量指标			试验方法
		90	93	97	
抗爆性:					
研究法辛烷值(RON)	不小于	90	93	97	GB/T 5487
抗爆指数(RON +MON)/2	不小于	85	88	报告	GB/T 503、GB/T 5487
铅含量 a/(g/L)	不大于	0.005			GB/T 8020
馏程:					GB/T 6536
10%蒸发温度/℃	不高于	70			
50%蒸发温度/℃	不高于	120			
90%蒸发温度/℃	不高于	190			
终馏点/℃	不高于	205			
残留量(体积分数)/%	不大于	2			
蒸气压/kPa					GB/T 8017
11 月 1 日至 4 月 30 日	不大于	88			
5 月 1 日至 10 月 31 日	不大于	72			
胶质含量/(mg/100mL)	不大于				GB/T 8019
未洗胶质含量(加入清净剂前)		30			
溶剂洗胶质含量		5			
诱导期/min	不小于	480			GB/T 8018
硫含量 b/(mg/kg)	不大于	150			SH/T 0689
硫醇(满足下列指标之一,即判断为合格):					
博士试验		通过			SH/T 0174
硫醇硫含量(质量分数)/%	不大于	0.001			GB/T 1792
铜片腐蚀(50℃,3 h)/级	不大于	1			GB/T 5096
水溶性酸或碱		无			GB/T 259
机械杂质及水分		无			自测 e
苯含量 d(体积分数)/%	不大于	1.0			SH/T 0713
芳烃含量 e(体积分数)/%	不大于	40			GB/T 11132
烯烃含量 e(质量分数)/%	不大于	30			GB/T 11132
氧含量 d(质量分数)/%	不大于	2.7			SH/T 0663
甲醇含量 e(体积分数)/%	不大于	0.3			SH/T 0663
锰含量 f/(g/L)	不大于	0.016			SH/T 0711
铁含量 a/(g/L)	不大于	0.01			SH/T 0712

注: a 车用汽油中,不得人为加入甲醇以及含铅或含铁的添加剂。

b 也可采用 GB/T 380、GB/T 11140、SH/T 0253、SH/T 0742、ASTM D7039,在有异议时,以 SH/T 0689 测定结果为准。

c 将试样注入 100 mL 玻璃量筒中观察,应当透明、没有悬浮和沉降的机械杂质和水分。在有异议时,以 GB/T 511 和 GB/T 260 测定结果为准。

d 也可采用 SH/T 0693,再有异议时,以 SH/T 0713 测定结果为准。

e 对于 97 号车用汽油,在烯烃、芳烃总含量控制不变的前提下,可允许芳烃的最大值为 42%(体积分数)。也可采用 NB/SH/T 0741,再有异议时,以 GB/T 11132 测定结果为准。

车用汽油

f 锰含量是指汽油中以甲基环戊二烯三羰基锰形式存在的总锰含量,不得加入其他类型的含锰添加剂。

附表 32　车用汽油(Ⅳ)技术要求和试验方法(摘自 GB 17930—2016)

项　目		质量指标			试验方法
		90	93	97	
抗爆性:					
研究法辛烷值(RON)	不小于	90	93	97	GB/T 5487
抗爆指数(RON + MON)/2	不小于	85	88	报告	GB/T 503、GB/T 5487
铅含量 a/(g/L)	不大于	0.005			GB/T 8020
馏程:					GB/T 6536
10%蒸发温度/℃	不高于	70			
50%蒸发温度/℃	不高于	120			
90%蒸发温度/℃	不高于	190			
终馏点/℃	不高于	205			
残留量(体积分数)/%	不大于	2			
蒸气压 b/kPa					GB/T 8017
11 月 1 日至 4 月 30 日		42~85			
5 月 1 日至 10 月 31 日		40~68			
胶质含量/(mg/100 mL)	不大于				GB/T 8019
未洗胶质含量(加入清净剂前)		30			
溶剂洗胶质含量		5			
诱导期/min	不小于	480			GB/T 8018
硫含量 c/(mg/kg)	不大于	50			SH/T 0689
硫醇(满足下列指标之一,即判断为合格):					
博士试验		通过			SH/T 0174
硫醇硫含量(质量分数)/%	不大于	0.001			GB/T 1792
铜片腐蚀(50℃, 3 h)/级	不大于	1			GB/T 5096
水溶性酸或碱		无			GB/T 259
机械杂质及水分		无			目测 d
苯含量 e(体积分数)/ %	不大于	1.0			SH/T 0713
芳烃含量 f(体积分数)/%	不大于	40			GB/T 11132
烯烃含量 f(体积分数)/%	不大于	28			GB/T 11132
氧含量 g(质量分数)/%	不大于	2.7			SH/T 0663
甲醇含量 a(质量分数)/%	不大于	0.3			SH/T 0663
锰含量 g/(g/L)	不大于	0.008			SH/T 0711
铁含量 a/(g/L)	不大于	0.01			SH/T 0712

注:a 车用汽油中,不得人为加入甲醇以及含铅或含铁的添加剂。

　　b 也可采用 SH/T 0794,再有异议时,以 GB/T 8017 测定结果为准。

　　c 也可采用 GB/T 11140、SH/T 0253、ASTM D7039,再有异议时,以 SH/T 0689 测定结果为准。

　　d 将试样注入 100 mL 玻璃量筒中观察,应当透明、没有悬浮和沉降的机械杂质和水分。再有异议时,以 GB/T 511 和 GB/T 260 测定结果为准。

　　e 也可采用 SH/T 0693,再有异议时,以 SH/T 0713 测定结果为准。

　　f 对于 97 号车用汽油,在烯烃、芳烃总含量控制不变的前提下,可允许芳烃的最大值为 42%(体积分数)。也可采用 NB/SH/T 0741,再有异议时,以 GB/T 11132 测定结果为准。

　　g 锰含量是指汽油中以甲基环戊二烯三羰基锰形式存在的总锰含量,不得加入其他类型的含锰添加剂。

附表33　车用汽油(Ⅴ)技术要求和试验方法(摘自 GB 17930—2016)

项　　目		质量指标			试 验 方 法
		89	92	95	
抗爆性:					
研究法辛烷值(RON)	不小于	89	92	95	GB/T 5487
抗爆指数(RON + MON)/2	不小于	84	87	90	GB/T 503、GB/T 5487
铅含量 ª/(g/L)	不大于	0.005			GB/T 8020
馏程:					GB/T 6536
10%蒸发温度/℃	不高于	70			
50%蒸发温度/℃	不高于	120			
90%蒸发温度/℃	不高于	190			
终馏点/℃	不高于	205			
残留量(体积分数)/%	不大于	2			
蒸气压 ᵇ/kPa					GB/T 8017
11月1日至4月30日		45～85			
5月1日至10月31日		40～65ᶜ			
胶质含量/(mg/100 mL)	不大于				GB/T 8019
未洗胶质含量(加入清净剂前)		30			
溶剂洗胶质含量		5			
诱导期/min	不小于	480			GB/T 8018
硫含量 ᵈ/(mg/kg)	不大于	10			SH/T 0689
硫醇(博士试验)		通过			NB/SH/T 0174
铜片腐蚀(50℃，3 h)/级	不大于	1			GB/T 5096
水溶性酸或碱		无			GB/T 259
机械杂质及水分		无			自测 ᵉ
苯含量 ᶠ(体积分数)/%	不大于	1.0			SH/T 0713
芳烃含量 ᵍ(体积分数)/%	不大于	40			GB/T 11132
烯烃含量 ᵍ(体积分数)/%	不大于	24			GB/T 11132
氧含量 ʰ (质量分数)/%	不大于	2.7			SH/T 0663
甲醇含量 ª(质量分数)/%	不大于	0.3			SH/T 0663
锰含量 ª/(g/L)	不大于	0.002			SH/T 0711
铁含量 ª/(g/L)	不大于	0.01			SH/T 0712
密度 ⁱ/(20℃)/(kg/m³)		720～775			GB/T 1884、GB/T 1885

注：a 车用汽油中，不得人为加入甲醇以及含铅、含铁或含锰的添加剂。

　　b 也可采用 SH/T 0794 进行测定，再有异议时，以 GB/T 8017 方法为准。换季时，加油站允许有 15 天的置换期。

　　c 广东、广西和海南全年执行此项要求。

　　d 也可采用 GB/T 11140、SH/T 0253、ASTM D7039 进行测定，再有异议时，以 SH/T 0689 方法为准。

　　e 将试样注入 100 mL 玻璃量筒中观察，应当透明、没有悬浮和沉降的机械杂质和水分。再有异议时，以 GB/T 511 和 GB/T 260 方法为准。

　　f 也可采用 GB/T 28768、GB/T 30519 和 SH/T 0693 进行测定，再有异议时，以 SH/T 0713 方法为准。

　　g 对于 95 号车用汽油，在烯烃、芳烃总含量控制不变的前提下，可允许芳烃的最大值为 42%(体积分数)。也可采用 GB/T 28768、GB/T 30519 和 NB/SH/T 0741 进行测定，再有异议时，以 GB/T 11132 方法为准。

　　h 也可采用 SH/T 0720 进行测定，再有异议时，以 NB/SH/T 0663 方法为准。

　　i 也可采用 SH/T 0604 进行测定，再有异议时，以 GB/T 1884、GB/T 1885 方法为准。

附表 34　车用柴油(Ⅳ)技术要求和试验方法(摘自 GB 19147—2016)

项　　目	质量指标						试验方法
	5 号	0 号	−10 号	−20 号	−35 号	−50 号	
氧化安定性(以总不溶物计)/(mg/100 mL)　　　　　不大于	2.5						SH/T 0157
硫含量 a/(mg/kg)　不大于	50						SH/T 0689
酸度(以 KOH 计)/(mg/100 mL)　不大于	7						GB/T 258
10%蒸余物残炭 b(质量分数)/%　不大于	0.3						GB/T 17144
灰分(质量分数)/%　不大于	0.01						GB/T 508
铜片腐蚀(50℃，3 h)/级　不大于	1						GB/T 5096
水含量 c(体积分数)/%　不大于	痕迹						GB/T 260
机械杂质 d	无						GB/T 511
润滑性 　校正磨痕直径(60℃)/μm　不大于	460						SH/T 0765
多环芳烃含量 e(质量分数)/%　不大于	11						SH/T 0806
运动黏度 f(20℃)/(mm²/s)	3.0～8.0		2.5～8.0		1.8～7.0		GB/T 265
凝点/℃　不高于	5	0	−10	−20	−35	−50	GB/T 510
冷滤点/℃　不高于	8	4	−5	−14	−29	−44	SH/T 0248
闪点(闭口)/℃　不低于	60		50		45		GB/T 261
十六烷值　不小于	49		46		45		GB/T 386
十六烷指数 g　不小于	46		46		43		SH/T 0694
馏程： 50%回收温度/℃　不高于 90%回收温度/℃　不高于 95%回收温度/℃　不高于	300 355 365						GB/T 6536
密度 h(20℃)/(kg/m³)	810～850		790～840				GB/T 1884 GB/T 1885
脂肪酸甲酯含量 i(体积分数)/%　不大于	1.0						NB/SH/T 0916

注：a 也可采用 GB/T 11140 和 ASTM D7039 进行测定，结果有异议时，以 SH/T 0689 方法为准。

b 也可采用 GB/T 268 进行测定，结果有异议时，以 GB/T 17144 方法为准。若车用柴油中含有硝酸酯型十六烷值改进剂，10%蒸余物残炭的测定使用不加硝酸酯的基础燃料进行。

c 可用目测法，即将试样注入 100 mL 玻璃量筒中，在室温(20℃±5℃)下观察，应当透明，没有悬浮和沉降的水分。也可采用 GB/T 11133 和 SH/T 0246 测定，结果有异议时，以 GB/T 260 方法为准。

d 可用目测法，即将试样注入 100 mL 玻璃量筒中，在室温(20℃±5℃)下观察，应当透明，没有悬浮和沉降的杂质。结果有异议时，以 GB/T 511 方法为准。

e 也可采用 SH/T 0606 进行测定，结果有异议时，以 SH/T 0806 方法为准。

f 也可采用 GB/T 30515 进行测定，结果有异议时，以 GB/T 265 方法为准。

g 十六烷指数的计算也可采用 GB/T 11139。结果有异议时，以 SH/T 0694 方法为准。

h 也可采用 SH/T 0604 进行测定，结果有异议时，以 GB/T 1884 和 GB/T 1885 方法为准。

i 脂肪酸甲酯应满足 GB/T 20828 要求。也可采用 GB/T 23801 进行测定，结果有异议时，以 NB/SH/T 0916 方法为准。

车用柴油

附表35　车用柴油(Ⅴ)技术要求和试验方法(摘自 GB 19147—2016)

项　　目		质 量 指 标						试 验 方 法
		5号	0号	−10号	−20号	−35号	−50号	
氧化安定性(以总不溶物计)/(mg/100 mL)　　　　　　　　　　不大于		2.5						SH/T 0175
硫含量 a/(mg/kg)　　　　　不大于		10						SH/T 0689
酸度(以 KOH 计)/(mg/100 mL)　不大于		7						GB/T 258
10%蒸余物残炭 b(质量分数)/%　不大于		0.3						GB/T 17144
灰分(质量分数)/%　　　　　不大于		0.01						GB/T 508
铜片腐蚀(50℃，3 h)/级　　　不大于		1						GB/T 5096
水含量 c(体积分数)/%　　　　不大于		痕迹						GB/T 260
机械杂质 d		无						GB/T 511
润滑性 　校正磨痕直径(60℃)/μm　　不大于		460						SH/T 0765
多环芳烃含量 e(质量分数)/%　不大于		11						SH/T 0806
运动黏度 f(20℃)/(mm²/s)		3.0～8.0		2.5～8.0		1.8～7.0		GB/T 265
凝点/℃　　　　　　　　　　不高于		5	0	−10	−20	−35	−50	GB/T 510
冷滤点/℃　　　　　　　　　不高于		8	4	−5	−14	−29	−44	SH/T 0248
闪点(闭口)/℃　　　　　　　不低于		60		50		45		GB/T 261
十六烷值　　　　　　　　　　不小于		51		49		47		GB/T 386
十六烷指数 g　　　　　　　　不小于		46		46		43		SH/T 0694
馏程: 50%回收温度/℃　　　　　　不高于 90%回收温度/℃　　　　　　不高于 95%回收温度/℃　　　　　　不高于		300 355 365						GB/T 6536
密度 h(20℃)/(kg/m³)		810～850		790～840				GB/T 1884 GB/T 1885
脂肪酸甲酯含量 i(体积分数)/%　不大于		1.0						NB/SH/T 0916

　　注: a 也可采用 GB/T 11140 和 ASTM D7039 进行测定，结果有异议时，以 SH/T 0689 方法为准。

　　b 也可采用 GB/T 268 进行测定，结果有异议时，以 GB/T 17144 方法为准。若车用柴油中含有硝酸酯型十六烷值改进剂，10%蒸余物残炭的测定使用不加硝酸酯的基础燃料进行。

　　c 可用目测法，即将试样注入 100 mL 玻璃量筒中，在室温(20℃±5℃)下观察，应当透明，没有悬浮和沉降的水分。也可采用 GB/T 11133 和 SH/T 0246 测定，结果有异议时，以 GB/T 260 方法为准。

　　d 可用目测法，即将试样注入 100 mL 玻璃量筒中，在室温(20℃±5℃)下观察，应当透明，没有悬浮和沉降的杂质。结果有异议时，以 GB/T 511 方法为准。

　　e 也可采用 SH/T 0606 进行测定，结果有异议时，以 SH/T 0806 方法为准。

　　f 也可采用 GB/T 30515 进行测定，结果有异议时，以 GB/T 265 方法为准。

　　g 十六烷指数的计算也可采用 GB/T 11139。结果有异议时，以 SH/T 0694 方法为准。

　　h 也可采用 SH/T 0604 进行测定，结果有异议时，以 GB/T 1884 和 GB/T 1885 方法为准。

　　i 脂肪酸甲酯应满足 GB/T 20828 要求。也可采用 GB/T 23801 进行测定，结果有异议时，以 NB/SH/T 0916 方法为准。

附表36　车用柴油(Ⅵ)技术要求和试验方法(摘自 GB 19147—2016)

项　目		质量指标						试验方法
		5号	0号	−10号	−20号	−35号	−50号	
氧化安定性(以总不溶物计)/(mg/100 mL) 不大于		2.5						SH/T 0175
硫含量 a/(mg/kg) 不大于		10						SH/T 0689
酸度(以 KOH 计)/(mg/100 mL) 不大于		7						GB/T 258
10%蒸余物残炭 b(质量分数)/% 不大于		0.3						GB/T 17144
灰分(质量分数)/% 不大于		0.01						GB/T 508
铜片腐蚀(50℃，3 h)/级 不大于		1						GB/T 5096
水含量 c(体积分数)/% 不大于		痕迹						GB/T 260
润滑性 　校正磨痕直径(60℃)/μm 不大于		460						SH/T 0765
多环芳烃含量 d(质量分数)/% 不大于		7						SH/T 0806
总污染物含量/(mg/kg) 不大于		24						GB/T 33400
运动黏度 e(20℃)/(mm²/s)		3.0～8.0		2.5～8.0		1.8～7.0		GB/T 265
凝点/℃ 不高于		5	0	−10	−20	−35	−50	GB/T 510
冷滤点/℃ 不高于		8	4	−5	−14	−29	−44	SH/T 0248
闪点(闭口)/℃ 不低于		60			50	45		GB/T 261
十六烷值 不小于		51			49	47		GB/T 386
十六烷指数 f 不小于		46			46	43		SH/T 0694
馏程： 50%回收温度/℃ 不高于 90%回收温度/℃ 不高于 95%回收温度/℃ 不高于		300 355 365						GB/T 6536
密度 g(20℃)/(kg/m³)		810～845			790～840			GB/T 1884 GB/T 1885
脂肪酸甲酯含量 h(体积分数)/% 不大于		1.0						NB/SH/T 0916

注：a 也可采用 GB/T 11140 和 ASTM D7039 进行测定，结果有异议时，以 SH/T 0689 方法为准。

b 也可采用 GB/T 268 进行测定，结果有异议时，以 GB/T 17144 方法为准。若车用柴油中含有硝酸酯型十六烷值改进剂，10%蒸余物残炭的测定应使用不加硝酸酯的基础燃料进行。

c 可用目测法，即将试样注入 100 mL 玻璃量筒中，在室温(20℃±5℃)下观察，应当透明，没有悬浮和沉降的水分。也可采用 GB/T 11133 和 SH/T 0246 测定，结果有异议时，以 GB/T 260 方法为准。

d 也可采用 SH/T 0606 进行测定，结果有异议时，以 SH/T 0806 方法为准。

e 也可采用 GB/T 30515 进行测定，结果有异议时，以 GB/T 265 方法为准。

f 十六烷指数的计算也可采用 GB/T 11139。结果有异议时，以 SH/T 0694 方法为准。

g 也可采用 SH/T 0604 进行测定，结果有异议时，以 GB/T 1884 和 GB/T 1885 方法为准。

h 脂肪酸甲酯应满足 GB/T 20828 要求。也可采用 GB/T 23801 进行测定，结果有异议时，以 NB/SH/T 0916 方法为准。

附表 37　各地风险率为 10%的最低气温(摘自 GB 19147—2016)

地区	一月份	二月份	三月份	四月份	五月份	六月份	七月份	八月份	九月份	十月份	十一月份	十二月份
河北省	−14	−13	−5	1	8	14	19	17	9	1	−6	−12
山西省	−17	−16	−8	−1	5	11	15	13	6	−2	−9	−16
内蒙古自治区	−43	−42	−35	−21	−7	−1	4	1	−8	−19	−32	−41
黑龙江省	−44	−42	−35	−20	−6	1	7	4	−6	−20	−35	−43
吉林省	−29	−27	−17	−6	1	8	14	12	2	−6	−17	−26
辽宁省	−23	−21	−12	−1	6	12	18	15	6	−2	−12	−20
山东省	−12	−12	−5	2	8	14	19	18	11	4	−4	−10
江苏省	−10	−9	−3	3	11	15	20	20	12	5	−2	−8
安徽省	−7	−7	−1	5	12	18	20	20	14	7	0	−6
浙江省	−4	−3	1	6	13	17	22	21	15	8	2	−3
江西省	−2	−2	3	9	15	20	23	23	18	12	4	0
福建省	−4	−2	3	8	14	18	21	20	15	8	1	−3
台湾省 [a]	3	0	2	8	10	16	19	19	13	10	1	2
广东省	1	2	7	12	18	21	23	23	20	13	7	2
海南省	9	10	15	19	22	24	24	23	23	19	15	12
广西壮族自治区	3	3	8	12	18	21	23	23	19	15	9	4
湖南省	−2	−2	3	9	14	18	22	21	16	10	1	−1
湖北省	−6	−4	0	6	12	17	21	20	14	8	1	−4
河南省	−10	−9	−2	4	10	15	20	18	11	4	−3	−8
四川省	−21	−17	−11	−7	−2	1	2	1	0	−7	−14	−19
贵州省	−6	−6	−1	3	7	9	12	11	8	4	−1	−4
云南省	−9	−8	−6	−3	1	5	7	7	5	−1	−5	−8
西藏自治区	−29	−25	−21	−15	−9	−3	−1	0	−6	−14	−22	−29
新疆维吾尔自治区	−40	−38	−28	−12	−5	−2	0	−2	−6	−14	−25	−34
青海省	−33	−30	−25	−18	−10	−6	−3	−4	−6	−16	−28	−33
甘肃省	−23	−23	−16	−9	−1	3	5	5	0	−8	−16	−22
陕西省	−17	−15	−6	−1	5	10	15	12	6	−1	−9	−15
宁夏回族自治区	−21	−20	−10	−4	2	6	9	8	2	−4	−12	−19

注：a 台湾省所列的温度是绝对最低气温，即风险率为 0 的最低气温。

参 考 文 献

[1] 司卫华，王学武. 金属材料与热处理[M]. 北京：化学工业出版社，2009.

[2] 张蕾. 汽车材料[M]. 北京：科学出版社，2009.

[3] 李明慧. 汽车材料[M]. 北京：机械工业出版社，2009.

[4] 娄云. 汽车性能与使用技术[M]. 北京：机械工业出版社，2009.

[5] 戴汝泉. 汽车运行材料[M]. 2 版. 北京：机械工业出版社，2012.

[6] 陈一永. 汽车修理工[M]. 北京：金盾出版社，2009.

[7] 韩英淳. 汽车制造工艺学[M]. 北京：人民交通出版社，2009.

[8] 汪东，何湘峰. 汽车材料[M]. 北京：北京理工大学出版社，2011.

[9] 张彦如. 汽车材料[M]. 合肥：合肥工业大学出版社，2006.

[10] 陈纪钦. 汽车工程材料[M]. 重庆：重庆大学出版社，2010.

[11] 宋新萍. 汽车制造工艺学[M]. 北京：清华大学出版社，2011.

[12] 王珺. 汽车制造工艺学[M]. 北京：国防工业出版社，2011.

[13] 钟诗清. 汽车制造工艺学[M]. 广州：华南理工大学出版社，2011.

[14] (美)JACK Erjavec 等. 汽车概论[M]. 北京：北京理工大学出版社，2010.

[15] 王海林，蔡兴旺. 汽车构造与原理(上册 发动机)[M]. 3 版. 北京：机械工业出版社，2012.

[16] 贝邵轶. 汽车报废拆解与材料回收利用[M]. 2 版. 北京：化学工业出版社，2012.

[17] 陈礁. 汽车材料[M]. 北京：高等教育出版社，2005.

[18] 傅高升，仪垂杰. 汽车材料[M]. 济南：山东大学出版社，2011.

[19] 黄武全，符旭. 汽车材料[M]. 北京：机械工业出版社，2011.

[20] 王大鹏，王秀贞. 汽车工程材料[M]. 北京：机械工业出版社，2011.

[21] (德)鲁道夫·施陶贝尔(Rudolf Stauber), 路德维希·福尔拉特(Ludwig Vollrath). 汽车工程用塑料外部应用[M]. 杨卫民，丁玉梅，谢鹏程，等译. 北京：化学工业出版社，2011.

[22] (美)P. K. 迈利克，等. 汽车轻量化：材料、设计与制造[M]. 于京诺，宋进桂，梅文征，等译. 北京：机械工业出版社，2012.

[23] (奥)H. 德吉舍尔，S. 吕夫特. 轻量化：原理、材料选择与制造方法[M]. 陈力禾，译. 北京：机械工业出版社，2011.

[24] 白树全，高美兰. 汽车应用材料[M]. 北京：理工大学出版社，2013.

[25] 范海燕. 汽车运行材料[M]. 北京：机械工业出版社，2011.

[26] 嵇伟，孙庆华. 汽车运行材料[M]. 北京：人民交通出版社，2007.

[27] 郎全栋，王耀斌，董元虎. 汽车运行材料[M]. 2 版. 北京：人民交通出版社，2009.

[28] 杨庆彪，冯永亮. 汽车材料[M]. 3 版. 北京：中国劳动社会保障出版社，2013.

[29] 周超，钟连结. 汽车材料[M]. 北京：人民邮电出版社，2013.

[30] 程叶军. 汽车材料与金属加工[M]. 2 版. 北京：中国劳动社会保障出版社，2007.

[31] 刘斌. 真功夫？噱头？6 款高端自主发动机详解[DB/OL].[2010-9-10].http://car.cnyw.net/news/show.php?itemid=15153&pages=2.

[32] 本地宝. 汽车底盘结构图[DB/OL].[2012-8-13]. http://qiche.sz.bendibao.com/news/2012813/412127.shtml.

[33] 科尔尼. 汽车材料发展的影响因素与趋势[DB/OL]. [2012-08-28].http://auto.gasgoo.com/News/2012/08/2808162116216086414624ALL.shtml

[34] 科尔尼. 塑料将是汽车生产商和化学品公司的未来[DB/OL].[2012-05-31].http://auto.gasgoo.com/News/2012/05/3108063363360033209801.shtml.

[35] 韩维建,张瑞杰,郑江等. 汽车材料及轻量化趋势[M]. 北京:机械工业出版社,2017.

[36] 田亚梅. 汽车非金属材料轻量化应用指南[M]. 北京:机械工业出版社,2020.

[37] 牛丽媛,李志虎,熊建民,等. 新能源汽车轻量化材料与工艺[M]. 北京:化学工业出版社,2020.

[38] 谢建武,等. 汽车用精细化学品[M]. 2版. 北京:化学工业出版社,2017.

[39] 马鸣图,王国栋,王登峰,等. 汽车轻量化导论[M]. 北京:机械工业出版社,2020.

[40] 中国汽车工程学会,汽车轻量化技术创新战略联盟. 乘用车用橡胶与轻量化[M]. 北京:机械工业出版社,2019.

[41] (日)林直义. 汽车材料技术[M]. 熊飞,译. 北京:机械工业出版社,2019.

[42] 高美兰,白树全. 汽车材料与金属加工[M]. 2版. 北京:机械工业出版社,2020.

[43] 周燕. 汽车材料[M]. 3版. 北京:人民交通出版社,2021.

[44] 刘涛. 汽车材料[M]. 4版. 北京:中国劳动社会保障出版社,2020.

[45] 符旭. 汽车材料[M]. 北京:机械工业出版社,2021.

[46] 李明惠,谢少芳. 汽车材料[M]. 2版. 北京:机械工业出版社,2020.

[47] 熊建武,易杰,赵北辰. 汽车材料[M]. 青岛:中国海洋大学出版社,2014.

[48] 熊建武,周李洪,陆唐. 汽车材料[M]. 武汉:华中科技大学出版社,2019.